数学理论与应用系列

运筹学及其应用（第四版）

朱求长 编著

WUHAN UNIVERSITY PRESS
武汉大学出版社

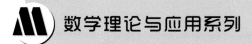

图书在版编目(CIP)数据

运筹学及其应用/朱求长编著.—4版.—武汉：武汉大学出版社，2012.1
(2020.12 重印)
数学理论与应用系列
ISBN 978-7-307-09177-1

Ⅰ.运…　Ⅱ.朱…　Ⅲ.运筹学　Ⅳ.O22

中国版本图书馆 CIP 数据核字(2011)第 189080 号

责任编辑:顾素萍　　责任校对:黄添生　　版式设计:马　佳

出版发行：**武汉大学出版社**　(430072　武昌　珞珈山)
(电子邮箱：cbs22@whu.edu.cn　网址：www.wdp.com.cn)
印刷:武汉市宏达盛印务有限公司
开本:720×1000　1/16　印张:19.25　字数:344 千字　插页:1
版次:1993 年 8 月第 1 版　1997 年 12 月第 2 版
2004 年 9 月第 3 版　2012 年 1 月第 4 版
2020 年 12 月第 4 版第 5 次印刷
ISBN 978-7-307-09177-1/O·459　定价:28.00 元

第四版前言

这一版除增加了许多例题外，主要对原书前两章作了较大修改。

在第一章中，关于线性规划问题的标准形，这次改变了过去通常的做法，把标准形不再规定为一种形式，而采用了两种形式，即标准形最大化问题和标准形最小化问题。这样做，当然需要分别制定最大化问题和最小化问题的最优性判别准则，但给后续内容的论述和具体做题带来很大方便。

研究对偶理论的第二章几乎全部重写。前几版中主要是就规范最大化问题进行讨论的，这次则对各种非规范问题的对偶规则、对偶定理、灵敏度分析、影子价格等问题作了详细的论述。

为了使读者能更好地学习本书，由朱希川老师和我还另外编写了《运筹学学习指导及题解》一书，作为本书的配套教材供读者使用。该书已于2008年2月由武汉大学出版社出版。《运筹学学习指导及题解》和教材《运筹学及其应用》一样，也分为7章，每章的内容包含5部分，即基本要求、内容说明、新增例题、习题解答和新增习题。

再次感谢武汉大学出版社对本书出版的关心、支持和帮助。

朱求长

于武汉大学

2011年9月

第一版前言

这本书是根据我 1986 年为我校管理学院企业管理等专业编写的一本同名讲义，经过几次修改而成的．其目的是为了满足管理类专业和财经类专业开设运筹学课程的需要．

运筹学是近 50 年来才逐步发展起来的一门新兴科学，最早是由于军事上的需要而产生的．在第二次世界大战前夕，德国的空军已很强大，为了对付德国的空袭，英国防空科学调查委员会主席 H. G. Tizard 组织了一些科学家专门研究如何使用雷达来进行对空作战的问题．科学家们的各种建议构成了一套完整的雷达防空系统，被军方所采用．正因为科学家们的这些工作对作战帮助很大，所以作战研究部主任 A. P. Rowe 称这些工作为"Operational Research"（作战研究，简称为 OR）．到 1942 年，英国的陆、海、空三军都正式建立了 OR 组织，专门研究各种新式武器如何有效地使用的问题．

第二次世界大战结束以后，那些从事作战研究的人员纷纷转入工业生产部门和商业部门．由于经营管理中的许多问题和战争中所碰到的许多问题极为相似，于是，那些 OR 研究人员很快又在经营管理中大显身手，有力促进了英国工业生产的恢复和发展．

美国人称 Operational Research 为 Operations Research，仍简称为 OR. OR 在美国的迅速发展主要还是 20 世纪 50 年代以后的事．由于科学技术的迅猛发展，生产规模越来越大，产品结构越来越复杂，生产的社会化程度也日益提高．要想对这种现代化的大型生产进行科学的组织管理，任何个人都是办不到的，而必须有专门的人员和机构来进行研究．这种情况就促使许多大型企业都建立了 OR 组织．另一方面，由于电子计算机的诞生和不断改进，又为 OR 的实际应用提供了强有力的工具，因为许多大型问题的解决，离开了电子计算机是不可想象的．

OR 作为一门独立的学科在我国传播始于 20 世纪 50 年代中期．开始，有些同志根据西方 20 世纪 50 年代初期对 OR 一般的理解，将 OR 译为运用学．后来，中国学者们认为，这门新兴学科的任务，不单是要研究现有武器和设备等的运用，而且更要研究未来武器和设备等的运用，以及将来计划（包括国家计划）的制定，故将 OR 翻译为运筹学更好. 我国从 1956 年起就开始了对运筹学的研究和应用. 1958 年，粮食运输部门在应用运筹学的过程中，总结出一套“图上作业法”. 1965 年，许多地方又推广应用了统筹法. 今天，运筹学在我国的企业管理、工程技术、运输调度、国民经济计划等方面已得到广泛的应用.

从以上简短介绍中可以看到，运筹学是一门实践性很强、应用性很广的学科. 那么，什么是运筹学呢？目前有好几种说法. 由于这门学科还很年轻，正在迅速发展之中，所以尚无一致的、确切的定义. 其基本含义可以这样表达：运筹学的研究对象是一个系统（如经济系统、作战系统、工作系统等）的组织管理中可以定量化的问题；它采用的主要方法是建立数学模型并求解；它要达到的目标是从各种可供选择的方案中找出一个最好的或满意的方案，以实现系统的某一或某些指标整体最优化（例如质量最好，产量最多，工期最短，利润最大，成本最低，或同时要求若干项指标均达到一定的满意度等）；它的研究成果是为各级管理（领导）人员在作决策时提供科学的依据. 因此，简单地说，运筹学所要研究的就是一个系统的组织管理的优化问题，或说它是一门管理优化技术. 正因为如此，国外有些人也称运筹学为管理科学（实际上它只是狭义的管理科学）.

当前，我们国家正在进行伟大的社会主义现代化建设，世界各国也都在努力发展自己的经济. 经济建设需要投入大量的人力、物力和财力等资源，而任何一个国家的资源总是有限的. 因此，如何以最少的资源消耗去取得最大的经济效益，便成为各国政府和人民普遍关心的重大问题. 从组织管理方面（而不是技术方面）去研究怎样解决这一问题就是管理学的任务；对其中可以定量化的问题进行研究和解决，就是运筹学的任务. 由此可见，运筹学对于我们最有效地利用各种资源，最大限度地提高一个系统的工作效率，实现管理的科学化、现代化，有着重大的意义.

从整个运筹工作的全过程来看，它包括阐述问题、建立模型、求解、检验、修改、实施六个环节. 我们主要介绍如何在经济系统（一个工厂或企业，一个地区或一个国家的经济等）中建立管理问题的数学模型以及对数学模型求解的问题.

关于运筹学方面的著作目前国内外已出版了不少. 虽然这些书各有所长，但我们在使用中感到有个共同的问题，就是它们都几乎包含了运筹学的所有分支，内容多. 而按照我国管理类和财经类专业现行教学计划的安排，本科生只有一个学期（每周 3～4 学时）学习运筹学课程. 在这么短的时间内，若全面介绍该学科各个分支，势必学而不精，故许多学校实际上都只是讲述了其中的部分内容. 鉴于这些考虑，我们编写了这本适合本科生使用的运筹学教材. 内容包括线性规划、整数（线性）规划和网络分析（包括网络规划和网络计划）三个分支. 至于运筹学的其他分支，我们认为，可以另编成书，以适应研究生教学的需要.

为适合管理类和财经类专业的教学要求，本书在编写过程中还特别注意从以下几方面做出努力：

1. 精选题材，学以致用. 本书的主要目的在于帮助读者学会运用定量分析技术来解决实际问题，因此对有些运筹学书籍中的过于抽象的部分及理论性太强的部分，本书中省略或修改了，而对实用中极为重要的方法部分则加强了. 为了使读者了解运筹学的广泛应用和初步掌握建立数学模型的方法，书中列举了大量实例，并专辟一章（第四章）介绍线性规划的应用. 对于每个例题的实际背景都给予了尽可能详细的叙述，以增加读者在有关方面的实际知识.

2. 适当加强理论训练. 考虑到现代管理（尤其是经济管理）对于数学知识的要求越来越高，各种各样的管理优化问题已大量地、迫切地提到了各级管理人员的面前，因此，加强管理工作者的数学知识训练是重要的. 为满足这种需要，本书对优化技术原理部分给出了较系统、完整的阐述. 同时，对需要用到的定理，除极少数外，都尽可能地给出了证明，以使读者不仅知其然，而且知其所以然. 稍为复杂一点的定理证明通常都放在一章或一节之末尾，初学时可以暂时不看.

3. 适合自学. 在整个教学安排中，要求高年级学生更多地进行自学，以更好地培养自己独立学习的能力. 为适应此需要，本书对于每种管理优化技术的思想、原理和方法，都写得较为仔细，而且始终遵循由具体到抽象的认识论原则. 当然，在要求学生自己动手之处，也设置了某些“障碍”.

本书的编写和出版得到了武汉大学管理学院和经管系领导的积极支持，作者在此谨向他们致谢. 这里还要特别感谢武汉大学教务处和武汉大学出版社，正是由于他们的决定性的支持，才使本书得以出版. 教材的编写是一个不断发展、不断完善的过程，欢迎广大读者对本书提出宝贵意见.

编　者

于武汉大学

1993 年 4 月

目　录

第一章　线性规划模型和单纯形法

线性规划是运筹学的一个最基本的分支，它已成为帮助各级管理人员进行决策的一种十分重要的工具．传统的管理只注重定性分析，已远远不能适应当今社会发展的需要．现代化管理要求采用定性分析和定量分析相结合的方法，一切管理工作要力求做到定量化、最优化，于是就产生了各种各样的管理优化技术．在诸多的管理优化技术中，线性规划是目前最常用而又最为成功的一种．其原因有三：一是应用广泛．管理工作中的大量优化问题可以用线性规划的模型来表达（参见本章 1.1 节的例题及专门介绍线性规划应用的第四章)．二是模型较为简单，容易建立，容易学习和掌握．三是求解方法成熟．1947 年 G. B. Dantzig 已对一般的线性规划问题建立了解法，即单纯形法．今天，用单纯形法解线性规划的计算机程序已大量涌现，在计算机上求解此类问题已十分容易．

线性规划在世界上各个工业化国家已经得到了极为广泛的应用，为那些国家的公司、企业节省了成千上万元的资金．那么它主要用来解决什么样的问题呢？简单地说，它的一种最大量、最普遍的应用就是研究有限资源的合理利用问题，或者说是资源的最优配置问题．一个组织(如一个企业，一个省，甚至一个国家）要进行许多活动(如要生产多种产品)，这些活动往往共同涉及使用某些对该组织来说是稀少的、有限的资源．因此该组织的管理部门经常面临这样一个问题：如何将这些资源科学地分配给各项活动，以便使整个组织获得最大的效益？资源分配问题有多种多样的具体形式．为使读者了解线性规划究竟可以用来解决何种管理决策问题，我们在此略举数例：

(1)　某工厂可以同时生产数种产品．这些产品的生产都要共同使用设备、原料、运力等若干种资源，而这些资源的供应量受到限制．该厂生产部门的经理面临这样一个问题：应如何制定出最好的生产计划，才能既满足市场需求，又能使本厂获得的利润最高？由于产品的生产是通过资源的转化才得以实现的，所以生产的合理安排问题实际上就是一个资源的最优分配问题．

(2) 某企业现有一笔资金，准备从许多种股票和证券中选择数种进行投资. 该企业财务部门的经理需要研究如何作出最优的投资决策，以便获得最好的经济效益.

(3) 某公司在许多地方设有仓库，以便能及时满足用户的需要. 现有若干家商场业务员打电话来，要求该公司为他们送去某些商品. 公司销售部门的经理需要确定哪个仓库应发多少货给哪家商场，以便使公司支付的总运费最少(详见例 1.1-2).

(4) 某公司计划来年新建 4 座厂房. 他们决定采用招标投标办法选择建厂单位. 现有 6 个建筑队来投标. 该公司需要确定应将哪座厂房分配给哪个建筑队去承建，才能使公司付出的总的建厂费用最少.

其他可用线性规划解决的问题还很多. 读者学完本书后可举一反三. 在第四章中，我们还将专门讲述一些有关的应用.

单纯形法是在计算机上求解大型线性规划问题的一种有效而且可靠的方法，在理论上是一个重要成果，但它不是多项式算法. 1979 年，П. Т. Хатцян 提出了求解 LP 问题（线性规划问题）的多项式算法（称为椭球算法）. 他证明了 LP 问题是存在多项式算法的. 但据计算机上的试验结果看，其迭代次数比单纯形法要多，故实用价值并不大. 其后，1984 年 Narendra Karmarkar 又提出了一种新算法. 相对于单纯形法来说，这种新算法的根本作用何在，尚待进一步检验.

总之，单纯形法仍是我们求解 LP 问题的基本工具，用它来进行优化后分析也非常有效.

下面我们首先在 1.1 节引入几个例子，来说明什么是 LP 模型及有关的基本概念，然后在 1.2 节中叙述求解 LP 问题的基本原理. 其中部分定理的证明对初学者有一定难度，故放在本章最后一节，即 1.7 节. 基本原理只是给求解 LP 问题指明了道路，提供了理论依据，但并不便直接用来求解具体的 LP 问题. 为此，需要专门研究求解 LP 问题的具体方法. 这种方法已经产生出来，即单纯形法. 为使读者易于学习和掌握，我们分三节来介绍此方法. 首先在 1.3 节介绍单纯形法的基本工具 —— 单纯形表，然后在 1.4 节和 1.5 节分别讨论如何用单纯形法来求解最大化问题和最小化问题. 在单纯形法的推导中，我们是以已知一个 LP 问题的一个可行基为前提的，在一般情况下，如何寻找第一个可行基呢？解决这一问题便是 1.6 节的任务. 在 1.7 节中讨论了应用单纯形法的几个重要特例之后，接着在 1.8 节中介绍了效率有所提高的改进单纯形法.

1.1 什么是线性规划

1.1.1 线性规划的简单例子和模型

线性规划是数学规划问题中的一种，以后我们还会看到所谓的整数规划、非线性规划等. 这里的规划(programming)是指计划的意思. 在规划前面冠以“线性”二字，则是因为这类规划问题的数学模型是线性的数学表达式.

一个实际问题的数学模型，是依据客观规律，对该问题中我们所关心的那些量进行科学的分析后所得出的反映这些量之间本质联系的数学关系式. 但一般说来，我们在工业、农业、交通运输、国防等各方面所遇到的实际问题是很复杂的，它们涉及的因素很多，要想建立包罗各种因素的数学模型，不仅不可能（因有些数量关系无法弄清楚），也没有必要. 一个可行的办法是择其主要者，加以讨论之. 虽然一般说来，模型粗一点就不太精确，而模型细一点，对实际事物的描述要准确一些，但后者带来的问题是：或者在理论上难以处理，或者在计算时工作量太大，耗费昂贵. 所以，应根据实际问题的具体情况，抓住主要矛盾，建立既能保证精确度要求，又尽量简单的数学模型.

实际的线性规划问题一般都很复杂，为了便于读者掌握建立线性规划模型的方法，我们在这里所选的例子都经过了较大的简化. 只要弄懂了这些简单的模型，今后遇到较为复杂的问题也就能触类旁通、举一反三了.

在下面例 1.1-1 中，我们较为详细地说明了运筹工作者在建立数学模型前必须做的一些工作，以及建立线性规划模型的基本步骤. 而在以后的各个例题中，我们就只专门研究如何建立数学模型了. 通过这些例题，读者将会逐步认识到线性规划模型的一般特征.

例 1.1-1 光华食品厂主要生产葱油饼干（简记为 Ⅰ 型饼干）和苏打饼干（简记为 Ⅱ 型饼干）. 根据销售部门提供的信息可知，目前这两种饼干在市场上都很畅销，该厂能生产多少，市场就能卖出多少. 但从生产部门得知，有三种关键设备即搅拌机、成型机、烘箱的生产能力，限制了该厂的饼干生产. 因为两种饼干的生产都要共用这三种设备，所以每种饼干究竟应该生产多少，才能充分利用现有设备资源，使该厂获得最好的经济效益，这是一个很值得认真研究的重要问题. 工厂领导把解决这一问题的任务交给了该厂的

OR 小组（运筹学小组）.

解 OR 小组的第一项工作是阐述问题. 经过和工厂领导及有关部门领导讨论，他们明确了要解决的问题是确定每种饼干每天的产量（以吨为单位），在搅拌机、成型机、烘箱的生产能力允许的条件下，能使工厂获得最大的利润. OR 小组认识到这是一个产品的最优组合问题.

OR 小组的第二项工作是根据要解决的问题收集有关的数据：

(1) 从生产部门、技术部门了解每种设备每天所能提供的工时数；

(2) 从技术部门了解每种饼干生产 1 吨需要每种设备工作的工时数；

(3) 从销售、财务等部门了解每种饼干销售 1 吨所能获得的利润.

所有这些数据都汇集在表 1.1 中. 表中各数据的意义是很明显的. 例如，搅拌机一行中的三个数表示搅拌机为了生产 1 吨 Ⅰ 型饼干和 Ⅱ 型饼干分别需要工作 3 小时和 5 小时，而搅拌机每天所能提供的工作时间为 15 小时.

表 1.1

资源设备 \ 单位时耗 /(小时 / 吨) \ 产品	Ⅰ	Ⅱ	每天现有工时
搅拌机	3	5	15
成型机	2	1	5
烘　箱	2	2	11
利润 /(百元 / 吨)	5	4	

通常，一个企业在自身资源许可的情况下，所能采用的产品组合方案是多种多样的（有时甚至是无穷多个）. 要从这许许多多的可行方案中找出最优方案，是一件非常困难的工作，必须用现代的科学方法才能解决.

OR 小组决定采用建立数学模型的方法来解决这一产品的最优组合问题. 这就是 OR 小组的第三项工作，即建立数学模型.

建立模型的第一步就是定义决策变量. 决策变量要能完全描述出所要做出的决策，它是根据具体的决策问题确定的. 本例中光华食品厂要决策的具体问题是，每天应该生产多少 Ⅰ 型饼干和多少 Ⅱ 型饼干. 于是设

$x_1 =$ Ⅰ 型饼干每天的生产量，以吨为单位；

$x_2 =$ Ⅱ 型饼干每天的生产量，以吨为单位.

第二步是选取目标函数. 光华食品厂希望通过合理安排两种饼干的日产量，以获得最多的利润. 所以使利润最大化就是该厂的目标. 为此，设

$z =$ 每天生产 Ⅰ 型饼干 x_1 吨和 Ⅱ 型饼干 x_2 吨所能创造的利润，以百元

为单位.

OR 小组分析了该厂的情况后认为，对每种饼干而言，不论其原有产量为多少，再增加或减少产量，都不会产生大的附加成本，故利润大体上与产量成正比. 因此，根据表 1.1 最下面一行的数据可知，

$$z = 5x_1 + 4x_2.$$

这里的 z 就叫目标函数，它是决策变量的函数. 我们的目标是选择 x_1 和 x_2 的值，在工厂生产能力许可的条件下，使 z 达到最大值.

当把收入或利润作为问题的目标时，常要求使目标函数最大化；而当把成本或费用作为问题的目标时，常要求使目标函数最小化.

建立模型的第三步是确定约束条件. 从上述目标函数 z 的表达式可知，当 x_1, x_2 的数值越来越大时，z 的值也越来越大. 但是，x_1, x_2 的数值并不能任意地大，它们的取值受到一定的限制，这些限制条件就称为约束条件.

由表 1.1 知，Ⅰ 型饼干每生产 1 吨，需要搅拌机工作 3 小时，若生产 x_1 吨，则需要它工作 $3x_1$ 小时. 同样可知，生产 Ⅱ 型饼干 x_2 吨需要搅拌机工作 $5x_2$ 小时. 而每天搅拌机所能提供的总工作时间只有 15 小时，故有不等式

$$3x_1 + 5x_2 \leqslant 15.$$

类似分析成型机和烘箱的工时消耗和可用情况，又可得

$$2x_1 + x_2 \leqslant 5$$

和

$$2x_1 + 2x_2 \leqslant 11$$

两个不等式. 以上三个不等式就是根据三种设备每天所能提供的工时数得出的三个约束条件.

另外，根据问题的实际意义可知，x_1, x_2 不能为负数.

现在我们完整地写出这一问题的数学模型：求变量 x_1, x_2 的值，要求它们满足条件：

$$\begin{aligned} 3x_1 + 5x_2 &\leqslant 15, \\ 2x_1 + \ \ x_2 &\leqslant 5, \\ 2x_1 + 2x_2 &\leqslant 11, \\ x_1, x_2 &\geqslant 0, \end{aligned}$$

并使 $z = 5x_1 + 4x_2$ 达到最大值.

今后，为书写方便，将上述模型记为

$$\max \quad z = 5x_1 + 4x_2, \quad \text{(目标函数)} \tag{1.1}$$

$$\text{s.t.} \quad 3x_1 + 5x_2 \leqslant 15, \quad \text{(搅拌机工时约束条件)} \tag{1.2}$$

$$2x_1 + x_2 \leqslant 5, \quad \text{(成型机工时约束条件)} \tag{1.3}$$

$$2x_1 + 2x_2 \leqslant 11,\quad \text{(烘箱工时约束条件)} \tag{1.4}$$

$$x_1, x_2 \geqslant 0,\quad \text{(变量的符号限制条件)} \tag{1.5}$$

其中 max 是 maximize 的省写，s. t. 是 subject to（受约束于）的省写.

下面在书写模型时，我们只注明各种约束的实际意义.

例 1.1-2 现在我们假设光华食品厂的经营情况发生了一些变化，Ⅰ 型饼干的利润虽然较高，但每天的销售量不超过 2 吨. 为了占领市场，该厂的经理提出，不管是 Ⅰ 型饼干还是 Ⅱ 型饼干，每天必须生产 3 吨饼干投放市场. 其余的情况与例 1.1-1 相同. 试为该厂建立一个实现利润最大化的线性规划模型.

解 为了得到这个新问题的数学模型，只需在例 1.1-1 中(1.4) 下面再加上两式：

$$x_1 \leqslant 2,$$

$$x_1 + x_2 = 3.$$

例 1.1-3 东风电视机公司接到上海一家商场(记为 B_1)、青岛一家商场(记为 B_2) 和西安一家商场(记为 B_3) 订单各一份，要求下月给各商场供应一些电视机(某种规格型号的，下同). 三家商场 B_1, B_2 和 B_3 对电视机的需求量分别为 100 台、80 台和 90 台. 该公司决定，由它设在北京和武汉的两个仓库 A_1 和 A_2 来供应上述各家商场的电视机. 预计下月 A_1 和 A_2 可供应的电视机数量分别为 200 台和 150 台. 又已知每个仓库运送 1 台电视机到每家商场的运费如表 1.2 所示. 现问该公司应如何调运电视机(每个仓库向每个商场运送多少台电视机)，才能既满足各商场的需要，又能使总的运费最少？

表 1.2

	B_1	B_2	B_3
A_1	15	21	18
A_2	20	25	16

解 此例中提出的经营管理问题是，如何合理组织调运，才能使总的运费最少. 具体的决策问题是，每个仓库应该调给每个商场多少台电视机.

设 x_{11}, x_{12} 和 x_{13} 分别表示从仓库 A_1 调给三家商场 B_1, B_2 和 B_3 的电机机数量，以台为单位，x_{21}, x_{22} 和 x_{23} 分别表示从仓库 A_2 调给三家商场 B_1, B_2 和 B_3 的电视机台数. 这些 x_{ij} 称为调运量，简称运量. 在实际问题中，运费与运量的关系往往比较复杂，为简单起见，在运输问题中我们总假定：

$$\text{运费} = \text{单价} \times \text{运量}.$$

于是，总的运费为

$$15x_{11} + 21x_{12} + 18x_{13} + 20x_{21} + 25x_{22} + 16x_{23}.$$

显然，各个 x_{ij} 越小，总的运输费用越少. 但是，这些 x_{ij} 是受到一定限制的. 首先，每个仓库供应给各家商场的电视机数量不能超过它自己的拥有量. 比如仓库 A_1，它供应给三家商场 B_1，B_2 和 B_3 的电视机数量分别为 x_{11} 台、x_{12} 台和 x_{13} 台，它自己的拥有量为 200 台. 那么应有

$$x_{11} + x_{12} + x_{13} \leqslant 200.$$

同样，对仓库 A_2，有

$$x_{21} + x_{22} + x_{23} \leqslant 150.$$

其次，各家商场对电视机的需求应得到满足. 比如对商场 B_1，它需要电视机 100 台. 这些电视机由两个仓库 A_1 和 A_2 负责供应. 因为已设 A_1 供应 x_{11} 台，A_2 供应 x_{21} 台，故应有

$$x_{11} + x_{21} \geqslant 100.$$

同样，为了满足商场 B_2 的需求，应有

$$x_{12} + x_{22} \geqslant 80.$$

对于商场 B_3 也有不等式

$$x_{13} + x_{23} \geqslant 90.$$

最后，所有的调运量(即各个 x_{ij}) 都不能取负值.

总结以上分析，可得这一运输问题的数学模型如下：(以 z 表示总的运输费用)

$$\begin{aligned}
\min \quad & z = 15x_{11} + 21x_{12} + 18x_{13} + 20x_{21} + 25x_{22} + 16x_{23}, \\
\text{s.t.} \quad & x_{11} + x_{12} + x_{13} \leqslant 200, \quad (\text{仓库 } A_1 \text{ 供应约束}) \\
& x_{21} + x_{22} + x_{23} \leqslant 150, \quad (\text{仓库 } A_2 \text{ 供应约束}) \\
& x_{11} + x_{21} \geqslant 100, \quad (\text{商场 } B_1 \text{ 需求约束}) \\
& x_{12} + x_{22} \geqslant 80, \quad (\text{商场 } B_2 \text{ 需求约束}) \\
& x_{13} + x_{23} \geqslant 90, \quad (\text{商场 } B_3 \text{ 需求约束}) \\
& x_{ij} \geqslant 0 \quad (i = 1,2;\ j = 1,2,3),
\end{aligned}$$

其中 min 是 minimize 的省写. 严格说来，x_{ij} 还应取整数值，这一点我们暂不考虑.

1.1.2 线性规划问题的一般模型

由以上诸例可见，线性规划问题的数学模型(简称线性规划模型) 的一般

形式为

$$
\max(\text{或}\min)\quad z = c_1x_1 + c_2x_2 + \cdots + c_nx_n,
$$

$$
\left.\begin{aligned}
\text{s.t.}\quad & a_{11}x_1 + a_{12}x_2 + \cdots + a_{1n}x_n(*)b_1, \\
& a_{21}x_1 + a_{22}x_2 + \cdots + a_{2n}x_n(*)b_2, \\
& \cdots\cdots\cdots\cdots\cdots\cdots\cdots\cdots \\
& a_{m1}x_1 + a_{m2}x_2 + \cdots + a_{mn}x_n(*)b_m,
\end{aligned}\right\} \tag{1.6}
$$

某些变量有符号限制，某些变量无符号限制，　　　　(1.7)

其中 $a_{ij}, b_i, c_j\,(i = 1,2,\cdots,m;\ j = 1,2,\cdots,n)$ 均为已知实常数，$(*)$ 表示“$\leqslant$”或“$\geqslant$”或“$=$”. $x_1, x_2, \cdots, x_n$ 称为**决策变量**(decision variables)，z 称为**目标函数**(objective function)，(1.6) 和(1.7) 称为**约束条件**(constraints)，(1.6) 中的每一个式子均称为**函数约束**(functional constraint)，(1.7) 则是关于变量的**符号约束**(sign constraints) 或**符号限制**(sign restrictions).

这表明，线性规划模型由三部分构成：

(1) 一组决策变量 $x_1, x_2, \cdots, x_n$. 它们是根据要解决的具体决策问题定义的.

(2) 一个目标函数 z. 我们用它的值来作为衡量所作决策优劣程度的标准. 它是决策变量的线性函数. 在有些问题中我们要求 z 的最大值，而在另一些问题中我们要求 z 的最小值. 前者称为**最大化问题**，后者称为**最小化问题**.

(3) 一组约束条件. 它们确定决策变量的取值范围. 约束条件分为两类. 一类是根据生产、销售、财务等方面的要求得出的一些线性等式或线性不等式. 每个等式或不等式的左边都是决策变量的线性函数，而右边都是一个常数. 这种约束称为**函数约束**. 另一类约束是关于变量符号的约束. 实际问题中对决策变量的符号常有要求. 有些变量只能取非负值，有些变量只允许取非正值，而有些变量既可以取正值，也可以取负值，还可以取 0. 若变量 x_j 只能取非负值，则增加一个符号限制条件 $x_j \geqslant 0$；若变量 x_j 只能取非正值，则增加一个符号限制条件 $x_j \leqslant 0$；若变量 x_j 的取值可正可负，或取 0，则称 x_j 为**符号无限制**(简记为 urs) **变量**. 这些对于变量符号的限制或说明称为**变量的符号约束**，简称为**符号约束**.

在写线性规划问题的约束条件时，我们总是先把函数约束全部列出，最后再写上变量的符号约束. 按此顺序书写，则我们今后说话可以简单一点. 比如说，把“第一个函数约束”就简单地说成“第一个约束”. 同样，我们约定，把一个线性规划问题“有 m 个函数约束”简单地说成“有 m 个约束”. 总之，当说到一个线性规划问题有多少个约束或是它的第几个约束时，这里的约束指的是函数约束；而当说到一个线性规划问题的全部约束时，则包括了函数约束和符号约束.

正因为目标函数和约束条件都是决策变量的线性表示式，所以，这种数学模型称为**线性规划模型**，相应的问题叫做**线性规划问题**. 以后我们把“线性规划”简写为“LP”，它是“Linear Programming”的缩写.

关于线性规划的假设. 当我们用线性规划模型去描述一个实际问题时，必须清楚地认识到，这种模型的建立是遵循了以下 4 个假设(assumptions)的：

(1) 比例性(proportionality) 假设. 每个决策变量对目标函数的贡献与决策变量所取的值成比例. 比如在例 1.1-1 中，生产 1 吨 Ⅰ 型饼干的利润是 5 百元，生产 3 吨 Ⅰ 型饼干的利润就是 $5\times3=15$ 百元. 同样，每个决策变量对每个约束左端的贡献也与每个决策变量的值成比例. 在例 1.1-1 中，生产 1 吨 Ⅰ 型饼干需要搅拌机工作 3 小时，生产 3 吨 Ⅰ 型饼干就需要搅拌机工作 3×3 小时.

(2) 可加性(additivity) 假设. 目标函数和任何一个约束左端的函数都是每个决策变量个别贡献的总和.

(3) 可除性(divisibility) 假设. 在满足全部约束条件的前提下，决策变量可以取任何值，包括非整数值.

(4) 确定性(certainty) 假设. LP 模型中的每个参数都假定为已知常数.

在许多实际问题中，这些假设常常是不能满足的，或者说是不能严格地满足的. 但是人们还是愿意用线性规划模型去分析和研究问题，因为这种模型简单方便，有一般的求解方法. 当然这样求出的最优解完全没有考虑到那些未被满足的要求. 人们会想一些办法来对此进行弥补. 比如，在有些模型中（如决策变量代表产品的件数)，还要求决策变量取整数值. 在线性规划的范围内来处理这类问题，通常是将连续最优解通过四舍五入取整. 当最优解中变量的取值都比较大时，这种做法是可行的. 要想得到精确的整数最优解，需应用第六章中整数规划的解法. 又如，考虑到模型中的参数可能会发生一些变化，我们在求出最优解以后，还需要进行灵敏度分析(见第二章).

现在介绍关于线性规划问题的解的概念. 我们知道，求解线性规划问题就是要找出 $x_1,x_2,\cdots,x_n$ 之值，使它们满足全部约束条件，并使目标函数 z 达到最大值或最小值. 为此我们引入下述定义.

给定决策变量 $x_1,x_2,\cdots,x_n$ 各一数值，则称这 n 个数(作为一个整体) 为线性规划问题的一个**解**(solution). 若将它们代入一个线性规划问题的约束条件中，能使全部约束条件都得到满足，则称这 n 个数(或说这个解) 为此线性规划问题的一个**可行解**(feasible solution)，全部可行解所组成的集合叫**可行解集**(the set of all feasible solutions) 或**可行域**(feasible region).

使目标函数 z 取最优值的可行解叫**最优解**(optimal solution). 所谓 z 的最优值，在最大化问题中是指 z 的最大值，在最小化问题中是指 z 的最小值. z 的最优值简称为**最优 z 值**.

最优 z 值是指一个确定的、有限的实数. 有最优 z 值，当然就有最优解. 一个 LP 问题若存在最优解，则称它**有解**；否则称之为**无解**. 注意，如果一个 LP 问题是求 z 的最大(小)值，而在可行解集中，z 值无上(下)界，则称此 LP 问题无解，或说它有无界解.

1.1.3 线性规划模型的标准形

线性规划的模型建立起来以后，就应该研究如何求出其最优解. 现在已经有了求解含 n 个变量 m 个约束的线性规划问题的一般算法，即单纯形法. 此法是建立在求解线性方程组的基础上的. 因此，我们首先要学会怎样把不等式约束化成等价的等式约束. 另外，单纯形法还要求所有的决策变量都要满足非负条件(nonnegativity constraints)，即一切 $x_j \geqslant 0$. 如果一个线性规划问题的所有函数约束都是等式，所有决策变量都非负，那么这种形式就称为 **LP 问题的标准形式**，或说是 **LP 问题的标准形**(standard form). 所以，标准形是针对线性规划问题的约束而言的.

标准形线性规划问题可以是最大化问题，也可以是最小化问题. 最大化问题的标准形式是：

$$\max \quad z = c_1x_1 + c_2x_2 + \cdots + c_nx_n, \tag{1.8}$$

$$\text{s.t.} \quad \left.\begin{array}{l} a_{11}x_1 + a_{12}x_2 + \cdots + a_{1n}x_n = b_1, \\ a_{21}x_1 + a_{22}x_2 + \cdots + a_{2n}x_n = b_2, \\ \cdots\cdots\cdots\cdots\cdots\cdots\cdots\cdots\cdots\cdots \\ a_{m1}x_1 + a_{m2}x_2 + \cdots + a_{mn}x_n = b_m, \end{array}\right\} \tag{1.9}$$

$$x_1, x_2, \cdots, x_n \geqslant 0. \tag{1.10}$$

把上述问题中的 max 改为 min，就得到最小化 LP 问题的标准形式. 利用矩阵和向量的形式，上述问题可写为

$$\max \quad z = \boldsymbol{cx}, \tag{1.8$'$}$$

$$\text{s.t.} \quad \boldsymbol{Ax} = \boldsymbol{b}, \tag{1.9$'$}$$

$$\boldsymbol{x} \geqslant \boldsymbol{0}, \tag{1.10$'$}$$

其中，

$$\boldsymbol{c}=(c_1,c_2,\cdots,c_n),\quad \boldsymbol{b}=\begin{pmatrix}b_1\\b_2\\\vdots\\b_m\end{pmatrix},\quad \boldsymbol{x}=\begin{pmatrix}x_1\\x_2\\\vdots\\x_n\end{pmatrix},\quad \boldsymbol{0}=\begin{pmatrix}0\\0\\\vdots\\0\end{pmatrix},$$

$$\boldsymbol{A}=\begin{pmatrix}a_{11}&a_{12}&\cdots&a_{1n}\\a_{21}&a_{22}&\cdots&a_{2n}\\\vdots&\vdots&&\vdots\\a_{m1}&a_{m2}&\cdots&a_{mn}\end{pmatrix},$$

a_{ij} 都是实数，$\boldsymbol{A}$ 称为约束方程 $\boldsymbol{Ax}=\boldsymbol{b}$ 的**系数矩阵**；为了书写上简明、方便，我们将 $x_1,x_2,\cdots,x_n\geqslant 0$ 简记为 $\boldsymbol{x}\geqslant\boldsymbol{0}$，这里的 $\boldsymbol{0}$ 是一个 n 维向量，其每个分量都是零. $\boldsymbol{x}\geqslant\boldsymbol{0}$ 表示 $\boldsymbol{x}$ 的所有分量都大于或等于零，这点以后不再申明.

用 $\mathbf{R}^n$ 记 n 维实向量空间，则我们可以说，$\boldsymbol{x}\in\mathbf{R}^n$，向量与点是同义词. 有时为强调指明 z 是 $\boldsymbol{x}$ 对应的目标函数值，将 z 记为 $z(\boldsymbol{x})$.

标准形线性规划问题有 n 个变量，有 m 个(函数) 约束. 为了使得我们的讨论能够抓住最主要的内容，而不致被一些次要的枝节问题搅乱视线，我们在这里对标准形 LP 问题作如下假设：

(1) $\boldsymbol{A}$ 的秩 $\mathrm{r}(\boldsymbol{A})=m$，且 $m<n$. 这也就是说，约束方程组(1.9) 中包含的 m 个方程式都是彼此独立的，没有多余方程，且方程个数小于未知量个数. 这种情况最为常见. 若 $\mathrm{r}(\boldsymbol{A})<m$，则说明(1.9) 中有多余的方程. 这时应先去掉多余方程，然后再行求解.

(2) $\boldsymbol{b}\geqslant\boldsymbol{0}$ 即一切 $b_i\geqslant 0\ (i=1,2,\cdots,m)$. 因此在化标准形时，必须把每个方程的右端都化成非负. 若有某个 $b_i<0$，则可将 b_i 所在方程的两边乘以 -1.

今后，都将在这些假设条件下讨论标准形 LP 问题.

在标准形 LP 问题情况下，若点 $x\in\mathbf{R}^n$ 满足(1.9)′ 和(1.10)′，则称它为 LP 问题(1.8)′ ~ (1.10)′ 的一个**可行解**. 或者等价地，若 $x_1,x_2,\cdots,x_n$ 满足(1.9) 和(1.10)，则称它们为 LP 问题(1.8) ~ (1.10) 的一个可行解.

全部可行解所组成的集合，即可行解集，记为 S：

$$S=\{\boldsymbol{x}\in\mathbf{R}^n\mid\boldsymbol{Ax}=\boldsymbol{b},\ \boldsymbol{x}\geqslant\boldsymbol{0}\}.$$

标准形线性规划问题要求所有的函数约束都是等式(且一切 $b_i\geqslant 0$)，所有决策变量 $x_j\geqslant 0$. 如果一个给定的线性规划问题不满足这些条件，那怎样把它化成标准形呢？

1. “≤”函数约束的处理

我们通过例题来介绍处理“≤”函数约束的方法.

例 1.1-4 将例 1.1-1 中的模型(1.1) ~ (1.5) 化成标准形.

解 此题中的三个约束是

$$3x_1 + 5x_2 \leqslant 15, \quad \text{(搅拌机约束条件)}$$
$$2x_1 + x_2 \leqslant 5, \quad \text{(成型机约束条件)}$$
$$2x_1 + 2x_2 \leqslant 11. \quad \text{(烘箱约束条件)}$$

第一个不等式(即(1.2)) 表示搅拌机工时的约束. 如果我们生产 Ⅰ 型饼干 x_1 吨、Ⅱ 型饼干 x_2 吨, 则共需消耗搅拌机 $3x_1 + 5x_2$ 小时, 而搅拌机可用的工时是 15 小时, 这 15 小时不一定都用完了. 这就是说, 实际消耗的搅拌机工时量具有一定的伸缩性. 如未用完, 则还剩有 $15 - 3x_1 - 5x_2$ 小时没有被利用. 于是, 我们引入一个(或说定义一个) 变量 s_1 为

$$s_1 = 15 - 3x_1 - 5x_2 \quad \text{或} \quad 3x_1 + 5x_2 + s_1 = 15.$$

这个 s_1 叫做**松弛变量**(slack variable), 或说详细一点, 叫做关于第一个不等式(1.2) 的松弛变量, 它表示未使用的第一种资源的数量. 题目中原有的变量 x_1, x_2 则称为**构造变量**(structural variables). 易知, 当且仅当 $s_1 \geqslant 0$ 时, x_1, x_2 满足第一个不等式. 这就是说, 不等式(1.2) 可以换成一个等式

$$3x_1 + 5x_2 + s_1 = 15$$

同时加上一个条件 $s_1 \geqslant 0$.

类似地, 对于第二个约束(即(1.3)), 我们定义松弛变量 s_2 为

$$s_2 = 5 - 2x_1 - x_2 \quad \text{或} \quad 2x_1 + x_2 + s_2 = 5$$

也加上条件 $s_2 \geqslant 0$, s_2 表示未使用的第二种资源的数量. 同样, 对于第三个约束(即(1.4)), 我们引入松弛变量 s_3:

$$s_3 = 11 - 2x_1 - 2x_2 \quad \text{或} \quad 2x_1 + 2x_2 + s_3 = 11,$$

并加上条件 $s_3 \geqslant 0$, s_3 表示未使用的第三种资源的数量.

由上可知, 如果一个 LP 问题的第 i 个约束是“≤”不等式, 则我们可以通过在该约束的左边加入一个松弛变量 s_i 而将它化为等式, 但需添加变量符号限制条件 $s_i \geqslant 0$.

由(1.5) 知, 此例中的决策变量已全部非负, 不需作任何改变, 故得 LP 问题(1.1) ~ (1.5) 的标准形如下:

$$\max \quad z = 5x_1 + 4x_2, \tag{1.11}$$
$$\text{s.t.} \quad 3x_1 + 5x_2 + s_1 = 15, \tag{1.12}$$
$$2x_1 + x_2 + s_2 = 5, \tag{1.13}$$
$$2x_1 + 2x_2 + s_3 = 11, \tag{1.14}$$

$$x_1, x_2, s_1, s_2, s_3 \geqslant 0. \tag{1.15}$$

2. "$\geqslant$" 函数约束的处理

这种不等式右边的数字通常表示对某种物资的需求量，而不等式左边表示的是这种物资可以提供的数量. 当提供的量大于需求量时，就会有剩余.

例如，设某个线性规划问题的第 i 个约束是

$$2x_1 + 3x_2 \geqslant 5,$$

不等式左边表示的是某种物资可提供的量，而不等式右边的数字表示对该种物资的需求量，则 $2x_1 + 3x_2 - 5$ 表示这种物资的剩余量. 故对此约束引入一个(或说定义一个) **剩余变量** e_i (surplus variable),

$$e_i = 2x_1 + 3x_2 - 5 \quad 或 \quad 2x_1 + 3x_2 - e_i = 5,$$

同时加上条件 $e_i \geqslant 0$.

所以，对于"$\geqslant$"不等式，我们在其左边减去一个剩余变量($\geqslant 0$)，就可以将它化成等价的等式.

有的书上，也将剩余变量称为松弛变量，但它们在今后的作用有些不同(见第二章)，故本书仍给它们以不同的名称.

3. 取负值变量的处理

若有某个变量 $x_j \leqslant 0$，则引入一个新变量 $x'_j = -x_j$ 来代替原有变量 x_j. 显然 $x'_j \geqslant 0$.

4. 无符号限制变量的处理

若有某个变量 x_j 的符号没有限制，即其取值可正可负，则作一个变量替换：令 $x_j = x'_j - x''_j$，其中 $x'_j, x''_j \geqslant 0$. 然后，将题中所有的 x_j 都用 x'_j 和 x''_j 来代替.

5. 含有绝对值不等式的处理

例如，某个约束条件为

$$|2x_1 + 3x_2| \leqslant 5,$$

则它等价于下述两个不等式：

$$2x_1 + 3x_2 \leqslant 5 \quad 和 \quad 2x_1 + 3x_2 \geqslant -5.$$

如果约束条件为

$$|3x_1 + 4x_2| \geqslant 6,$$

则它等价于下述两个不等式：

$$3x_1 + 4x_2 \geqslant 6 \quad 或 \quad 3x_1 + 4x_2 \leqslant -6.$$

此时需要用到整数规划的知识将这种"有与或"的约束条件线性化.

例 1.1-5 将 LP 问题：

$$\begin{aligned}
\min \quad & z = 5x_1 + x_2 + x_3, \\
\text{s.t.} \quad & 3x_1 + x_2 - x_3 \leqslant 7, \\
& x_1 - 2x_2 + 4x_3 \geqslant 6, \\
& x_2 + 3x_3 = -10, \\
& x_1 \leqslant 0,\ x_2 \geqslant 0,\ x_3 \text{ 无符号限制}
\end{aligned}$$

化为标准形.

解 在 $3x_1 + x_2 - x_3 \leqslant 7$ 和 $x_1 - 2x_2 + 4x_3 \geqslant 6$ 中分别引入松弛变量 x_6 和剩余变量 x_7，并将第三个约束的两边乘以 -1，然后令 $x_1' = -x_1$ 及

$$x_3 = x_4 - x_5,$$

其中 $x_4, x_5 \geqslant 0$，可得其标准形如下：

$$\begin{aligned}
\min \quad & z = -5x_1' + x_2 + x_4 - x_5, \\
\text{s.t.} \quad & -3x_1' + x_2 - (x_4 - x_5) + x_6 = 7, \\
& -x_1' - 2x_2 + 4(x_4 - x_5) - x_7 = 6, \\
& x_2 + 3(x_4 - x_5) = 10, \\
& x_1', x_2, x_4, \cdots, x_7 \geqslant 0.
\end{aligned}$$

1.2 求解线性规划问题的基本定理

将 LP 问题的每一个可行解 $\boldsymbol{x}$ 代入目标函数 z 的表达式中，就可以得到 z 的一个相应的值. 一般说来，不同的 $\boldsymbol{x}$ 对应于不同的 z. 求解线性规划问题的根本任务就是要在全部可行解中找出使目标函数取最大值或最小值(统称最优值) 的那个(或那些) 可行解，即最优解. 因为在约束方程组中，$m < n$，故在一般情况下，可行解集 S 及其边界都是无穷点集，相应地，z 也就有无穷多个值. 要从这无穷多个值中找出一个最大的或最小的，一般来说是不可能的.

然而，值得庆幸的是，由于 LP 问题的结构特殊，其可行解集具有一些 "很好" 的性质(下面将给出)，再加上目标函数是个线性函数，致使寻找最优解的范围大为缩小. 从而实现一个从无限到有限的转化，即从对无穷多个函数值的比较，转化为只需考察有限多个函数值的情形.

读者可从下面的图解法中领会到上述思想.

1.2.1 图解法

对于只含两个决策变量的 LP 问题，可用图解法求解. 此方法简便、直

观，所给问题也无需化成标准形.

例 1.2-1　用图解法解例 1.1-1，即解(1.1) ～ (1.5)：

$$\begin{aligned} \max \quad & z = 5x_1 + 4x_2, \\ \text{s.t.} \quad & 3x_1 + 5x_2 \leqslant 15, \\ & 2x_1 + x_2 \leqslant 5, \\ & 2x_1 + 2x_2 \leqslant 11, \\ & x_1, x_2 \geqslant 0. \end{aligned}$$

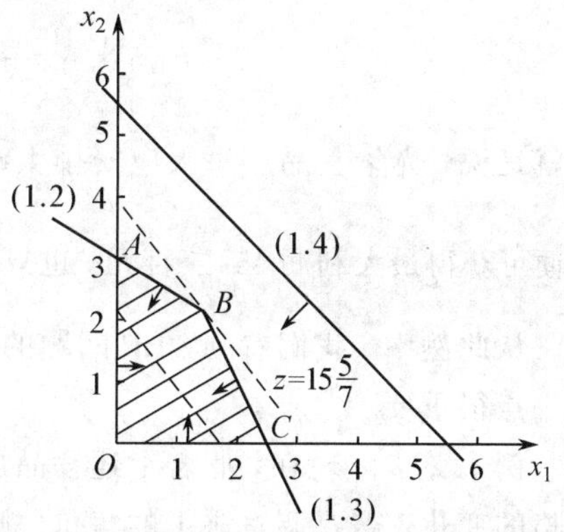

图 1.1

解　把 x_1 和 x_2 看成平面上点的坐标(如图 1.1)，每个不等式决定一个半平面，图中直线(1.4)(其方程就是将不等式 $2x_1 + 2x_2 \leqslant 11$ 的"$\leqslant$"改为"$=$"而得来)上的箭头即指明约束条件 $2x_1 + 2x_2 \leqslant 11$ 所决定的半平面. 显然，同时满足全部约束条件的点集就是图 1.1 中的多边形 $OABC$. 它就是所给问题的可行解集 S. 注意，由图 1.1 可见，直线(1.4)并不构成可行解集边界的一部分，它实际上是个多余的约束，即点(x_1, x_2)只要满足了 $3x_1 + 5x_2 \leqslant 15$ (对应直线 $3x_1 + 5x_2 = 15$ 记为(1.2))和 $2x_1 + x_2 \leqslant 5$ (对应直线 $2x_1 + x_2 = 5$ 记为(1.3))，就一定满足 $2x_1 + 2x_2 \leqslant 11$. 现在，我们在 S 中找出最优解，即找出使目标函数 z 取最大值的点. 显然，当 z 取定某一常数 z_0 时，等式

$$5x_1 + 4x_2 = z_0$$

代表一直线，其上所有点的目标函数值都相同，都为 z_0，故称该直线为**目标函数等值线**. 将上式改写为

$$x_2 = -\frac{5}{4}x_1 + \frac{1}{4}z_0.$$

当 z_0 改变时，得一族斜率 $k = -\frac{5}{4}$ 的平行线，且随着 z_0 的增大，其对应的等值线离开原点愈远. 我们要想在多边形 $OABC$ 上找出一点，使其对应的 z 最大，那就要在上述平行线(即等值线)中找一条既与多边形 $OABC$ 相交又尽可能远离原点的直线. 由图 1.1 可见，经过多边形 $OABC$ 顶点 B 的一条等值线符合此要求，即 B 点的坐标既满足约束条件，又使目标函数取最大值.

B 点为两直线 $3x_1 + 5x_2 = 15$ 与 $2x_1 + x_2 = 5$ 的交点. 解方程组：

$$\begin{cases} 3x_1 + 5x_2 = 15, \\ 2x_1 + x_2 = 5, \end{cases}$$

可得 B 点的坐标为 $x_1=\frac{10}{7}$，$x_2=\frac{15}{7}$. 这就是最优解，它是多边形 $OABC$ 的一个顶点. 目标函数的最优值为

$$z^*=5\times\frac{10}{7}+4\times\frac{15}{7}=15\,\frac{5}{7}.$$

这就是说，光华食品厂每天应安排生产 Ⅰ 型饼干$\frac{10}{7}$吨，Ⅱ 型饼干$\frac{15}{7}$吨，这样便可获得最大利润 $15\,\frac{5}{7}$ 百元. 也只有这样，设备资源才得以最有效的利用.

从此例中，我们看到，LP 问题的最优解出现在可行解集的一个顶点上，这一点很重要.

例 1.2-2 现在，假若上述食品厂考虑到市场销售情况的变化或原材料价格的变化，需要调整饼干的售价，则利润获得情况也随之变化. 比如假设 Ⅰ 型饼干每吨获利由 5 百元降为 3 百元，Ⅱ 型饼干每吨获利由 4 百元升为 5 百元. 于是目标函数为

$$z=3x_1+5x_2.$$

其余条件与上例完全相同.

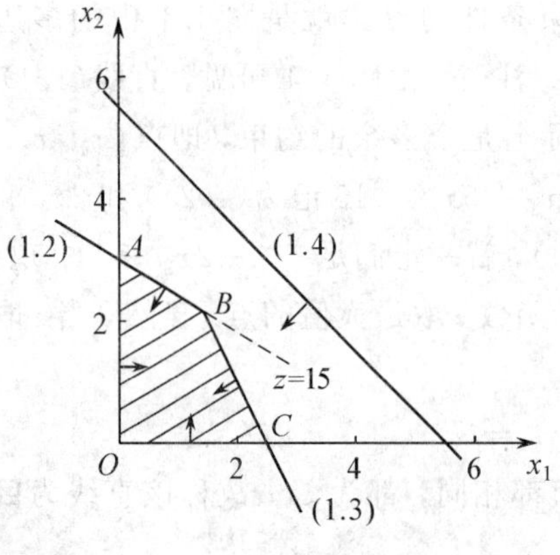

图 1.2

解 用图解法解此题的结果如图 1.2 所示. 由图可见，此时一切目标函数等值线都与 AB 边平行，而最优等值线与 AB 边重合. 因此，AB 上每一点都是最优解，最优值都是

$$z=3\times\frac{10}{7}+5\times\frac{15}{7}=15.$$

此例中最优解有无穷多个，即出现所谓多重最优解的情况. 但下述结论也真：最优值可在某些顶点上(此例中的 A,B) 达到.

以上两例的可行解集都有界，这时我们都得出了明确的、肯定的结论. 若可行解集无界，会发生什么情况呢?

例 1.2-3 求解 LP 问题:

$$\begin{aligned}\max\quad & z=x_1+2x_2,\\ \text{s.t.}\quad & -3x_1+x_2\leqslant 1,\\ & 2x_1+x_2\geqslant 4,\\ & x_1-2x_2\leqslant 1,\\ & x_1,x_2\geqslant 0.\end{aligned}$$

解　此题之图解结果如图 1.3 所示. 由图知，可行解集 S 是一个无界域，因在 S 内 $z = x_1 + 2x_2$ 可以趋向于 ∞，故所给问题无解.（注意，我们定义“有解”，是指 z 在 S 内有确定的、有限的最优值.）

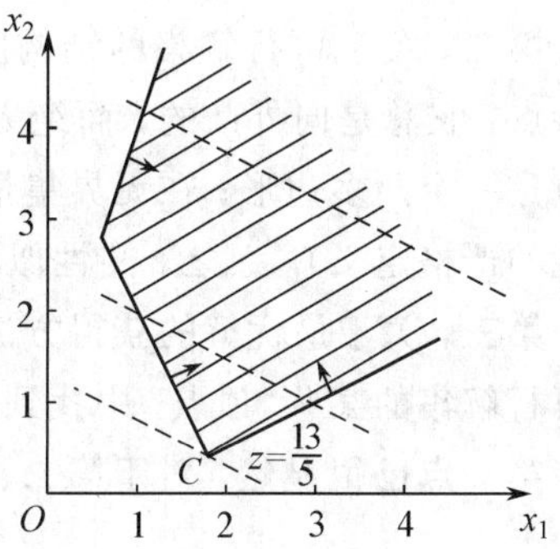

图 1.3

例 1.2-4　我们再来研究上述问题，但将目标函数的最大化改为最小化，即解：

$$\min \quad z = x_1 + 2x_2,$$

约束条件同例 1.2-3.

解　由图 1.3 可知，此时问题有解，最小值在 C 点达到.

例 1.2-5　假设例 1.1-1 中的食品厂与外面的一些加工厂订立了合同，那些加工厂愿意为该食品厂烘干饼干，因此，食品厂的生产可以不受本厂烘箱的限制. 现该厂厂长提出，希望在其他条件（搅拌机、成型机）不变的情况下，使饼干的日产量至少达到 6 吨. 现问应如何安排生产，才能使每日获利最高?

依题意可知，例 1.1-1 中的不等式(1.4) 此时不再成立，应当去掉，同时需加上一个两种饼干每天的总产量不低于 6 吨的约束条件：

$$x_1 + x_2 \geqslant 6, \qquad (1.16)$$

其余条件不变.

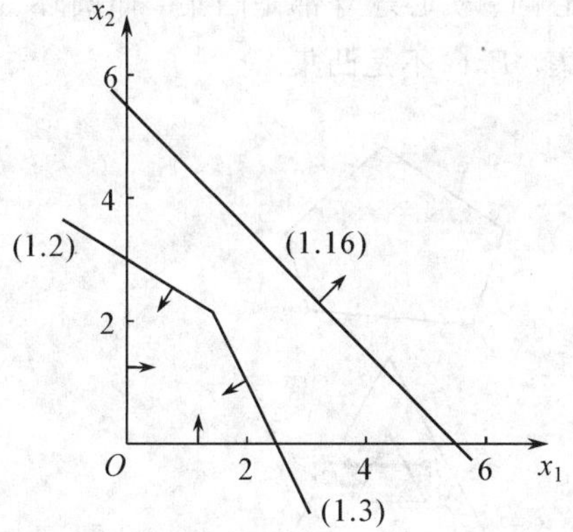

图 1.4

解　此题的几何解法见图 1.4. 由于有些约束条件相互矛盾，故平面上没有点能同时满足全部约束条件，即不存在可行解，因而所给问题无解.

通过用图解法求解只有两个变量的 LP 问题，我们可以获得某些解一般 LP 问题的重要规律，主要的有以下三点：

第一，关于最优解的存在性问题. 一般的线性规划问题可以有最优解，也可以没有最优解；有最优解时，其最优解的个数可以是唯一的，也可以是无穷多个. 究竟何时有最优解? 何时没有最优解? 何时有唯一最优解? 何时有无穷多个最优解? 这些问题在我们学习了单纯形法以后，大体上可以得到解决.

第二，关于可行解集的结构问题. 从二维情形可见，可行解集的图形有个特点：它总是向外凸的，而绝无一处是向图形里面凹进去的. 在有界集情形就是一个凸多边形；在无界集情形，也表现着这种凸性（我们下面将给出凸性的严格定义）. 总之，凸性似乎应是可行解集的一个基本特性.

第三，关于最优解的获得方法问题. 如果 LP 问题有最优解，则最优解可在可行解集的某些"顶点"中找到.

第一点已很显然，对于第二、三点，下面将给出证明.

1.2.2　关于线性规划问题求解的一些基本定理

要从无穷多个可行解中找出最优解来，是一件非常困难的工作. 此问题的解决建立在一系列重要定理的基础上. 我们将从上节获得的几何启示出发，逐步展开这些基本定理. 这样，读者便能从中更好地领会到单纯形法产生的整个思路.

首先我们介绍两个基本概念.

设 $E \subset \mathbf{R}^n$. 若 E 中任意两点 $\boldsymbol{x}^{(1)}$ 和 $\boldsymbol{x}^{(2)}$ 的连线上的一切点仍属于 E，即若 $\boldsymbol{x}^{(1)} \in E$，$\boldsymbol{x}^{(2)} \in E$，就必有

$$\boldsymbol{x} = \alpha \boldsymbol{x}^{(1)} + (1-\alpha)\boldsymbol{x}^{(2)} \in E \quad (\text{其中 } 0 \leqslant \alpha \leqslant 1),$$

则称 E 为**凸集**(convex point-set).

例如，三角形、矩形、四面体、实心圆、实心球等都是凸集，而圆环、圆周不是凸集. 图 1.5 中点集 D,E 是凸集，F,G 不是凸集.

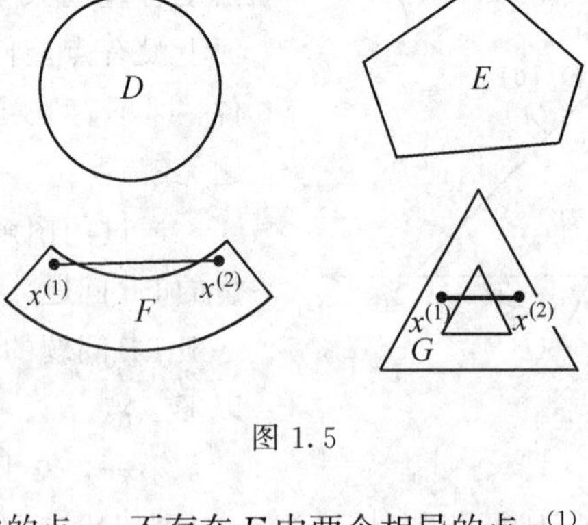

图 1.5

若对于凸集 E 中的点 $\boldsymbol{x}$，不存在 E 中两个相异的点 $\boldsymbol{x}^{(1)}$ 和 $\boldsymbol{x}^{(2)}$，使下式成立：

$$\boldsymbol{x} = \alpha \boldsymbol{x}^{(1)} + (1-\alpha)\boldsymbol{x}^{(2)} \quad (0 < \alpha < 1),$$

则称 $\boldsymbol{x}$ 为 E 的**极点**(extreme point)或**顶点**. 用几何语言说，极点就是不能成

为 E 中任何线段的内点的那种点. 如三角形、矩形、四面体的顶点，圆周上的一切点都是这些图形各自的极点.

图 1.5 中 D 的边界点都是极点，E 的 5 个顶点也都是极点.

现在我们来讨论求解 LP 问题的一系列基本定理. 在本节以及今后对 LP 问题作一般性的理论分析中，我们都假定 LP 问题为标准形，这点以后不再申明.

约束方程 $\boldsymbol{Ax} = \boldsymbol{b}$ 可改写成如下形式：

$$\sum_{j=1}^{n} \boldsymbol{p}_j x_j = \boldsymbol{b},$$

其中，

$$\boldsymbol{p}_j = \begin{pmatrix} a_{1j} \\ a_{2j} \\ \vdots \\ a_{mj} \end{pmatrix}, \quad j = 1,2,\cdots,n$$

称为 x_j 的**系数列向量**. 借助于这些列向量，系数矩阵 $\boldsymbol{A}$ 可写成下列形式：

$$\boldsymbol{A} = (\boldsymbol{p}_1, \boldsymbol{p}_2, \cdots, \boldsymbol{p}_n).$$

定理 1.1　线性规划问题的可行解集 S（若非空）是凸集.

证　按凸集的定义，即要证明：S 中任意两点 $\boldsymbol{x}^{(1)}$ 和 $\boldsymbol{x}^{(2)}$ 的连线上的一切点

$$\boldsymbol{x} = \alpha \boldsymbol{x}^{(1)} + (1-\alpha)\boldsymbol{x}^{(2)} \quad (0 \leqslant \alpha \leqslant 1)$$

仍属于 S，也即要证明 $\boldsymbol{x}$ 仍为可行解.

(1)　因为 $\boldsymbol{x}^{(1)} \geqslant \boldsymbol{0}$，$\boldsymbol{x}^{(2)} \geqslant \boldsymbol{0}$，且 $0 \leqslant \alpha \leqslant 1$，所以，显然有 $\boldsymbol{x} \geqslant \boldsymbol{0}$，即 $\boldsymbol{x}$ 满足非负条件.

(2)　因为 $\boldsymbol{Ax}^{(1)} = \boldsymbol{b}$，$\boldsymbol{Ax}^{(2)} = \boldsymbol{b}$，所以

$$\begin{aligned} \boldsymbol{Ax} &= \boldsymbol{A}[\alpha \boldsymbol{x}^{(1)} + (1-\alpha)\boldsymbol{x}^{(2)}] = \alpha \boldsymbol{A}\boldsymbol{x}^{(1)} + (1-\alpha)\boldsymbol{A}\boldsymbol{x}^{(2)} \\ &= \alpha \boldsymbol{b} + (1-\alpha)\boldsymbol{b} = \boldsymbol{b}, \end{aligned}$$

即满足约束方程.

由(1)及(2)，知 $\boldsymbol{x}$ 确实是可行解. ∎

进一步还可证明 S 是闭集(证明略).

从上段用图解法解题的方法中，我们已看到极点在求解 LP 问题中的重要作用，故有必要对其进行仔细研究. 注意，下文中所述极点均指可行解集 S 的极点.

下面几个定理的证明稍为有点复杂，为使读者首先能集中精力掌握求解

LP问题的主要思路，此处只叙述这些定理，而将其证明放在本章的最后一节(1.7节). 读者在熟悉了单纯形法的具体做法后，再去学习这些证明，将会很受启发.

引理1.1 设 $\boldsymbol{x} \in S$.

(1) 若 $\boldsymbol{x} = \boldsymbol{0}$，则它一定是 S 的极点.

(2) 若 $\boldsymbol{x} \neq \boldsymbol{0}$，则它为 S 之极点的充要条件是：$\boldsymbol{x}$ 的正分量所对应的系数列向量线性无关.

定理1.2 若可行解集非空，则其极点所组成的集合也一定非空. 换句话说，只要存在可行解，就一定存在极点.

定理1.3 极点的个数是有限的.

定理1.4 若线性规划问题有最优解，则最优解一定可以在极点中找到. 或者说，若目标函数有最优值，则最优值必至少在某一极点上达到.

这些定理之所以极为重要，之所以被称为基本定理，是因为它们回答了我们所关心的一系列重大问题. 定理1.1回答的是："LP问题的可行解集 S 具有什么样的几何特征?" 答曰：是个凸集. 既然是凸集，便可谈及极点. 那么，什么样的点才能成为极点呢? 引理1.1解决了这一问题. 接着要问："怎样的可行解集才能有极点呢?" 定理1.2作了回答：只要 $S \neq \varnothing$，它就有极点. 这一定理指出了极点存在的普遍性. 进一步要问："极点个数有多少呢?" 定理1.3的回答是：有限个. 这一回答虽不具体，却是原则性的，联系定理1.4便可知其意义重大. 最后一个定理(定理1.4)解决的是"极点和最优解究竟有何关系?" 答曰：极点中就有最优解. 因此，我们要想找出最优解，只需考察各个极点(它们是有限个)即可，而不必在整个可行解集或其边界所包含的无穷多个点中一一检查了.

为了给出寻找极点的具体方法，我们再从求解方程组的角度讨论几个概念.

1.2.3 基、基解和基可行解

现在我们讲述基、基解和基可行解这三个非常重要的概念. 它们是针对标准形LP问题而建立的. 标准形LP问题可以是最大化问题，也可以是最小化问题. 今后可见，这二者的处理方法完全类似，故可任取其一加以研究.

为确定起见，我们来研究标准形最大化问题(1.8) ~ (1.10)，即

$$
\begin{aligned}
\max\quad & z = c_1x_1 + c_2x_2 + \cdots + c_nx_n,\\
\text{s. t.}\quad & \left.\begin{aligned}
a_{11}x_1 + a_{12}x_2 + \cdots + a_{1n}x_n &= b_1,\\
a_{21}x_1 + a_{22}x_2 + \cdots + a_{2n}x_n &= b_2,\\
\cdots\cdots\cdots\cdots\cdots\cdots\cdots\cdots\cdots&\cdots\\
a_{m1}x_1 + a_{m2}x_2 + \cdots + a_{mn}x_n &= b_m,
\end{aligned}\right\}\\
& \qquad\qquad x_1, x_2, \cdots, x_n \geqslant 0.
\end{aligned}
$$

x_j（在约束方程组中）的系数列向量为 $\boldsymbol{p}_j$.

由引理 1.1 知，那些线性无关的系数列向量对确定极点起着很重要的作用. 因为我们最关心的是变量的取值，故今后我们的论述将主要以变量而不是其系数列向量为讨论对象. 为此，引进如下的定义：

若约束方程组(1.9) 中某 m 个变量 $x_{j_1}, x_{j_2}, \cdots, x_{j_m}$ 的系数列向量 $\boldsymbol{p}_{j_1}$，$\boldsymbol{p}_{j_2}, \cdots, \boldsymbol{p}_{j_m}$ 组成的矩阵

$$\boldsymbol{B} = (\boldsymbol{p}_{j_1}, \boldsymbol{p}_{j_2}, \cdots, \boldsymbol{p}_{j_m})$$

满足条件 $|\boldsymbol{B}| \neq 0$，则称这 m 个变量（作为一个整体）为 LP 问题(1.8) ～(1.10) 的一个**基**(basis)，记为 β：

$$\beta = \{x_{j_1}, x_{j_2}, \cdots, x_{j_m}\}, \tag{1.17}$$

其中的每个变量称为**基变量**(basic variable)，方程组(1.9) 中的其他变量称为**非基变量**(nonbasic variable). 此时矩阵 $\boldsymbol{B}$ 叫做基 β 对应的**基阵**(basic matrix).

由线性代数知识知，行列式 $|\boldsymbol{B}| \neq 0$ 等价于组成 $\boldsymbol{B}$ 的那些列向量线性无关. 因此也可以说，若约束方程组(1.9) 中某 m 个变量的系数列向量线性无关，则称这 m 个变量组成一个基. 但需要注意的是，当说到一个基时，必须指明基中各变量的排列顺序. 排列顺序不同的变量组表示不同的基. 在我们前面所给的基的定义中，表明了基中各变量是有一定排列顺序的.

取定基(1.17) 后，在(1.9) 中令所有非基变量为 0，则(1.9) 变为

$$\sum_{k=1}^{m} \boldsymbol{p}_{j_k} x_{j_k} = \boldsymbol{b}.$$

因该方程组的系数行列式 $|\boldsymbol{B}| \neq 0$，故此方程有唯一解. 设此解为

$$x_{j_1} = \bar{b}_1,\ x_{j_2} = \bar{b}_2,\ \cdots,\ x_{j_m} = \bar{b}_m,$$

则如下取值的 $x_1, x_2, \cdots, x_n$：

$$\begin{cases} x_{j_k} = \bar{b}_k, & k = 1, 2, \cdots, m,\\ x_j = 0, & j \neq j_1, j_2, \cdots, j_k \end{cases}$$

是(1.9) 的一个解，称它为由基(1.17) 所确定的**基解**(basic solution). 若基

解中所有的$x_j \geqslant 0$，则称此基解为**基可行解**(basic feasible solution)，这时的基(1.17)称为**可行基**(feasible basis)．若基可行解的所有基变量均取正值，则称它为**非退化的基可行解**(nondegenerate basic feasible solution)；若其中存在取零值的基变量，则称它为**退化的基可行解**(degenerate basic feasible solution).

例 1.2-6 研究下述 LP 问题的基及其基解：

$$
\begin{aligned}
\min \quad & z = 2x_1 + 3x_2 - x_3, \\
\text{s.t.} \quad & x_1 \qquad\quad + 2x_4 - x_5 = 8, \\
& \quad x_2 \qquad + x_4 + x_5 = 1, \\
& \qquad x_3 + x_4 - x_5 = 6, \\
& \qquad x_1, x_2, \cdots, x_5 \geqslant 0.
\end{aligned}
$$

解 我们有

$$
\boldsymbol{A} = (\boldsymbol{p}_1, \boldsymbol{p}_2, \boldsymbol{p}_3, \boldsymbol{p}_4, \boldsymbol{p}_5) = \begin{pmatrix} 1 & 0 & 0 & 2 & -1 \\ 0 & 1 & 0 & 1 & 1 \\ 0 & 0 & 1 & 1 & -1 \end{pmatrix}.
$$

(1) 因为$\boldsymbol{p}_1, \boldsymbol{p}_2, \boldsymbol{p}_3$线性无关，所以$\beta_1 = \{x_1, x_2, x_3\}$是一个基．在约束方程组中令非基变量$x_4$和$x_5$为零，求得基变量之值为

$$
x_1 = 8, \quad x_2 = 1, \quad x_3 = 6.
$$

故β_1所确定的基解为$(8,1,6,0,0)^{\mathrm{T}}$．显然它是基可行解．

(2) 因为x_4, x_3, x_5的系数行列式

$$
\begin{vmatrix} 2 & 0 & -1 \\ 1 & 0 & 1 \\ 1 & 1 & -1 \end{vmatrix} = -3 \neq 0,
$$

所以$\beta_2 = \{x_4, x_3, x_5\}$也是一个基．令非基变量$x_1, x_2$为零，可以求得

$$
x_3 = 1, \quad x_4 = 3, \quad x_5 = -2.
$$

故β_2所确定的基解为$(0,0,1,3,-2)^{\mathrm{T}}$．因$x_5 < 0$，所以这个基解不是基可行解．

类似地，还可以求出其他一些基及其基解．然而，对于一个给定的矩阵$\boldsymbol{A}_{m \times n}$来说，$\boldsymbol{Ax} = \boldsymbol{b}$的基最多只有$C_n^m$个，从而基解及基可行解的个数也是有限的．

下述定理表达了基可行解和极点的等价性．

定理 1.5 *$\boldsymbol{x} \in S$是极点的充分必要条件是：它是基可行解．*

由此可知，前面关于极点的许多结果都可以转到基可行解上来，比如我

们有：只要存在可行解，就一定存在基可行解；基可行解的个数是有限的；若 LP 问题有最优解，则最优解一定可以在基可行解中找到.

我们曾经谈到，由于约束方程组中方程的个数少于未知量的个数，致使约束方程组有无穷多个(组)解，再加上考虑非负条件，构成的可行解一般来说仍是无穷多个. 要从这无穷解集中选出一个最优解来，通常是不可能的. 然而，由于有了上述一系列基本定理，致使这一极大的困难在根本上得到了解决. 这些定理中，对我们来说，最重要的结论是：LP 问题如果有最优解，则最优解必可在基可行解中找到，而基可行解的个数是有限的. 因此，我们只需在有限多个基可行解中去寻找最优解. 下节将讲到的单纯形法就是根据这些原理构思出来的.

本节对求解线性规划问题的有关基本定理进行了比较完整的、系统的讨论，目的是希望读者领会下面一些问题：线性规划问题看上去似乎很简单，可为什么一直到20世纪中叶才得以解决？其间的困难究竟何在？这些困难后来又是怎样一步步解决的？作者认为，了解这一重要的发展过程，从中学习前人分析问题、处理问题的方法，对于读者自己今后工作、学习，都是大为有益的.

1.3　单纯形表

通过上节的分析，求解线性规划问题似乎已完全解决. 因为我们可以先把有限多个基可行解找出来，然后再一个一个地在这有限多个基可行解上比较其目标函数值，从中选出最大者或最小者，由此便可得出最优解和目标函数的最优值.

但实际上，这种方法却是不可行的. 原因是约束方程 $\boldsymbol{Ax}=\boldsymbol{b}$ 的基解可以有 C_n^m 个，其中 $\boldsymbol{A}=(a_{ij})_{m\times n}$. C_n^m 这个数增长极快，比如当 $n=20$，$m=10$ 时，$C_n^m=184\,786$. 因此，一般说来，基可行解也很多. 故当 m,n 较大时，要想把全部基可行解求出来，工作量很大. 为此我们需要寻找一种新的、更有效的方法，使得我们在任意获得一个基可行解 $\boldsymbol{x}$ 以后，若它不是最优解，通过这种方法能很容易得到一个新的基可行解 $\boldsymbol{x}'$，且 $z(\boldsymbol{x}')$ 比 $z(\boldsymbol{x})$ 更接近目标函数的最优值. 如此递推，便能迅速地达到最优解，而不需要把所有的基可行解都计算出来.

具体来说，我们要做三件事：

(1)　如何找出第一个(初始的) 基可行解？

(2) 如何判断一个基可行解是不是最优解？

(3) 如果不是，怎样将它调整成一个“更好的”基可行解，以致最终求出最优解？

第一个问题比较简单，下面我们将重点研究后两个问题. 线性规划理论在这方面已经建立了专门的工具，这就是单纯形表. 用它来解题或作理论分析，都很方便.

1.3.1 单纯形表

由于基解完全是由基决定的，因此，今后常以基作为讨论对象. 若基 β 所对应的基解为最优解，则称 β 为**最优基**. 当然，最优基首先必须是可行基.

对于每一个基，我们最关心的问题有三个：

(1) 它确定的基解是什么？这基解是不是可行解，或说这基是不是可行基？

(2) 这个基解对应的目标函数值是多少？

(3) 这个基解是不是最优解，或说这个基是不是最优基？

为了回答这三个问题，我们说，只需要做一件事就够了，这就是作出该基的单纯形表. 下面就来研究什么是单纯形表，以及如何作出一个基的单纯形表.

为了使公式的推导简单明了，今后将主要使用矩阵(和向量)作为分析工具.

一个标准形 LP 问题，不管是最大化问题，还是最小化问题，其目标函数和约束条件都可写为

$$z = \boldsymbol{c}\boldsymbol{x}, \tag{1.18}$$

$$\boldsymbol{A}\boldsymbol{x} = \boldsymbol{b}, \tag{1.19}$$

$$\boldsymbol{x} \geqslant \boldsymbol{0}.$$

显然，要判断一个解是否满足非负条件 $\boldsymbol{x} \geqslant \boldsymbol{0}$ 是很容易的，因此我们需要集中精力研究的是目标函数方程和约束方程. 今后，为叙述简便，我们把由目标函数方程(1.18)和约束方程(1.19)共同组成的方程组叫做**大方程组**，记为(1.18)～(1.19).

为了使目标函数方程(1.18)和约束方程(1.19)在形式上一致，我们将(1.18)中的 $\boldsymbol{c}\boldsymbol{x}$ 移到等式左边，变为 $z - \boldsymbol{c}\boldsymbol{x} = 0$.

下面我们将对大方程组

$$z - \boldsymbol{c}\boldsymbol{x} = 0, \tag{1.20}$$

$$\boldsymbol{A}\boldsymbol{x} = \boldsymbol{b} \tag{1.21}$$

进行一系列的等价变形，最后得出单纯形表.

设 $\beta = \{x_{j_1}, x_{j_2}, \cdots, x_{j_m}\}$ 是标准形 LP 问题的一个基，它对应的基阵为

$$\boldsymbol{B}=(\boldsymbol{p}_{j_1},\boldsymbol{p}_{j_2},\cdots,\boldsymbol{p}_{j_m}).$$

适当调整 $\boldsymbol{Ax}$ 中各项的次序，将所有含基变量的各项按照 $x_{j_1},x_{j_2},\cdots,x_{j_m}$ 的顺序，集中放在前面，而将所有含非基变量的项集中放在后面. 记

$$\boldsymbol{x}_{\boldsymbol{B}}=(x_{j_1},x_{j_2},\cdots,x_{j_m})^{\mathrm{T}},$$

其基变量的系数列向量组成基阵 $\boldsymbol{B}$. 记 $\boldsymbol{x}_{\boldsymbol{N}}$ 为由全部非基变量组成的向量，它们的系数列向量组成矩阵 $\boldsymbol{N}$. 于是，$\boldsymbol{Ax}=\boldsymbol{b}$ 可以改写为

$$\boldsymbol{Bx}_{\boldsymbol{B}}+\boldsymbol{Nx}_{\boldsymbol{N}}=\boldsymbol{b}.$$

由此解出 $\boldsymbol{x}_{\boldsymbol{B}}$，得

$$\boldsymbol{x}_{\boldsymbol{B}}=\boldsymbol{B}^{-1}\boldsymbol{b}-\boldsymbol{B}^{-1}\boldsymbol{Nx}_{\boldsymbol{N}}. \tag{1.22}$$

对 $\boldsymbol{cx}$ 中各项的次序作相应调整，使含基变量的各项和含非基变量的各项分别集中，便有

$$\boldsymbol{cx}=\boldsymbol{c}_{\boldsymbol{B}}\boldsymbol{x}_{\boldsymbol{B}}+\boldsymbol{c}_{\boldsymbol{N}}\boldsymbol{x}_{\boldsymbol{N}},$$

其中 $\boldsymbol{c}_{\boldsymbol{B}}$ 是由 z 中全部基变量的系数组成的行向量，即 $\boldsymbol{c}_{\boldsymbol{B}}=(c_{j_1},c_{j_2},\cdots,c_{j_m})$，而 $\boldsymbol{c}_{\boldsymbol{N}}$ 是由 z 中全部非基变量的系数组成的行向量. 将(1.22) 代入上式，得

$$\begin{aligned}\boldsymbol{cx}&=\boldsymbol{c}_{\boldsymbol{B}}(\boldsymbol{B}^{-1}\boldsymbol{b}-\boldsymbol{B}^{-1}\boldsymbol{Nx}_{\boldsymbol{N}})+\boldsymbol{c}_{\boldsymbol{N}}\boldsymbol{x}_{\boldsymbol{N}}\\&=\boldsymbol{c}_{\boldsymbol{B}}\boldsymbol{B}^{-1}\boldsymbol{b}-(\boldsymbol{c}_{\boldsymbol{B}}\boldsymbol{B}^{-1}\boldsymbol{N}-\boldsymbol{c}_{\boldsymbol{N}})\boldsymbol{x}_{\boldsymbol{N}}.\end{aligned}$$

由此式及(1.22)，便可将大方程组(1.20) ～ (1.21) 改写为

$$z+(\boldsymbol{c}_{\boldsymbol{B}}\boldsymbol{B}^{-1}\boldsymbol{N}-\boldsymbol{c}_{\boldsymbol{N}})\boldsymbol{x}_{\boldsymbol{N}}=\boldsymbol{c}_{\boldsymbol{B}}\boldsymbol{B}^{-1}\boldsymbol{b}, \tag{1.23}$$

$$\boldsymbol{x}_{\boldsymbol{B}}+\boldsymbol{B}^{-1}\boldsymbol{Nx}_{\boldsymbol{N}}=\boldsymbol{B}^{-1}\boldsymbol{b}. \tag{1.24}$$

(1.24) 实际上是由 m 个方程组成的方程组，其中每个基变量的系数列向量都是单位列向量. 这样，若令全部非基变量为 0，立即就可求出各个基变量的数值. 用向量的语言来说，就是若在(1.24) 中令 $\boldsymbol{x}_{\boldsymbol{N}}=\boldsymbol{0}$（即令全部非基变量取 0 值），则得 $\boldsymbol{x}_{\boldsymbol{B}}=\boldsymbol{B}^{-1}\boldsymbol{b}$. 所以，

$$\begin{cases}\boldsymbol{x}_{\boldsymbol{B}}=\boldsymbol{B}^{-1}\boldsymbol{b},\\\boldsymbol{x}_{\boldsymbol{N}}=\boldsymbol{0}\end{cases}$$

就是基 β 所确定的基解；当 $\boldsymbol{B}^{-1}\boldsymbol{b}\geqslant\boldsymbol{0}$ 时，它就是基可行解.

大方程组(1.23) ～ (1.24) 对于求解 LP 问题十分重要. (1.24) 的右端 $\boldsymbol{B}^{-1}\boldsymbol{b}$ 的各分量就是由基 β 所确定的基解中各基变量之值；也就是说，方程(1.24) 的右端实际上已经给出了 β 所确定的基解之值(因为非基变量都取 0 值). 方程(1.23) 的特点在于它只含有非基变量，而不含基变量. 这样，若令全部非基变量为 0 时，就立刻可得 z 的数值. 所以，(1.23) 的右端 $\boldsymbol{c}_{\boldsymbol{B}}\boldsymbol{B}^{-1}\boldsymbol{b}$ 就是相应于此基解的目标函数值.

为了今后理论分析的方便，可将大方程组(1.23) ～ (1.24) 改写成更一

般的形式. 由

$$\begin{aligned}(\boldsymbol{c_B B^{-1} A} - \boldsymbol{c})\boldsymbol{x} &= \boldsymbol{c_B B^{-1} A x} - \boldsymbol{cx} \\ &= \boldsymbol{c_B B^{-1}}(\boldsymbol{B x_B} + \boldsymbol{N x_N}) - (\boldsymbol{c_B x_B} + \boldsymbol{c_N x_N}) \\ &= (\boldsymbol{c_B B^{-1} B} - \boldsymbol{c_B})\boldsymbol{x_B} + (\boldsymbol{c_B B^{-1} N} - \boldsymbol{c_N})\boldsymbol{x_N} \\ &= (\boldsymbol{c_B B^{-1} N} - \boldsymbol{c_N})\boldsymbol{x_N},\end{aligned}$$

于是, (1.23) 变为

$$z + (\boldsymbol{c_B B^{-1} A} - \boldsymbol{c})\boldsymbol{x} = \boldsymbol{c_B B^{-1} b}. \tag{1.25}$$

而(1.24) 实际上是由 $\boldsymbol{Ax} = \boldsymbol{b}$ 两边左乘 $\boldsymbol{B}^{-1}$ 得来:

$$\boldsymbol{B^{-1} A x} = \boldsymbol{B^{-1} b}. \tag{1.26}$$

易知大方程组(1.25) ~ (1.26) 是包含 $n+1$ 个变量 $z, x_1, x_2, \cdots, x_n$ 的线性方程组, 与前面的(1.23) ~ (1.24) 是完全等价的, 只不过具有更为一般的形式. 我们将把这个方程组的增广矩阵制成一张表格的形式, 如表 1.3, 这就是矩阵形式的单纯形表. 由于 z 只在目标函数方程中出现, 且取不同的基时并不改变 z 的系数, z 的系数始终是 1, 故此项在表中没有列出.

表 1.3

$\boldsymbol{x}$	右 端
$\boldsymbol{c_B B^{-1} A} - \boldsymbol{c}$	$\boldsymbol{c_B B^{-1} b}$
$\boldsymbol{B^{-1} A}$	$\boldsymbol{B^{-1} b}$

下面将把表 1.3 的详细展开形式写出来. 为此, 令

$$\boldsymbol{c_B B^{-1} A} - \boldsymbol{c} = (\bar{c}_1, \bar{c}_2, \cdots, \bar{c}_n),$$

$$\boldsymbol{B^{-1} A} = (\boldsymbol{B^{-1} p_1}, \boldsymbol{B^{-1} p_2}, \cdots, \boldsymbol{B^{-1} p_n}) = \begin{pmatrix} \bar{a}_{11} & \bar{a}_{12} & \cdots & \bar{a}_{1n} \\ \bar{a}_{21} & \bar{a}_{22} & \cdots & \bar{a}_{2n} \\ \vdots & \vdots & & \vdots \\ \bar{a}_{m1} & \bar{a}_{m2} & \cdots & \bar{a}_{mn} \end{pmatrix},$$

$$\boldsymbol{c_B B^{-1} b} = \bar{z},$$

$$\boldsymbol{B^{-1} b} = (\bar{b}_1, \bar{b}_2, \cdots, \bar{b}_m)^{\mathrm{T}},$$

其中的 $\bar{c}_j, \bar{a}_{ij}, \bar{z}, \bar{b}_i$ $(i = 1, 2, \cdots, m;\ j = 1, 2, \cdots, n)$ 均是数.

于是, 大方程组(1.25) ~ (1.26) 变为

$$z + \bar{c}_1 x_1 + \bar{c}_2 x_2 + \cdots + \bar{c}_n x_n = \bar{z}, \tag{1.27}$$

$$\left.\begin{aligned}\bar{a}_{11}x_1+\bar{a}_{12}x_2+\cdots+\bar{a}_{1n}x_n=\bar{b}_1,\\ \bar{a}_{21}x_1+\bar{a}_{22}x_2+\cdots+\bar{a}_{2n}x_n=\bar{b}_2,\\ \cdots\cdots\cdots\cdots\cdots\cdots\cdots\cdots\\ \bar{a}_{m1}x_1+\bar{a}_{m2}x_2+\cdots+\bar{a}_{mn}x_n=\bar{b}_m,\end{aligned}\right\} \tag{1.28}$$

其增广矩阵即为表1.4（z的系数也未写出），它就是表1.3的展开形式，称为基β（所对应）的**单纯形表**(simplex tableau)，或基阵$\boldsymbol{B}$的单纯形表. 为清楚起见，把(1.28)各方程中含的基变量写在表的最左边一列，而把各个变量写在最上面一行. 可见，单纯形表的最上面一行和最左边一列只具有说明性质. 表中的数据部分是表的核心内容，它被一条横线分成上、下两部分，上半部分是目标函数方程(1.27)的增广矩阵，只有一行，也称为**目标函数行**或**第0行**；下半部分是约束方程组(1.28)的增广矩阵. 单纯形表被一条竖线分成左、右两部分. 左半部分是大方程组(1.27)～(1.28)的系数矩阵，右半部分是这个大方程组的右端. 表的下半部分有m行，从上到下分别称为**第一行、第二行……第m行**，表中最右边的一列称为**右端列**.

表1.4

	x_1	x_2	$\cdots$	x_n	右端
z	$\bar{c}_1$	$\bar{c}_2$	$\cdots$	$\bar{c}_n$	$\bar{z}$
x_{j_1}	$\bar{a}_{11}$	$\bar{a}_{12}$	$\cdots$	$\bar{a}_{1n}$	$\bar{b}_1$
x_{j_2}	$\bar{a}_{21}$	$\bar{a}_{22}$	$\cdots$	$\bar{a}_{2n}$	$\bar{b}_2$
$\vdots$	$\vdots$	$\vdots$		$\vdots$	$\vdots$
x_{j_m}	$\bar{a}_{m1}$	$\bar{a}_{m2}$	$\cdots$	$\bar{a}_{mn}$	$\bar{b}_m$

为了看出单纯形表的具体性质，我们来作出一个特殊基即$\beta=\{x_1,x_2,\cdots,x_m\}$的单纯形表. 此时

$$\boldsymbol{x_B}=(x_1,x_2,\cdots,x_m)^{\mathrm{T}},\quad \boldsymbol{x_N}=(x_{m+1},x_{m+2},\cdots,x_N)^{\mathrm{T}}.$$

由(1.23)和(1.24)知，大方程组(1.27)～(1.28)具有下述形式：

$$\left.\begin{aligned}z\qquad\qquad+\ \bar{c}_{m+1}x_{m+1}+\cdots+\bar{c}_nx_n=\bar{z},\\ x_1\qquad+\bar{a}_{1,m+1}x_{m+1}+\cdots+\bar{a}_{1n}x_n=\bar{b}_1,\\ x_2\quad+\bar{a}_{2,m+1}x_{m+1}+\cdots+\bar{a}_{2n}x_n=\bar{b}_2,\\ \cdots\cdots\cdots\cdots\cdots\cdots\cdots\cdots\cdots\\ x_m+\bar{a}_{m,m+1}x_{m+1}+\cdots+\bar{a}_{mn}x_n=\bar{b}_m.\end{aligned}\right\} \tag{1.29}$$

相应的单纯形表为表1.5，表中有数而未写出的地方都是0.

表1.5

	x_1	…	x_r	…	x_m	x_{m+1}	…	x_s	…	x_n	右端
z						$\bar{c}_{m+1}$	…	$\bar{c}_s$	…	$\bar{c}_n$	$\bar{z}$
x_1	1					$\bar{a}_{1,m+1}$	…	$\bar{a}_{1s}$	…	$\bar{a}_{1n}$	$\bar{b}_1$
⋮		⋱				⋮		⋮		⋮	⋮
x_r			1			$\bar{a}_{r,m+1}$	…	$\bar{a}_{rs}$	…	$\bar{a}_{rn}$	$\bar{b}_r$
⋮				⋱		⋮		⋮		⋮	⋮
x_m					1	$\bar{a}_{m,m+1}$	…	$\bar{a}_{ms}$	…	$\bar{a}_{mn}$	$\bar{b}_m$

由表1.4和表1.5可知，单纯形表右边一列的各数是β确定的基解中基变量的值和相应于此解的目标函数值$\bar{z}$. 对于单纯形表的左边部分需注意以下两点事实：

(1) 第0行中有m个0，它们与基变量相对应. 当β是特殊基时，这m个0集中在第0行的左边；在一般情况下，这m个0分散在第0行的各列中，它们也与基变量相对应.

(2) 表的下半部分中有m个单位列向量，它们与基变量相对应. 当β是特殊基时，这些列向量位于表的左边前m列；在一般情况下，它们分散在表的各列中，也与基变量相对应.

例1.3-1 试找出下述线性规划问题(即例1.1-1中LP模型的标准形)的一个基，并作出其单纯形表：

$$
\begin{aligned}
\max \quad & z = 5x_1 + 4x_2, \\
\text{s.t.} \quad & 3x_1 + 5x_2 + s_1 = 15, \\
& 2x_1 + x_2 + s_2 = 5, \\
& 2x_1 + 2x_2 + s_3 = 11, \\
& x_1, x_2, s_1, s_2, s_3 \geqslant 0.
\end{aligned}
$$

解 按照我们的记号，有

$$
\boldsymbol{A} = \begin{pmatrix} 3 & 5 & 1 & 0 & 0 \\ 2 & 1 & 0 & 1 & 0 \\ 2 & 2 & 0 & 0 & 1 \end{pmatrix}, \quad \boldsymbol{b} = \begin{pmatrix} 15 \\ 5 \\ 11 \end{pmatrix}, \quad \boldsymbol{c} = (5,4,0,0,0).
$$

因为s_1, s_2, s_3的系数列向量组成的行列式

$$\begin{vmatrix} 1 & 0 & 0 \\ 0 & 1 & 0 \\ 0 & 0 & 1 \end{vmatrix} \neq 0,$$

所以 $\beta = \{s_1, s_2, s_3\}$ 是一个基，基阵 $\boldsymbol{B} = \boldsymbol{I}$. 因为 $\boldsymbol{B}^{-1} = \boldsymbol{I}$ 及 $\boldsymbol{c_B} = (0,0,0)$，故

$$\boldsymbol{c_B B}^{-1}\boldsymbol{A} - \boldsymbol{c} = -\boldsymbol{c}, \quad \boldsymbol{c_B B}^{-1}\boldsymbol{b} = 0, \quad \boldsymbol{B}^{-1}\boldsymbol{A} = \boldsymbol{A}, \quad \boldsymbol{B}^{-1}\boldsymbol{b} = \boldsymbol{b}.$$

将这些矩阵和数字填入表 1.3，得 β 的单纯形表如表 1.6.

表 1.6

	x_1	x_2	s_1	s_2	s_3	右端
z	-5	-4				
s_1	3	5	1			15
s_2	2	1		1		5
s_3	2	2			1	11

实际上，对此题来说，可以不需要进行上述矩阵运算，而采用更简单的方法便可作出 $\beta = \{s_1, s_2, s_3\}$ 的单纯形表. 把此题化成标准形后，我们将目标函数方程中右边的 $5x_1 + 4x_2$ 移到等号左边，得到下述大方程组：

$$\begin{aligned} z - 5x_1 - 4x_2 \qquad\qquad\quad &= 0, \\ 3x_1 + 5x_2 + s_1 \qquad\quad &= 15, \\ 2x_1 + x_2 \qquad + s_2 \quad &= 5, \\ 2x_1 + 2x_2 \qquad\qquad + s_3 &= 11. \end{aligned}$$

可以看出，当取 $\beta = \{s_1, s_2, s_3\}$ 为基时，此方程组具有一种"很好的"形式：各基变量在约束方程组中的系数列向量已经是单位列向量，而目标函数中也已不含基变量. 因此，把由这个大方程组的增广矩阵制成一表，便可得所求的单纯形表 1.6.

今后，对这样比较简单的问题，在制作单纯形表时，无需对目标函数中含变量的各项进行实际的移项工作，而只需记住，将目标函数中各变量的系数搬上单纯形表时，必须把系数反号.

由表 1.6 可见，β 确定的基可行解为

$$x_1 = x_2 = 0, \quad x_3 = 15, \quad x_4 = 5, \quad x_5 = 11;$$

基变量的取值就是单纯形表 1.6 中位于"右端列"下半部分的各数. 因为这些数都非负，所以 β 确定的基解是基可行解.

相应于此解的目标函数值 $z = 0$，就是表 1.6 中"右端列"上半部分的数.

例 1.3-2 试找出下述 LP 问题的一个可行基，并作出其单纯形表：

$$
\begin{aligned}
\min \quad & z = -2x_1 + x_2 - 3x_3 + x_4, \\
\text{s. t.} \quad & 4x_2 - 3x_3 + 2x_5 + x_6 = 10, \\
& -4x_1 + 2x_2 + x_3 - 3x_6 = 0, \\
& x_2 + 4x_3 + 3x_4 + 2x_6 = 9, \\
& x_1, x_2, \cdots, x_6 \geqslant 0.
\end{aligned}
$$

解 此题有一个明显的特点，就是从约束方程组可以看出，x_5, x_1, x_4 都只在某一个方程中出现，故可考虑选它们作为基变量. 将第一、第二和第三个方程两边分别除以 2，-4 和 3，并将目标函数方程右边含变量的各项都移到方程左边，于是目标函数方程和约束方程组变为下面形式：

$$
\begin{aligned}
z + 2x_1 - x_2 + 3x_3 - x_4 &= 0, \\
2x_2 - \frac{3}{2}x_3 + x_5 + \frac{1}{2}x_6 &= 5, \\
x_1 - \frac{1}{2}x_2 - \frac{1}{4}x_3 + \frac{3}{4}x_6 &= 0, \\
\frac{1}{3}x_2 + \frac{4}{3}x_3 + x_4 + \frac{2}{3}x_6 &= 3.
\end{aligned}
$$

现在在约束方程组中，x_5, x_1 和 x_4 的系数列向量都是单位列向量，而且每个方程右端的数都非负，所以$\{x_5, x_1, x_4\}$是一个基，而且是可行基.

为了作出此基的单纯形表，我们还是不准备进行复杂的矩阵运算，而采用比较简单的方法. 由于此题的目标函数中含有基变量 x_1 和 x_4，故需从约束方程组中把这些基变量解出来，然后将它们代入目标函数 z 中. 经过整理后得到

$$z = 3 - \frac{1}{3}x_2 - \frac{25}{6}x_3 + \frac{5}{6}x_6.$$

将等式右边含变量的各项都移到等式左边(右边只留下常数)，然后再重写上面的约束方程组，便可得如下大方程组：

$$
\begin{aligned}
z + \frac{1}{3}x_2 + \frac{25}{6}x_3 - \frac{5}{6}x_6 &= 3, \\
2x_2 - \frac{3}{2}x_3 + x_5 + \frac{1}{2}x_6 &= 5, \\
x_1 - \frac{1}{2}x_2 - \frac{1}{4}x_3 + \frac{3}{4}x_6 &= 0, \\
\frac{1}{3}x_2 + \frac{4}{3}x_3 + x_4 + \frac{2}{3}x_6 &= 3.
\end{aligned}
$$

把这个大方程组的增广矩阵(不计 z 的系数列向量)制成一表，便得基$\{x_5, x_1, x_4\}$的单纯形表，如表 1.7 所示.

表 1.7

	x_1	x_2	x_3	x_4	x_5	x_6	右端
z		$\frac{1}{3}$	$\frac{25}{6}$			$-\frac{5}{6}$	3
x_5		2	$-\frac{3}{2}$		1	$\frac{1}{2}$	5
x_1	1	$-\frac{1}{2}$	$-\frac{1}{4}$			$\frac{3}{4}$	
x_4		$\frac{1}{3}$	$\frac{4}{3}$	1		$\frac{2}{3}$	3

今后，我们将把上述过程尽量用表格形式显示出来，这样可简化书写. 解题一开始，我们就把目标函数方程右端各项移到方程左端，然后把经过改写的目标函数方程和约束方程组所构成的大方程组的增广矩阵制成一表，如表 1.8 之(Ⅰ)所示. 显然它不是一张单纯形表.

表 1.8

		x_1	x_2	x_3	x_4	x_5	x_6	右端
(Ⅰ)	z	2	-1	3	-1			
	x_5		4	-3		2	1	10
	x_1	-4	2	1			-3	
	x_4		1	4	3		2	6
(Ⅱ)	z	2	-1	3	-1			
	x_5		2	$-\frac{3}{2}$		1	$\frac{1}{2}$	5
	x_1	1	$-\frac{1}{2}$	$-\frac{1}{4}$			$\frac{3}{4}$	
	x_4		$\frac{1}{3}$	$\frac{4}{3}$	1		$\frac{2}{3}$	3
(Ⅲ)	z		$\frac{1}{3}$	$\frac{25}{6}$			$-\frac{5}{6}$	3
	x_5		2	$-\frac{3}{2}$		1	$\frac{1}{2}$	5
	x_1	1	$-\frac{1}{2}$	$-\frac{1}{4}$			$\frac{3}{4}$	
	x_4		$\frac{1}{3}$	$\frac{4}{3}$	1		$\frac{2}{3}$	3

将表 1.8（Ⅰ）中第一行除以 2，第二行除以 -4，第三行除以 3，就得到表 1.8（Ⅱ）. 在此表中，基变量 x_5，x_1 和 x_4 的系数列向量在表的下半部分中都已是单位列向量，但它还不是一张单纯形表，因为在第 0 行中基变量 x_1 和 x_4 的系数不为 0. 为此，在该表中，我们把第二行的 -2 倍和第三行的 1 倍都加到第 0 行，这样就得表 1.8（Ⅲ）. 它已是单纯形表了，与表 1.7 完全一样.

与前例的情况一样，在制表 1.8 之（Ⅰ）时，其实可以不必对目标函数方程进行具体的移项工作，只需记住把目标函数中各变量的系数搬上表的第 0 行时，各个系数必须反号.

1.4 用单纯形法求解最大化问题

当作出了可行基 β 的单纯形表，从而也得到了它所确定的基可行解 $\boldsymbol{x}$ 以后，我们需要知道，$\boldsymbol{x}$ 是否为最优解. 从下面的定理中即可看出，单纯形表的第 0 行中的各数 $\bar{c}_1, \bar{c}_2, \cdots, \bar{c}_n$ 对于判别一个解的最优性起关键性作用，故称它们为**检验数**.

由单纯形表的性质知，在单纯形表的第 0 行中，所有基变量的系数都为 0. 这也就是说，单纯形表中所有基变量的检验数都是 0. 但非基变量的检验数可能是 0，也可能不是 0. 当非基变量的检验数不是 0 时，这些检验数的符号对于判断一个解的最优性有重要作用.

对于最大化线性规划问题，有下述判断一个解是否为最优解的重要定理.

定理 1.6 设 β 是标准形最大化线性规划问题的一个可行基. 若在 β 的单纯形表 1.4 中，全部检验数 $\bar{c}_j \geqslant 0$，则 β 所确定的基可行解 $\boldsymbol{x}$ 是最优解.

证 从单纯形表知，$\boldsymbol{x}$ 对应的目标函数值 $z(\boldsymbol{x}) = \bar{z}$. 现设 $\boldsymbol{x}' = (x_1', x_2', \cdots, x_n')^{\mathrm{T}}$ 是标准形 LP 问题的任意一个可行解，它对应的目标函数值为 $z(\boldsymbol{x}')$. 由(1.27) 知

$$z(\boldsymbol{x}') + \sum_{j=1}^{n} \bar{c}_j x_j' = \bar{z}.$$

因为 $\bar{c}_j \geqslant 0$, $x_j' \geqslant 0$ $(j = 1, 2, \cdots, n)$，故

$$z(\boldsymbol{x}') \leqslant \bar{z} = z(\boldsymbol{x}),$$

这就说明 $\boldsymbol{x}$ 是最优解. ∎

定理 1.7 若存在这样一个检验数 $\bar{c}_s < 0$，它在单纯形表的下半部分中所对应的列向量 $\boldsymbol{B}^{-1}\boldsymbol{p}_s$ 的全部分量 $\bar{a}_{1s}, \bar{a}_{2s}, \cdots, \bar{a}_{ms} \leqslant 0$，则所给问题的目标

函数值无上界，因而无最优解.

证 $\bar{c}_s$ 必是某非基变量 x_s 的检验数(因基变量对应的各个检验数都为零). 不妨设 β 是个特殊基，$\beta=\{x_1,x_2,\cdots,x_m\}$，则由(1.29)，我们有

$$x_i=\bar{b}_i-\bar{a}_{i,m+1}x_{m+1}-\cdots-\bar{a}_{is}x_s-\cdots-\bar{a}_{in}x_n \quad (i=1,2,\cdots,m).$$

现在，这样选取非基变量之值：令 x_s 为任意正数 d，而其余非基变量均取 0 值，于是

$$\begin{cases}x_i=\bar{b}_i-\bar{a}_{is}d, \quad i=1,2,\cdots,m,\\ x_s=d,\\ \text{其余 } x_j \text{ 均为 } 0\end{cases}$$

是可行解(因 $\bar{b}_i\geqslant 0$，$\bar{a}_{is}\leqslant 0$，$d>0$). 此时，由(1.29)知，其目标函数值为

$$z=\bar{z}-\bar{c}_s d.$$

因 $\bar{c}_s<0$，所以当 $d\to+\infty$ 时，$z\to+\infty$. 这说明 z 不存在确定的(有限的)最大值，因而问题无最优解. ■

除定理 1.6 和定理 1.7 所述的两种情况外，剩下的最后一种情况是：每个正检验数所对应的列向量中都有正分量. 在这种情况下，为确定最优解需要进行基的变换(简称**换基**). 通过不断换基，直至求出最优基，从而获得最优解，这就是单纯形法的主要内容.

下面我们通过例题来讲解单纯形法的全过程. 这里主要介绍具体做法，有关的一般论述及证明放在本章最后一节.

例 1.4-1 用单纯形法解下述线性规划问题(例 1.1-1 中的 LP 模型)：

$$\begin{aligned}\max \quad & z=5x_1+4x_2,\\ \text{s.t.} \quad & 3x_1+5x_2\leqslant 15,\\ & 2x_1+\ x_2\leqslant 5,\\ & 2x_1+2x_2\leqslant 11,\\ & \qquad x_1,x_2\geqslant 0.\end{aligned}$$

解 单纯形法是对标准形线性规划问题建立的，所以首先需要把所给 LP 问题化成标准形. 这个工作在前面的例题中已经做了. 在三个约束中分别引入松弛变量 s_1,s_2,s_3，就得下述标准形：

$$\begin{aligned}\max \quad & z=5x_1+4x_2,\\ \text{s.t.} \quad & 3x_1+5x_2+s_1 \qquad\quad - 15,\\ & 2x_1+\ x_2 \quad +s_2 \quad = 5,\\ & 2x_1+2x_2 \qquad\quad +s_3=11,\\ & \qquad x_1,x_2,s_1,s_2,s_3\geqslant 0.\end{aligned}$$

求解线性规划的理论分析告诉我们，应当从基可行解中去寻找最优解. 而基可行解是由可行基决定的，故现在的工作是找出上述标准形线性规划问题的一个可行基. 这个工作在例 1.3-1 中也已经做了，在那里我们已经找到了一个可行基 $\beta=\{s_1,s_2,s_3\}$，并且作出了这个基的单纯形表，即表 1.6. 因为表中有两个负检验数，即 $\bar{c}_1=-5$ 和 $\bar{c}_2=-4$. 它们对应的列向量 $\boldsymbol{B}^{-1}\boldsymbol{p}_1$，$\boldsymbol{B}^{-1}\boldsymbol{p}_2$ 中都有正分量，故需换基. 所谓换基，就是从原有基变量中调出一个，使之成为非基变量，同时又从原有非基变量中选出一个，使之成为基变量，这样就得到一个新基. 调出的变量叫做**出基变量**(leaving basic variable)；调入的变量叫做**入基变量**(entering basic variable).

原则上说，任何一个负检验数所对应的变量都可以作为入基变量，但通常选取值最小的(即负得最多的) 检验数所对应的变量为入基变量. 在本例中，我们选 x_1 为入基变量. 入基变量所对应的列称为**入基变量列**.

为决定出基变量，我们将右端列中在单纯形表下半部分的各数和入基变量列中在单纯形表下半部分的各数对应作比式，并以 θ 记这些比式中最小的一个. 在本例中，即令

$$\theta=\min\left\{\frac{15}{3},\frac{5}{2},\frac{11}{2}\right\}=\frac{5}{2}.$$

但需注意，只对入基变量列中的正数作这种比式.

现将表格右方增加一列，写入对应比式，如表 1.9 所示，最小比值 $\frac{5}{2}$ 所在行包含的基变量 s_2 为出基变量，出基变量所在的行称为**出基变量行**. 在 β_1 中调出 s_2，调入 x_1，便得一新基 $\beta_2=\{s_1,x_1,s_3\}$. 出基变量行和入基变量列相交处的元素 2 叫做**主元**(pivot element)，在其上加圆圈以特别标记之(见表 1.9).

表 1.9

	x_1	x_2	s_1	s_2	s_3	右 端	比
z	-5	-4					
s_1	3	5	1			15	5
s_2	②	1		1		5	$\frac{5}{2}$
s_3	2	2			1	11	$\frac{11}{2}$

为了获得 β_2 的单纯形表，我们对表 1.9 进行一种变换，叫**单纯形变换**，就是对表中的各行进行行的初等变换，使主元变成 1，而使入基变量列中的其余各数(包括检验数) 都变为 0. 具体做法是：首先将出基变量行各数除以 2，得

$$1,\frac{1}{2},0,\frac{1}{2},0,\frac{5}{2}. \tag{1.30}$$

再将其余各行加上或减去(1.30) 的适当倍数，使 x_1 - 列变成$(0,0,1,0)^{\mathrm{T}}$. 例如第 0 行加上(1.30) 的 5 倍. 于是该行中各数分别变为

$$-5+1\times 5=0,\quad -4+\frac{1}{2}\times 5=-\frac{3}{2},\quad 0+0\times 5=0,$$

$$0+\frac{1}{2}\times 5=\frac{5}{2},\quad 0+0\times 5=0,\quad 0+\frac{5}{2}\times 5=\frac{25}{2},$$

它们就是表 1.10 的第 0 行中的各数. 类似地，将表 1.9 中第一行、第二行和第三行分别减去(1.30) 的 3 倍、2 倍和 2 倍，便得到表 1.10 中其余各行的数. 同时在原基 β_1 中 s_2 是基变量，但在新基 β_2 中，s_2 已被 x_1 取代，故表 1.9 的最左边一列中的 s_2 在表 1.10 中也换成了 x_1. 从表 1.9 到表 1.10 的这种变换就叫做**单纯形变换**.

表 1.10

	x_1	x_2	s_1	s_2	s_3	右端	比
z		$-\frac{3}{2}$		$\frac{5}{2}$		$\frac{25}{2}$	
s_1		$\frac{7}{2}$(圈出)	1	$-\frac{3}{2}$		$\frac{15}{2}$	$\frac{15}{7}$
x_1	1	$\frac{1}{2}$		$\frac{1}{2}$		$\frac{5}{2}$	5
s_3		1		-1	1	6	6

由于表中还有负检验数，故还需换基. 我们再作一次换基练习，但写得简单一点. 因为在表 1.10 中 $\bar{c}_2=-\dfrac{3}{2}<0$，故 x_2 为入基变量. 又

$$\theta=\min\left\{\frac{15/2}{7/2},\frac{5/2}{1/2},\frac{6}{1}\right\}=\frac{15}{7},$$

最小比值出现在表的第一行，故该行所含的基变量 s_1 为出基变量. 在 β_2 中调出 s_1，调入 x_2，便得新基 $\beta_3=\{x_2,x_1,s_3\}$. 对表 1.10 进行单纯形变换，得 β_3 的单纯形表，即表 1.11.

表 1.11

	x_1	x_2	s_1	s_2	s_3	右端
z			$\frac{3}{7}$	$\frac{13}{7}$		$\frac{110}{7}$
x_2		1	$\frac{2}{7}$	$-\frac{3}{7}$		$\frac{15}{7}$
x_1	1		$-\frac{1}{7}$	$\frac{5}{7}$		$\frac{10}{7}$
s_3			$-\frac{2}{7}$	$-\frac{4}{7}$	1	$\frac{27}{7}$

因表 1.11 中的全部 $\bar{c}_j \geqslant 0$，故已得最优解：

$$x_1^* = \frac{10}{7},\ x_2^* = \frac{15}{7},\ s_1^* = s_2^* = 0,\ s_3^* = \frac{27}{7}.$$

相应的目标函数值为 $z^* = \frac{110}{7}$. 回到原来的问题，即有

$$x_1^* = \frac{10}{7},\ x_2^* = \frac{15}{7};\quad z^* = \frac{110}{7}.$$

这就是说，该食品厂若每天安排生产 Ⅰ 型饼干$\frac{10}{7}$吨、Ⅱ 型饼干$\frac{15}{7}$吨，则可获最大利润$\frac{110}{7}$百元，这与 1.2.1 小节图解法所得的结果完全一致.

在换基工作中之所以要应用最小比值规则来确定出基变量，其目的有二：一是保证新的右端 $\bar{b}_i \geqslant 0\ (i = 1,2,\cdots,m)$；二是使新的目标函数值有所增加(至少不减小).

总结以上分析，可得下述定理.

定理1.8 设可行基 β 确定的基可行解为 $\boldsymbol{x}$. 若 β 的单纯形表中有负检验数，且每个负检验数对应的列向量中都有正分量，则经过换基后必可得另一基可行解 $\boldsymbol{x}_1$，使得 $z(\boldsymbol{x}_1) \geqslant z(\boldsymbol{x})$. 若 $\boldsymbol{x}$ 是非退化的，即 $\boldsymbol{x}$ 的所有基变量均取正值，则必有 $z(\boldsymbol{x}_1) > z(\boldsymbol{x})$.

定理的证明放在本章的最后一节.

如果一个 LP 问题的所有基可行解都是非退化的，则称此种 LP 问题为**非退化的**(nondegenerate). 若所给 LP 问题是非退化的，则每次换基后，目标函数值一定增加，故前面出现过的基可行解不会在以后重复出现. 而由于基可行解的个数有限，所以，在经过有限次换基后，必可获得最优解，或断定所给问题无最优解.

现将单纯形法求最大化问题的基本步骤总结如下：

第一步 将所给问题化为标准形.

第二步 找出一个初始可行基 β，并作 β 的单纯形表.

第三步 若所有检验数 $\bar{c}_j \geqslant 0$，则 β 是最优基，计算终止；否则转至第四步.

第四步 考查那些负检验数，若有某个检验数 $\bar{c}_s < 0$，而全部 $\bar{a}_{is} \leqslant 0$ $(i = 1,2,\cdots,m)$，则所给 LP 问题无最优解，计算结束；否则转至第五步.

第五步 设有某检验数 $\bar{c}_s < 0$，且 $\bar{a}_{is}$ 中有正数，则需要换基，x_s 即为入基变量，为决定出基变量，计算

$$\theta = \min_{1\leqslant i\leqslant m}\left\{\frac{\bar{b}_i}{\bar{a}_{is}}\,\middle|\,\bar{a}_{is} > 0\right\}.$$

设最小比值为$\dfrac{\bar{b}_r}{\bar{a}_{rs}}$，则 $\bar{b}_r$ 所在行包含的基变量为出基变量，$\bar{a}_{rs}$ 为主元，在其上加画圆圈. 在 β 中调出出基变量，调入入基变量，便得新基 β_1.

第六步 对 β 的单纯形表进行单纯形变换，便可得 β_1 的单纯形表.

从第三步到第六步的一个循环称为一次**单纯形迭代**，故上述解题方法又称为**迭代法**.

在确定入基变量时，若有几个负检验数同为最小，则可任取其一作为最小者. 同样在第五步中，若有几个比值同为最小，则可任取其一作为最小比值.

在单纯形法中，初始可行基的单纯形表简称为**初始表**，最优基的单纯形表简称为**最优表**. 如例 1.4-1 中表 1.9 是初始表，表 1.11 是最优表.

例 1.4-2 用单纯形法解下述线性规划问题：

$$\begin{aligned}
\max\quad & z = 2x_1 + 8x_2 - 5x_3, \\
\text{s. t.}\quad & \qquad 2x_2 + 4x_3 \qquad\quad + x_5 = 12, \\
& x_1 + 2x_2 - \ x_3 \qquad\qquad\quad = 4, \\
& \quad - 5x_2 + \ x_3 + x_4 \qquad\quad = 5, \\
& \qquad\qquad x_1, x_2, \cdots, x_5 \geqslant 0.
\end{aligned}$$

解 所给问题已是标准形了. 从中可见，可取 $\beta = \{x_5, x_1, x_4\}$ 作为初始可行基. 将这个问题的大方程组的增广矩阵制成一个表，如表 1.12 之(Ⅰ)所示. 显然，它还不是一张单纯形表，因为第 0 行中基变量 x_1 的系数是 -2，不为 0. 为此，将表(Ⅰ)第二行的 2 倍加到第 0 行，这样得表 1.12 之(Ⅱ)，它已是单纯形表了. 该表中有负检验数 $\bar{c}_2 = -4$，故需换基. 入基变量就是 x_2. 但在作比式时，入基变量列中有一个负数(-5)，故第三行不作比值，我们在相应的地方画一短横.

表 1.12

		x_1	x_2	x_3	x_4	x_5	右端	比
	z	-2	-8	5				
	x_5		2	4		1	12	
(Ⅰ)	x_1	1	2	-1			4	
	x_4		-5	1	1		5	
	z		-4	3			8	
	x_5		2	4		1	12	6
(Ⅱ)	x_1	1	②	-1	1		4	2
	x_4		-5	1			5	—
	z	2		1	2		16	
	x_5	-1		5	-1	1	8	
(Ⅲ)	x_2	$\frac{1}{2}$	1	$-\frac{1}{2}$	$\frac{1}{2}$		2	
	x_4	$\frac{5}{2}$		$-\frac{3}{2}$	$\frac{5}{2}$		15	

对表(Ⅱ)换基后得表(Ⅲ)，其全部检验数均已非负，故已得最优表. 最优解和最优 z 值分别为

$$x_1^* = x_3^* = 0,\ x_2^* = 2,\ x_4^* = 15,\ x_5^* = 8;\quad z^* = 16.$$

前两例中我们都求出了最优解. 但也有这样的线性规划问题，它存在可行解，却没有最优解. 这就是定理 1.7 中所指出的情况. 试看下例.

例 1.4-3 用单纯形法解下述线性规划问题：

$$\begin{aligned} \max\quad & z = x_1 + 2x_2, \\ \text{s.t.}\quad & 3x_1 - x_2 \geqslant -3, \\ & x_1 - 2x_2 \leqslant 2, \\ & x_1, x_2 \geqslant 0. \end{aligned}$$

解 先将第一个不等式两边同乘以 -1，把“$\geqslant$”不等式化成“$\leqslant$”不等式. 然后在两个约束中分别引入松弛变量 s_1 和 s_2，将所给问题化成标准形：

$$\begin{aligned} \max\quad & z = x_1 + 2x_2, \\ \text{s.t.}\quad & -3x_1 + x_2 + s_1 = 3, \\ & x_1 - 2x_2 + s_2 = 2, \\ & x_1, x_2, s_1, s_2 \geqslant 0. \end{aligned}$$

用单纯形法求解此题的过程如表1.13所示．表（Ⅰ）是初始表，其中有负检验数，需要换基，主元为1．换基后得表（Ⅱ），其中还有一个负检验数-7，故可以x_1为入基变量．但因表（Ⅱ）中，检验数-7对应的列向量$\begin{pmatrix}-3\\-5\end{pmatrix}$中没有正数，便无法找到出基变量．此时由定理1.7知，其实不需要去找出基变量了，因为上述列向量非正，便可断定$z\to+\infty$，无最优解．

表1.13

		x_1	x_2	s_1	s_2	右端
	z	-1	-2			
（Ⅰ）	s_1	-3	①	1		3
	s_2	1	-2		1	2
	z	-7		2		6
（Ⅱ）	x_2	-3	1	1		3
	s_2	-5		2		8

用图解法解此题的结果如图1.6所示．

由图1.6可知，此问题的可行解集是一个无界域，目标函数等值线沿着z值增大的方向在可行解集内可以无限远移，所以z值无上界，因而此问题无最优解．

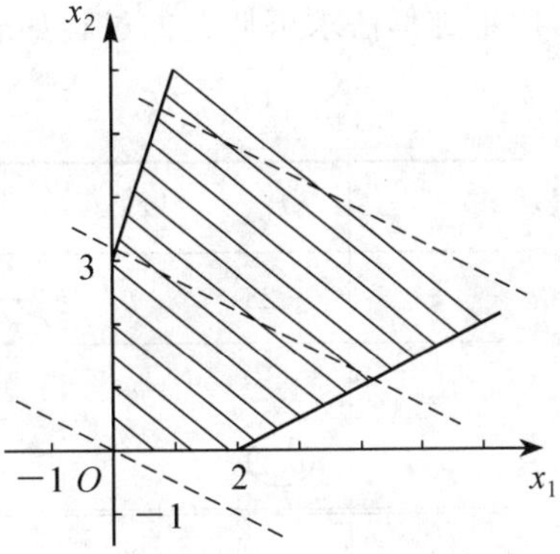

图1.6

下面我们给出一个变量取值没有符号限制的例子．

例1.4-4　利民食品厂专门生产绿豆糕，每公斤绿豆糕的售价是28元．生产绿豆糕的主要原料是绿豆和白糖．每生产1 kg绿豆糕需要绿豆1.2 kg，白糖0.2 kg．该厂现有绿豆60 kg，白糖8 kg．根据生产经营需要，该厂可以每公斤9元的价格再买进绿豆，也可以同样的价格卖出多余的绿豆．试为该厂建立一个实现利润最大化的线性规划模型，并求出其最优解．

解　这里提出的经营管理问题是：该厂应如何安排绿豆糕的生产，才能使该厂获得最大的利润？

具体的决策问题是：为了实现利润最大化，应生产多少绿豆糕？同时应该买进或卖出多少绿豆？故设

x_1 = 绿豆糕的产量，以 kg 为单位；

x_2 = 根据经营需要决定买进或卖出绿豆的数量，以 kg 为单位. $x_2 \geqslant 0$ 表示买进绿豆，$x_2 \leqslant 0$ 表示卖出绿豆.

根据题意可得下述模型：

$$
\begin{aligned}
\max \quad & z = 28x_1 - 9x_2, \\
\text{s. t.} \quad & 1.2x_1 \leqslant 60 + x_2, \quad \text{（绿豆约束）} \\
& 0.2x_1 \leqslant 8, \qquad \text{（白糖约束）} \\
& x_1 \geqslant 0, \; x_2 \text{ urs.}
\end{aligned}
$$

因为 x_2 是一个没有符号限制的变量，故令 $x_2 = x_2' - x_2''$，其中 $x_2', x_2'' \geqslant 0$. 再对两个不等式分别引入松弛变量 s_1, s_2，将上述问题化成标准形：

$$
\begin{aligned}
\max \quad & z = 28x_1 - 9x_2' + 9x_2'', \\
\text{s. t.} \quad & 1.2x_1 - x_2' + x_2'' + s_1 = 60, \\
& 0.2x_1 + s_2 = 8, \\
& x_1, x_2', x_2'', s_1, s_2 \geqslant 0.
\end{aligned}
$$

用单纯形法求解此题的过程如表 1.14 所示.

表 1.14

		x_1	x_2'	x_2''	s_1	s_2	右端	比
	z	−28	9	−9				
（Ⅰ）	s_1	1.2	−1	1	1		60	50
	s_2	(0.2)				1	8	40
	z		9	−9		140	1 120	
（Ⅱ）	s_1		−1	①	1		12	
	x_1	1				5	40	
	z				9	140	1 228	
（Ⅲ）	x_2''		−1	1	1		12	
	x_1	1				5	40	

按照最优解，利民食品厂应生产绿豆糕 40 kg，卖出面粉 12 kg，这样可以获得最大利润1 228元. 我们分析一下该厂的生产经营情况，便知此最优解是合理的. 该厂只有 8 kg 白糖，生产 1 kg 绿豆糕就需要消耗白糖 0.2 kg，8 kg 白糖只能生产绿豆糕 40 kg，生产 40 kg 绿豆糕需要面粉 1.2 kg × 40 = 48 kg，故多余面粉 60 − 48 = 12 (kg)，所以要卖出 12 kg 面粉. 这样得到的总收入为

$$28\text{元} \times 40 + 9\text{元} \times 12 = 1\,120\text{元} + 108\text{元} = 1\,228\text{元}.$$

在表 1.14 之(Ⅲ) 中，一切 $\bar{c}_j \geqslant 0$，故已得最优表. 由该表可知，最优解和最优 z 值分别为

$$x_1^* = 40, \quad x_2^* = (x_2')^* - (x_2'')^* = 0 - 12 = -12;$$

$$z^* = 1\,228.$$

用图解法解此题的结果如图 1.7 所示. 最优解在 A 点达到，A 点的坐标为 $x_1 = 40$，$x_2 = -12$.

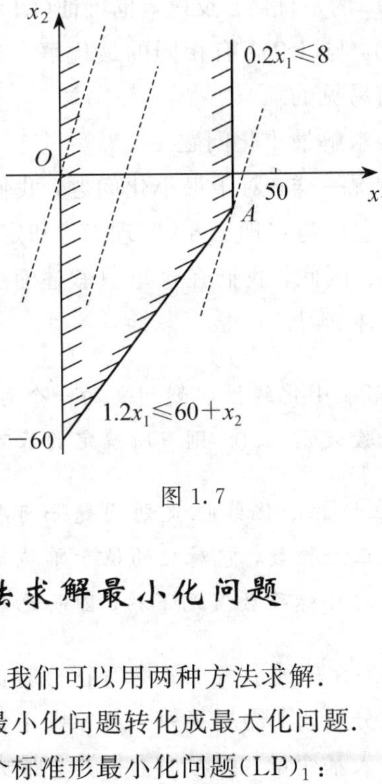

图 1.7

1.5　用单纯形法求解最小化问题

对于最小化问题，我们可以用两种方法求解.

第一种方法　把最小化问题转化成最大化问题.

设我们要求解一个标准形最小化问题$(\mathrm{LP})_1$：

$$\min \quad z(\boldsymbol{x}),$$

$$\text{s.t.} \quad \boldsymbol{A}\boldsymbol{x} = \boldsymbol{b},$$

$$\boldsymbol{x} \geqslant \boldsymbol{0}.$$

令 $z_1(\boldsymbol{x}) = -z(\boldsymbol{x})$，我们来考虑一个标准形最大化问题$(\mathrm{LP})_2$：

$$\begin{aligned} \max \quad & z_1(\boldsymbol{x}), \\ \text{s.t.} \quad & \boldsymbol{A}\boldsymbol{x} = \boldsymbol{b}, \\ & \boldsymbol{x} \geqslant \boldsymbol{0}. \end{aligned}$$

可证这两个问题有相同的最优解，而它们的最优目标函数值仅相差一个符号.

证 设 $\boldsymbol{x}^*$ 是问题$(\mathrm{LP})_1$ 的最优解，那么它当然是问题$(\mathrm{LP})_1$ 的可行解. 因为$(\mathrm{LP})_2$ 与$(\mathrm{LP})_1$ 的约束条件完全相同，故两个问题的可行解集也相同，自然 $\boldsymbol{x}^*$ 也就是问题$(\mathrm{LP})_2$ 的可行解. 由于 $\boldsymbol{x}^*$ 是问题$(\mathrm{LP})_1$ 的最优解，故对任何一个可行解 $\boldsymbol{x}$，应有

$$z(\boldsymbol{x}^*) \leqslant z(\boldsymbol{x}).$$

于是 $-z(\boldsymbol{x}^*) \geqslant -z(\boldsymbol{x})$，即

$$z_1(\boldsymbol{x}^*) \geqslant z_1(\boldsymbol{x}),$$

这说明 $\boldsymbol{x}^*$ 是问题$(\mathrm{LP})_2$ 的最优解. 反之，也可证$(\mathrm{LP})_2$ 的最优解是$(\mathrm{LP})_1$ 的最优解. 所以问题$(\mathrm{LP})_2$ 与$(\mathrm{LP})_1$ 有相同的最优解. 至于它们的最优目标函数值互为相反数是显而易见的.

第二种方法 直接求解最小化问题.

与最大化问题的情况一样，对于最小化问题，我们也可得出判断解的最优性的一些相应定理，它们与定理 1.6、定理 1.7 和定理 1.8 完全类似，其证明方法也几乎完全相同. 因此，我们在这里只叙述有关的定理，而将它们的证明留给读者，作为一种练习.

定理1.9 设β是标准形最小化线性规划问题的一个可行基. 若在β的单纯形表 1.4 中，全部检验数 $\bar{c}_j \leqslant 0$，则 β 所确定的基可行解 $\boldsymbol{x}$ 是最优解.

定理1.10 若某个标准形最小化线性规划问题一可行基 β 的单纯形表 1.4 中，存在这样一个正检验数，它对应的位于单纯形表下半部分的各数都非正，则所给问题的目标函数值无下界，因而无最优解.

对最小化问题，如果在单纯形表 1.4 中有正检验数，而它在单纯形表下半部分的列向量中有正分量，则需要换基. 从原则上说，任何一个正检验数对应的变量都可以作为入基变量，但习惯上把具有最大正检验数的变量作为入基变量. 为确定出基变量，也要作比值，其方法与最大化问题中的作法一样. 然后找出最小比值，确定出基变量、主元，进行单纯形变换，这些做法都与前面相同，不再重复.

定理1.11 设某个标准形最小化线性规划问题中，可行基β确定的基可行解为$\boldsymbol{x}$. 若β的单纯形表中，有正检验数，且每个正检验数对应的列向量中都有正分量，则经过换基后必可得另一基可行解$\boldsymbol{x}_1$，使得

$$z(\boldsymbol{x}_1)\leqslant z(\boldsymbol{x}).$$

若$\boldsymbol{x}$是非退化的，即$\boldsymbol{x}$的所有基变量均取正值，则必有$z(\boldsymbol{x}_1)<z(\boldsymbol{x})$.

例 1.5-1 用单纯形法解下述 LP 问题：

$$\begin{aligned}\min\quad & z=3x_1-2x_2,\\ \text{s.t.}\quad & 3x_1+x_2\leqslant 5,\\ & x_1\leqslant 6,\\ & 2x_1-x_2\leqslant 3,\\ & x_1,x_2\geqslant 0.\end{aligned}$$

解 第一步，化标准形. 在三个约束中分别引入松弛变量s_1,s_2,s_3，得下述标准形：

$$\begin{aligned}\min\quad & z=3x_1-2x_2,\\ \text{s.t.}\quad & 3x_1+x_2+s_1=5,\\ & x_1+s_2=6,\\ & 2x_1-x_2+s_3=3,\\ & x_1,x_2,s_1,s_2,s_3\geqslant 0.\end{aligned}$$

第二步，找一个初始可行基，并作其单纯形表. 显然$\beta=\{s_1,s_2,s_3\}$可作初始可行基，其单纯形表如表 1.15 之(Ⅰ)所示.

表 1.15

		x_1	x_2	s_1	s_2	s_3	右端	比
	z	-3	2					
(Ⅰ)	s_1	3	①	1			5	5
	s_2	1			1		6	—
	s_3	2	-1			1	3	—
	z	-9		-2			-10	
(Ⅱ)	x_2	3	1	1			5	
	s_2	1			1		6	
	s_3	5		1		1	8	

第三步，判断β的最优性. 因表1.15(Ⅰ)中有正检验数2，故需换基. 显然，x_2是入基变量. 为决定出基变量，需要作比式. 因为在表(Ⅱ)中，检验数2对应的列向量中，第二个数是0，第三个数是-1，对它们都不作比值，故自然只对第一个数(正数)作比值，从而第一行所包含的基变量s_1为出基变量，主元为1.

换基后得表1.15之(Ⅱ). 其中一切检验数$\bar{c}_j \leqslant 0$，故已得最优表. 最优解和最优z值分别为

$$x_1^* = 0,\ x_2^* = 5;\quad z^* = -10.$$

由上可知，用单纯形法解最大化问题和用单纯形法解最小化问题的基本做法是完全相同的，其主要差别就在于对解的最优性的判别准则上. 一个要求一切检验数非负(对最大化问题)，一个要求一切检验数非正(对最小化问题). 当检验数不满足最优性条件时，或者通过换基求出新的更好的解，或者断定所给问题的目标函数值在可行解集内可以趋向于无穷，此时问题无最优解.

例 1.5-2 用单纯形法解下述LP问题：

$$\begin{aligned}
\min\quad & z = x_2 + 2x_3 + x_4, \\
\text{s.t.}\quad & x_1 + 2x_2 + x_3 = 11, \\
& 2x_1 - 2x_2 + x_4 = 4, \\
& x_1, x_2, x_3, x_4 \geqslant 0.
\end{aligned}$$

由这个问题的约束方程组，我们很容易找到一个初始可行基$\{x_3, x_4\}$，因为约束方程组的增广矩阵中x_3和x_4的系数列向量都是单位列向量，而方程组的右端都是正数. 但此处目标函数z中含有基变量x_3和x_4. 这与例1.4-2的情况一样，我们可以按照那里的方法来处理这一问题.

首先，把所给问题的大方程组的增广矩阵制成一张表，如表1.16之(Ⅰ)所示. 显然，它不是一张单纯形表，因为表的第0行中基变量x_3和x_4的系数分别为-2和-1，都不是0. 为此，将表(Ⅰ)中第一行的2倍和第二行的1倍都加到第0行上，即得$\{x_3, x_4\}$的单纯形表，如(Ⅱ)所示.

其次，我们来检查表(Ⅱ). 对于最小化问题，由最优性判别定理知，只有当全部检验数非负时，才能得到最优解. 现在表(Ⅱ)中还有两个正检验数，故需要换基. 把具有最大正检验数的变量x_1作为入基变量. 同样通过最小比值法则确定出基变量为x_4，于是知主元为2. 对表(Ⅱ)进行一次单纯形变换，得表(Ⅲ). 再作一次单纯形变换，得到(Ⅳ)，它已是最优表了. 最优解和最优z值分别为

$$x_1^* = 5,\ x_2^* = 3,\ x_3^* = x_4^* = 0;\quad z^* = 3.$$

表 1.16

		x_1	x_2	x_3	x_4	右端	比
（Ⅰ）	z		-1	-2	-1		
	x_3	1	2	1		11	
	x_4	2	-2		1	4	
（Ⅱ）	z	4	1			26	
	x_3	1	2	1		11	11
	x_4	②	-2		1	4	2
（Ⅲ）	z		5		-2	18	
	x_3		③	1	$-\frac{1}{2}$	9	3
	x_1	1	-1		$\frac{1}{2}$	2	—
（Ⅳ）	z			$-\frac{5}{3}$	$-\frac{7}{6}$	3	
	x_2		1	$\frac{1}{3}$	$-\frac{1}{6}$	3	
	x_1	1		×	×	5	

注：打 × 处代表某些数，但没有必要写出.

1.6　人工变量法

用单纯形法解题时，必须找一个初始可行基. 在以上所举各例中，约束条件全是“≤”型. 在每个不等式左端加上一个松弛变量后，不等式变成了等式，而这些被加入的松弛变量正好组成一个初始可行基，于是便可用单纯形法求解了.

但是当约束条件是“≥”和“＝”型时，找初始可行基就不是那么容易了. 这时得另想办法. 下面就 LP 问题的标准形具体讨论之.

1.6.1　大 M 法

设要求解 LP 问题：

$$(L)\begin{cases}\min \quad z=\sum\limits_{j=1}^{n} c_j x_j,\\ \text{s.t.}\quad \sum\limits_{j=1}^{n} a_{ij}x_j=b_i,\quad i=1,2,\cdots,m,\\ \qquad\qquad x_j\geqslant 0,\quad j=1,2,\cdots,n,\end{cases}$$

其中，一切 $b_i \geqslant 0\ (i=1,2,\cdots,m)$.

我们在每一个约束方程的左边加上一个非负变量，这些变量没有实际意义，纯粹是出于一种处理方法的需要，是人为地加上去的，故称它们为**人工变量**(artificial variables). 我们用 a_i 表示第 i 个方程中加入的人工变量. 由于加入了人工变量，原有的约束条件就改变了. 我们需要设法迫使在最后的解中，所有人工变量都取 0 值(如果问题有解的话). 这一点可通过在目标函数中对这些变量规定一个严格的限制来实现. 这种限制体现在：若是 min 问题，则对每一个人工变量 a_i，都在目标函数中增加 Ma_i 一项；若是 max 问题，则对每个 a_i，都在目标函数中增加($-Ma_i$) 一项；这里 M 为充分大的正数. 具体做法如下：

根据上述要求，对所给问题进行修改，得修改后的问题如下：

$$(\widetilde{L})\begin{cases}\min \quad f=\sum\limits_{j=1}^{n} c_j x_j+\sum\limits_{i=1}^{m} Ma_i,\\ \text{s.t.}\quad \sum\limits_{j=1}^{n} a_{ij}x_j+a_i=b_i,\quad i=1,2,\cdots,m,\\ \qquad\qquad x_j\geqslant 0,\quad j=1,2,\cdots,n+m,\end{cases}$$

其中，$a_1,a_2,\cdots,a_m$ 是引入的人工变量，M 是一个很大的正数. 易知 $\{a_1,a_2,\cdots,a_m\}$ 可以作为 $(\widetilde{L})$ 的一个初始可行基. 在用单纯形法对 $(\widetilde{L})$ 求解后，$(\widetilde{L})$ 和 (L) 有如下的关系(证明从略)：

定理 1.12 若 $(\widetilde{L})$ 有最优解 $(x_1^*,x_2^*,\cdots,x_n^*,a_1^*,\cdots,a_m^*)$，则当 $a_1^*=a_2^*=\cdots=a_m^*=0$ 时，$(x_1^*,x_2^*,\cdots,x_n^*)$ 即为 (L) 之最优解；否则 (L) 无可行解. 若从求解 $(\widetilde{L})$ 的某张单纯形表中得知 f 在可行解集中无下界，而由该表得到的基可行解为 $(x_1,x_2,\cdots,x_n,a_1,\cdots,a_m)$，则当 $a_1=a_2=\cdots=a_m=0$ 时，z 也无下界；否则 (L) 无可行解.

注意：当 $(\widetilde{L})$ 有最优解，且 $a_1^*=a_2^*=\cdots=a_m^*=0$ 时，(L) 也有最优解，且 $z^*=f^*$. 因为绝大多数实际问题都属这种情形，为简单起见，今后就将 $(\widetilde{L})$ 的目标函数也记为 z.

例 1.6-1　用大 M 法解下述问题：

$$\begin{aligned} \min \quad & z = x_1 + 3x_2, \\ \text{s.t.} \quad & 2x_1 + x_2 = 4, \\ & 3x_1 + 4x_2 \geqslant 6, \\ & x_1 + 3x_2 \leqslant 3, \\ & x_1, x_2 \geqslant 0. \end{aligned}$$

解　所给问题的标准形为

$$\begin{aligned} \min \quad & z = x_1 + 3x_2, \\ \text{s.t.} \quad & 2x_1 + x_2 = 4, \\ & 3x_1 + 4x_2 - s_2 = 6, \\ & x_1 + 3x_2 + s_3 = 3, \\ & x_1, x_2, s_2, s_3 \geqslant 0. \end{aligned}$$

注意，在第三个约束方程中，s_3 可以作为一个初始的可行基变量，故只需在前两个约束方程中加入人工变量. 因此，修改后的问题为

$$(\widetilde{L})\quad \begin{cases} \min \quad z = x_1 + 3x_2 + Ma_1 + Ma_2, \\ \text{s.t.} \quad 2x_1 + x_2 + a_1 = 4, \\ \qquad\quad 3x_1 + 4x_2 - s_2 + a_2 = 6, \\ \qquad\quad x_1 + 3x_2 + s_3 = 3, \\ \qquad\quad x_1, x_2, a_1, a_2, s_2, s_3 \geqslant 0. \end{cases}$$

$(\widetilde{L})$ 的求解过程如表 1.17 所示.

在表 1.17（Ⅰ）的 z-行中，a_1 和 a_2 的系数均为 $-M$. 因为 a_1 和 a_2 是基变量，故需将此二系数化为 0，这样便得表（Ⅱ）. 在表（Ⅲ）中出现了退化现象，幸好表（Ⅳ）已是最优表.

原问题的最优解和最优 z 值分别为

$$x_1^* = 2,\ x_2^* = 0;\quad z^* = 2.$$

表 1.17

		x_1	x_2	s_2	a_1	a_2	s_3	右端	比
	z	-1	-3		$-M$	$-M$			
（Ⅰ）	a_1	2	1		1			4	
	a_2	3	4	-1		1		6	
	s_3	1	3				1	3	

续表

		x_1	x_2	s_2	a_1	a_2	s_3	右端	比
	z	$-1+5M$	$-3+5M$	$-M$				$10M$	
(Ⅱ)	a_1	②	1		1			4	$\frac{4}{2}$
	a_2	3	4	-1		1		6	$\frac{6}{3}$
	s_3	1	3				1	3	$\frac{3}{1}$
	z		$\frac{-5+5M}{2}$	$-M$	$\frac{1-5M}{2}$			2	
(Ⅲ)	x_1	1	$\frac{1}{2}$		$\frac{1}{2}$			2	4
	a_2		$\boxed{\frac{5}{2}}$	-1	$-\frac{3}{2}$	1		0	0
	s_3		$\frac{5}{2}$		$-\frac{1}{2}$		1	1	$\frac{2}{5}$
	z			-1	$-1-M$	$1-M$		2	
(Ⅳ)	x_1	1		×	×	×		2	
	x_2		1	$-\frac{2}{5}$	$-\frac{3}{5}$	$\frac{2}{5}$		0	
	s_3			×	×	×	1	1	

注：表中打"×"处代表某些数字，今后不再申明.

使用大 M 法时，常难确定 M 究竟应有多大. 在一般情况下，M 至少应比目标函数中的最大系数大 100 倍. 由于引入了这么大的数字，因此计算中可能产生较大的舍入误差，故实际问题中常用两阶段法.

1.6.2 两阶段法

下面仍就标准形 LP 问题(L) 进行讨论. 这里再强调一下，对标准形 LP 问题我们要求一切 $b_i \geqslant 0\ (i=1,2,\cdots,m)$. 根据所给问题，作出一个辅助问题，其目标函数为各人工变量之和：

$$
(\widetilde{L})\quad \begin{cases} \min \quad f = \sum_{i=1}^{m} a_i, \\ \text{s.t.} \quad \sum_{j=1}^{n} a_{ij} x_j + a_i = b_i, \quad i = 1,2,\cdots,m, \\ \qquad\qquad x_j \geqslant 0, \quad j = 1,2,\cdots,n+m. \end{cases}
$$

显然，$\{a_1, a_2, \cdots, a_m\}$ 可以作为$(\widetilde{L})$ 的一个初始可行基. 因 f 有下界，且 S 是闭集，故 f 的最优值 f^* 必然存在，且 $f^* \geqslant 0$.

定理 1.13 (L) 有可行解的充分必要条件是$(\widetilde{L})$ 的最优值 $f^* = 0$.

证 必要性. 设(L) 有可行解$(x_1, x_2, \cdots, x_n)^{\mathrm{T}}$，则在其分量后面再加上 m 个 0 所组成的 $n+m$ 维向量 $\boldsymbol{x}' = (x_1, \cdots, x_n, 0, \cdots, 0)^{\mathrm{T}}$ 就是辅助问题$(\widetilde{L})$ 的一个可行解，它对应的目标函数值 $f(\boldsymbol{x}') = 0$. 然而，对于$(\widetilde{L})$ 的任一其他可行解，都有 $f \geqslant 0$. 这说明 0 是 f 的最小值，即 $f^* = 0$.

充分性. 设 $f^* = 0$. 这说明$(\widetilde{L})$ 有最优解，且最优值为 0. 现设$(\widetilde{L})$ 的一个最优解为

$$\boldsymbol{x}^* = (x_1^*, \cdots, x_n^*, a_1^*, a_2^*, \cdots, a_m^*)^{\mathrm{T}}.$$

因 $f^* = a_1^* + a_2^* + \cdots + a_m^* = 0$ 及 f^* 中的各项非负，故知

$$a_1^* = a_2^* = \cdots = a_m^* = 0.$$

这表明，$(\widetilde{L})$ 的上述最优解实际为

$$\boldsymbol{x}^* = (x_1^*, \cdots, x_n^*, 0, \cdots, 0)^{\mathrm{T}}.$$

$\boldsymbol{x}^*$ 当然应是$(\widetilde{L})$ 的可行解. 将它代入$(\widetilde{L})$ 的约束方程组，由于全部人工变量都取 0 值，所以该方程组实际上就成为(L) 的约束方程组. 从而$(x_1^*, x_2^*, \cdots, x_n^*)^{\mathrm{T}}$ 是(L) 的可行解. ■

在具体解题时，用得较多的是定理 1.13 的下述推论：

推论 若 $f^* > 0$，则(L) 无可行解；若 $f^* = 0$，则(L) 有可行解.

当 $f^* = 0$ 时，如何获得(L) 的一个可行基呢？这时需分两种情况考虑：

(1) 若$(\widetilde{L})$ 的最优基 β^* 中不含人工变量，则 β^* 即为(L) 的一个可行基；

(2) 若 β^* 中含有人工变量，此时情况较为复杂，我们通过例题来说明其解法.

例 1.6-2 用两阶段法解例 1.4-1.

解 前面已将所给问题化为标准形. 现作辅助问题如下：

$$(\widetilde{L})\quad \begin{cases} \min & f = a_1 + a_2, \\ \text{s.t.} & 2x_1 + x_2 + a_1 = 4, \\ & 3x_1 + 4x_2 - s_2 + a_2 = 6, \\ & x_1 + 3x_2 + s_3 = 3, \\ & x_1, x_2, a_1, a_2, s_2, s_3 \geqslant 0. \end{cases}$$

从约束方程组可以看出，$\{a_1, a_2, s_3\}$ 是一个可行基，但 f 中含有基变量 a_1 和 a_2. 为了作出此基的单纯形表，我们先把辅助问题大方程组的增广矩阵制成一张表，如表 1.18 所示. 因为其 f- 行中两个基变量 a_1 和 a_2 的系数都是 -1，而不是 0，所以该表还不是单纯形表.

表 1.18

	x_1	x_2	s_2	a_1	a_2	s_3	右端
f				-1	-1		
a_1	②	1		1			4
a_2	3	4	-1		1		6
s_3	1	3				1	3

其次，将表 1.18 的 f- 行中 a_1 和 a_2 的系数化为 0，就得到表 1.19（Ⅰ），它已是$(\tilde{L})$ 的一张初始单纯形表了. 由于 f 的表达式形式特别简单，即其中各个人工变量的系数都是1，这使得我们在寻求$(\tilde{L})$的初始单纯形表时，实际上可以不作出表 1.18，而直接写出表 1.19（Ⅰ），只需记住 f- 行中的各数可以这样算出：除基变量的系数为 0 外，其余各系数都是包含人工变量的各行的对应系数之和，f- 行的右端列中的一数也是包含人工变量的各行的右端列中的数之和.

辅助问题的求解过程如表 1.19 所示.

表 1.19

		x_1	x_2	s_2	a_1	a_2	s_3	右端	比
	f	5	5	-1				10	
（Ⅰ）	a_1	②	1		1			4	$\frac{4}{2}$
	a_2	3	4	-1		1		6	$\frac{6}{3}$
	s_3	1	3				1	3	$\frac{3}{1}$

续表

		x_1	x_2	s_2	a_1	a_2	s_3	右端	比
	f		$\frac{5}{2}$	-1	$-\frac{5}{2}$			0	
(Ⅱ)	x_1	1	$\frac{1}{2}$		$\frac{1}{2}$			2	4
	a_2		$\textcircled{\frac{5}{2}}$	-1	$-\frac{3}{2}$	1		0	0
	s_3		$\frac{5}{2}$		$-\frac{1}{2}$		1	1	$\frac{2}{5}$
	f				-1	-1		0	
(Ⅲ)	x_1	1		$\frac{1}{5}$	×	×		2	
	x_2		1	$-\frac{2}{5}$	$-\frac{3}{5}$	$\frac{2}{5}$		0	
	s_3			1	×	×	1	1	

由表(Ⅲ)知，$f^* = 0$，所以(L)有可行解. 在(Ⅲ)中去掉人工变量对应的两列，同时将 f- 行改为 z- 行，便得表 1.20（Ⅰ），它还不是一张(标准的)单纯形表. 再将该表 z- 行中基变量的系数变为 0. 便得表 1.20（Ⅱ），这才是单纯形表. 因表中所有检验数均已非正，故已得最优表. 结果与大 M 法所得到的结果相同.

表 1.20

		x_1	x_2	s_2	s_3	右 端
	z	-1	-3			
(Ⅰ)	x_1	1		$\frac{1}{5}$		2
	x_2		1	$-\frac{2}{5}$		0
	s_3			1	1	1
	z			-1		2
(Ⅱ)	x_1	1		$\frac{1}{5}$		2
	x_2		1	$-\frac{2}{5}$		0
	s_3			1	1	1

例 1.6-3 解 LP 问题：

$$
(L)\quad\begin{cases}\min & z=x_1+2x_2,\\ \text{s.t.} & 5x_1+2x_2+3x_3 \qquad =4,\\ & 2x_1+\ x_2 \qquad +\ x_4=1,\\ & x_1 \qquad +3x_3-2x_4=2,\\ & x_1,\ x_2,\ x_3,\ x_4\geqslant 0.\end{cases}
$$

解 作辅助问题：

$$
(\tilde{L})\quad\begin{cases}\min & f=a_1+a_2+a_3,\\ \text{s.t.} & 5x_1+2x_2+3x_3 \qquad +a_1 \qquad = 4,\\ & 2x_1+\ x_2 \qquad +\ x_4 \qquad +a_2 \qquad = 1,\\ & x_1 \qquad +3x_3-2x_4 \qquad +a_3 = 2,\\ & x_1,\cdots,x_4,a_1,a_2,a_3\geqslant 0.\end{cases}
$$

求解$(\tilde{L})$的过程如表 1.21 所示. 在(Ⅲ)中虽然还有正检验数，但因$f^*=0$，故(Ⅲ)已是最优表. 如若再换一次基，则只不过是以 a_2 代替 a_3 而已. 虽然这样换基后，新基$\{x_3,x_1,a_2\}$的单纯形表中一切 $\bar{c}_j\leqslant 0$，但它仍然含有人工变量 a_2，所以没有必要作这次换基.

表 1.21

		x_1	x_2	x_3	x_4	a_1	a_2	a_3	右端	比
	f	8	3	6	-1				7	
(Ⅰ)	a_1	5	2	3		1			4	$\frac{4}{5}$
	a_2	②	1		1		1		1	$\frac{1}{2}$
	a_3	1		3	-2			1	2	$\frac{2}{1}$
	f		-1	6	-5		-4		3	
(Ⅱ)	a_1		$-\frac{1}{2}$	③	$-\frac{5}{2}$	1	$-\frac{5}{2}$		$\frac{3}{2}$	$\frac{1}{2}$
	x_1	1	$\frac{1}{2}$		$\frac{1}{2}$		$\frac{1}{2}$		$\frac{1}{2}$	—
	a_3		$-\frac{1}{2}$	3	$-\frac{5}{2}$		$-\frac{1}{2}$	1	$\frac{3}{2}$	$\frac{1}{2}$

续表

		x_1	x_2	x_3	x_4	a_1	a_2	a_3	右端	比
	f					-2	1			
(Ⅲ)	x_3		$-\frac{1}{6}$	1	$-\frac{5}{6}$	$\frac{1}{3}$	$-\frac{5}{6}$		$\frac{1}{2}$	
	x_1	1	$\frac{1}{2}$		$\frac{1}{2}$		$\frac{1}{2}$		$\frac{1}{2}$	
	a_3					-1	2	1		

由表1.21(Ⅲ)知，$f^* = 0$. 这说明所给问题(L)有可行解. 但因辅助问题$(\tilde{L})$的最优基中含有人工变量a_3，所以我们不能立即得到(L)的一可行基. 这时需作进一步分析.

由表1.21(Ⅲ)的最后一行知，所给问题(L)的约束方程组经过一些行的初等变换后，其第三个方程变成了$0 = 0$的形式. 这说明该方程是多余的，可以去掉. 在(Ⅲ)中去掉f-行和a_3-行，还去掉a_1-列、a_2-列、a_3-列，并把原问题(L)的z-行添加进去，便得表1.22(Ⅰ). 将z-行中基变量的系数变为0，得(Ⅱ). 再经过一次换基，便得最优表(Ⅲ). 原问题的最优解和最优z值分别为

$$x_1^* = x_2^* = 0,\ x_3^* = \frac{4}{3},\ x_4^* = 1;\quad z^* = 0.$$

表1.22

		x_1	x_2	x_3	x_4	右端
	z	-1	-2			
(Ⅰ)	x_3		$-\frac{1}{6}$	1	$-\frac{5}{6}$	$\frac{1}{2}$
	x_1	1	$\frac{1}{2}$		$\frac{1}{2}$	$\frac{1}{2}$
	z		$-\frac{3}{2}$		$\frac{1}{2}$	$\frac{1}{2}$
(Ⅱ)	x_3		$-\frac{1}{6}$	1	$-\frac{5}{6}$	$\frac{1}{2}$
	x_1	1	$\frac{1}{2}$		$\textcircled{\frac{1}{2}}$	$\frac{1}{2}$

续表

		x_1	x_2	x_3	x_4	右端
	z	-1	-2			
(Ⅲ)	x_3	×	×	1		$\frac{4}{3}$
	x_4	2	1		1	1

例 1.6-4 解 LP 问题：

$$(L)\begin{cases}\min & z = x_1 + 2x_2,\\ \text{s.t.} & 5x_1 + 2x_2 + 3x_3 \qquad\quad = 4,\\ & 2x_1 + \ x_2 \qquad\quad + \ x_4 = 1,\\ & \ x_1 \qquad\quad + 3x_3 - 3x_4 = 2,\\ & \qquad\qquad x_1, x_2, x_3, x_4 \geqslant 0.\end{cases}$$

它与上例的唯一差别在于第三个约束方程中 x_4 的系数现在是 -3，而原来是 -2.

解 $(\tilde{L})$ 的形式与前例类似. 求解过程如表 1.23 所示. 在(Ⅲ)中，$f^* = 0$，故已得最优表. 同前例一样，虽然 a_2 的检验数为正$(+1)$，但没有必要以 a_2 取代 a_3 去换基，因为那样做后，新最优基中仍含有人工变量.

表 1.23

		x_1	x_2	x_3	x_4	a_1	a_2	a_3	右端	比
	f	8	3	6	-2				7	
(Ⅰ)	a_1	5	2	3		1			4	$\frac{4}{5}$
	a_2	②	1		1		1		1	$\frac{1}{2}$
	a_3	1		3	-3			1	2	$\frac{2}{1}$
	f		-1	6	-6		-4		3	
(Ⅱ)	a_1		$-\frac{1}{2}$	③	$-\frac{5}{2}$	1	$-\frac{5}{2}$		$\frac{3}{2}$	$\frac{1}{2}$
	x_1	1	$\frac{1}{2}$		$\frac{1}{2}$		$\frac{1}{2}$		$\frac{1}{2}$	—
	a_3		$-\frac{1}{2}$	3	$-\frac{7}{2}$		$-\frac{1}{2}$	1	$\frac{3}{2}$	$\frac{1}{2}$

续表

		x_1	x_2	x_3	x_4	a_1	a_2	a_3	右端	比
	f				-1	-2	1			
(Ⅲ)	x_3		$-\frac{1}{6}$	1	$-\frac{5}{6}$	$\frac{1}{3}$	$-\frac{5}{6}$		$\frac{1}{2}$	
	x_1	1	$\frac{1}{2}$		$\frac{1}{2}$		$\frac{1}{2}$		$\frac{1}{2}$	
	a_3				$\textcircled{-1}$	-1	2	1		
	f					-1	-1	-1		
(Ⅳ)	x_3		$-\frac{1}{6}$	1		×	×	×	$\frac{1}{2}$	
	x_1	1	$\frac{1}{2}$			×	×	×	$\frac{1}{2}$	
	x_4				1	1	-2	-1		

注意(Ⅲ)的最下一行，它含有人工变量 a_3. 由于该行右端为 0，而左边有一个原来变量 x_4 的系数 $=-1\neq 0$. 此时，我们可以先将这个 -1 变为 1，然后以这个 1 为主元进行换基，便得表(Ⅳ). 但实际上，此例中也可直接在(Ⅲ)中选 -1 为主元进行换基，同样得表(Ⅳ)，它也是最优表，且基变量中已无人工变量. 在该表中去掉人工变量列，并将 f- 行换成 z- 行，得表 1.24(Ⅰ). 再变换成标准的单纯形表(Ⅱ)，它已是(L)的最优表. (L)的最优解和最优 z 值分别为

$$x_1^* = x_3^* = \frac{1}{2},\ x_2^* = x_4^* = 0;\quad z^* = \frac{1}{2}.$$

表 1.24

		x_1	x_2	x_3	x_4	右端
	z	-1	-2			
(Ⅰ)	x_3		$-\frac{1}{6}$	1		$\frac{1}{2}$
	x_1	1	$\frac{1}{2}$			$\frac{1}{2}$
	x_4				1	

续表

		x_1	x_2	x_3	x_4	右端
	z		$-\frac{3}{2}$			$\frac{1}{2}$
(Ⅱ)	x_3		$-\frac{1}{6}$	1		$\frac{1}{2}$
	x_1	1	$\frac{1}{2}$			$\frac{1}{2}$
	x_4				1	

综上所述，所谓两阶段法就是：

第一阶段：根据问题(L)（即所给问题）构造一个适当的辅助问题$(\widetilde{L})$，然后解$(\widetilde{L})$，求出 f^*. 若 $f^*=0$，说明(L)有可行解，于是便可开始第二阶段的工作；若 $f^*>0$，则(L)无可行解，解题工作结束.

第二阶段：在 $f^*=0$ 的前提下，根据$(\widetilde{L})$的最优表，设法获得(L)的一个可行基及其单纯形表. 然后，从此表出发，解出问题(L).

许多运筹学书中在介绍两阶段法时，常在解辅助问题$(\widetilde{L})$的单纯形表中把所给问题(L)的目标函数行也添加进去，一起进行单纯形交换. 本书则将两个问题的求解过程分开讨论. 作者认为，这样做更为清晰，更易于读者理解，且在手算时可以节省计算工作量.

1.7 单纯形法应用的特例

1.7.1 多重最优解

例 1.7-1 用单纯形法解例 1.2-2：

$$
\begin{aligned}
\max\quad & z=3x_1+5x_2,\\
\text{s.t.}\quad & 3x_1+5x_2\leqslant 15,\\
& 2x_1+x_2\leqslant 5,\\
& 2x_1+2x_2\leqslant 11,\\
& x_1,x_2\geqslant 0.
\end{aligned}
$$

解 用图解法解此题的结果如图 1.2 所示. 由图可见，目标函数的最优

等值线与直线 AB 重合，因此，AB 线段上的每一点都是最优解，即有无穷多个最优解，最优值都是 $z^* = 15$.

现在来看看如何用单纯形法求解此类问题.

在三个"≤"不等式中分别引入松弛变量 s_1, s_2 和 s_3，将所给问题化为标准形，而约束条件同例 1.1-3 中的一样.

求解过程如表 1.25 所示. 该表的表(Ⅰ)中有两个负检验数(−3 和 −5). 我们曾指出，任何一个负检验数所对应的变量都可作为入基变量. 此处为了利用表 1.9～表 1.11 的结果，第一次换基时，在表 1.25(Ⅰ)中取 x_1 为入基变量. 经过两次换基后，得最优表(Ⅲ). 由(Ⅲ)知，最优解和最优 z 值分别为

$$x_1^* = \frac{10}{7},\ x_2^* = \frac{15}{7},\ s_1^* = s_2^* = 0,\ s_3^* = \frac{27}{7};\quad z^* = 15.$$

表 1.25

		x_1	x_2	s_1	s_2	s_3	右端	比
	z	-3	-5					
(Ⅰ)	s_1	3	5	1			15	5
	s_2	②	1		1		5	$\frac{5}{2}$
	s_3	2	2			1	11	$\frac{11}{2}$
	z		$-\frac{7}{2}$		$\frac{3}{2}$		$\frac{15}{2}$	
(Ⅱ)	s_1		$\boxed{\frac{7}{2}}$	1	$-\frac{3}{2}$		$\frac{15}{2}$	$\frac{15}{7}$
	x_1	1	$\frac{1}{2}$		$\frac{1}{2}$		$\frac{5}{2}$	5
	s_3		1		-1	1	6	6
	z			1			15	
(Ⅲ)	x_2		1	$\frac{2}{7}$	$-\frac{3}{7}$		$\frac{15}{7}$	—
	x_1	1		$-\frac{1}{7}$	$\boxed{\frac{5}{7}}$		$\frac{10}{7}$	$\frac{10}{5}$
	s_3			$-\frac{2}{7}$	$-\frac{4}{7}$	1	$\frac{27}{7}$	—

在表 1.25 的最优表(Ⅲ)中有一现象值得注意，就是该表中除基变量 x_2, x_1, s_3 的检验数为零外，非基变量 s_2 的检验数也为零，且该检验数对应的一列中有一正数 $\frac{5}{7}$. 这样，若将 s_2 作为入基变量，再次换基，则目标函数值不会改变. 易知，此时需将 x_1 作为出基变量，故新基为 $\beta_4 = \{x_2, s_2, s_3\}$. β_4 对应的单纯表如表 1.26 所示. 由此表可知，z_1 - 行中各数均未变动，目标函数值仍为 15，但 β_4 对应的基可行解为

$$x_1^* = 0,\ x_2^* = 3,\ s_1^* = 0,\ s_2^* = 2,\ s_3^* = 5.$$

表 1.26

	x_1	x_2	s_1	s_2	s_3	右端
z			1			15
x_2	×	1	×			3
s_2	×		×	1		2
s_3	×		×		1	5

于是我们找到了两个最优解. 可以证明，线性规划问题只要存在两个最优解，就一定存在无穷多个最优解. 若最优解有多个，我们在具体应用单纯形法时还可考虑其他条件，再从中选择一个最佳方案.

1.7.2 退化

前面曾阐述过，若一个基可行解中有些基变量取 0 值，则称此解为退化的基可行解. 在用单纯形法求解 LP 问题时，有时初始基可行解是退化的(例如某个约束方程的右端 $b_i = 0$)；有时，尽管所给约束方程组的右端并没有“0”，但在迭代过程中，由于同时出现几个最小比值，致使下一个单纯形表的右端列中出现“0”. 例如在表 1.17 (Ⅱ) 中有两个比值 $\left(\frac{4}{2}\text{ 和 }\frac{6}{3}\right)$ 都是最小的，其下一表即(Ⅲ) 的右端列中出现 0，因此 $\{x_1, a_2, s_3\}$ 是一个退化基. 再换一次基后得表(Ⅳ)，虽然 $\{x_1, x_2, s_3\}$ 也是退化基，但它已是最优基. 至此求解工作结束，我们得到一个退化的最优解.

下面再举一例，从该例中可以看到，有时退化情况可转化为非退化情况.

例 1.7-2 解下述 LP 问题：

$$
\begin{aligned}
\max \quad & z = 3x_1 + 2x_2, \\
\text{s. t.} \quad & 2x_1 + \ x_2 \leqslant 4, \\
& 2x_1 - \ x_2 \leqslant 4, \\
& 3x_1 + 4x_2 \leqslant 9, \\
& \qquad x_1, x_2 \geqslant 0.
\end{aligned}
$$

解　对三个不等式分别引入松弛变量 s_1, s_2, s_3，化为标准形. 求解过程如表 1.27 所示.（Ⅱ）中的解是退化的，但（Ⅲ）中的解却是非退化的，所以这里出现暂时退化的现象. 退化终止的原因是由于右端列中的“0”所在行与入基变量（x_2）列相交处的元素是负数（-2），作比式时此项不予考虑.

所给问题的最优解和最优 z 值分别为

$$x_1^* = \frac{7}{5},\ x_2^* = \frac{6}{5};\ z^* = \frac{33}{5}.$$

表 1.27

		x_1	x_2	s_1	s_2	s_3	右 端	比
	z	-3	-2					
（Ⅰ）	s_1	②	1	1			4	$\frac{4}{2}$
	s_2	2	-1		1		4	$\frac{4}{2}$
	s_3	3	4			1	9	$\frac{9}{3}$
	z		$-\frac{1}{2}$	$\frac{3}{2}$			6	
（Ⅱ）	x_1	1	$\frac{1}{2}$	$\frac{1}{2}$			2	4
	s_2		-2	-1	1		0	—
	s_3		($\frac{5}{2}$)	$-\frac{3}{2}$		1	3	$\frac{6}{5}$
	z			$\frac{6}{5}$		$\frac{2}{5}$	$\frac{33}{5}$	
（Ⅲ）	x_1	1		×		×	$\frac{7}{5}$	
	s_2			×	1	×	$\frac{12}{5}$	
	x_2		1	$-\frac{3}{5}$		$\frac{2}{5}$	$\frac{6}{5}$	

由以上两例可知，在具体解题时，不管是退化问题还是非退化问题，都可以用单纯形法求解. 但在求解过程中，若多次连续碰上 $\theta=0$，则可能导致这种情况：经过几次换基迭代后，我们又重新回到曾经出现过的某个基，于是发生了循环现象. 此时，单纯形法求解过程就不再能保证是有限的了.

为了阻止在退化问题中出现循环现象，人们已建立了一些法则，如摄动法等. 1976 年，Bland 提出了下述简单法则：在单纯形迭代中，比如对最小化问题，第一，如有几个检验数为正，则选其中下标最小的非基变量作为入基变量；第二，若有几个比值 $\frac{\bar{b}_i}{a_{is}}$ 同时达到最小，则选其中下标最小的基变量作为出基变量. 按此两条规则，便可避免循环. 在解大规模的实际 LP 问题时，退化现象常有发生，然而尚未见到实际问题中的循环现象，因为实际数字的计算中，由于舍入误差的积累常可防止任一基变量正好取零值.

1.7.3 无可行解

例 1.7-3 现在我们再来研究例 1.2-5. 为方便起见，将模型重写于此：

$$\begin{aligned}\max\quad & z=5x_1+4x_2,\\ \text{s.t.}\quad & 3x_1+5x_2\leqslant 15,\\ & 2x_1+\ \ x_2\leqslant 5,\\ & \ \ x_1+\ \ x_2\geqslant 6,\\ & x_1,x_2\geqslant 0.\end{aligned}$$

解 此题之几何解法见图 1.4. 由图可知，此题不存在可行解，因而无最优解.

现用两阶段法解此题. 在第三个不等式 $x_1+x_2\geqslant 6$ 中引入松弛变量 s_3 和人工变量 a_3，作如下辅助问题：

$$(\tilde{L})\quad \begin{cases}\min\quad f=a_3,\\ \text{s.t.}\quad 3x_1+5x_2+x_3=15,\\ \qquad\ \ 2x_1+x_2+x_4=5,\\ \qquad\ \ x_1+x_2+a_3-s_3=6,\\ \qquad\ \ x_1,\cdots,x_4,a_3,s_3\geqslant 0.\end{cases}$$

$(\tilde{L})$ 的求解过程如表 1.28 所示. 表的最下面一部分表明：

$$f^*=\frac{17}{7}>0,$$

故(L) 无可行解. 这与图解法的结果是一致的.

表 1.28

	x_1	x_2	x_3	x_4	a_3	s_3	右端	比
f	1	1				-1	6	
x_3	3	5	1				15	5
x_4	②	1		1			5	$\frac{5}{2}$
a_3	1	1			1	-1	6	6
f		$\frac{1}{2}$		$-\frac{1}{2}$		-1	$\frac{7}{2}$	
x_3		$\textcircled{\frac{7}{2}}$	1	$-\frac{3}{2}$			$\frac{15}{2}$	$\frac{15}{7}$
x_1	1	$\frac{1}{2}$		$\frac{1}{2}$			$\frac{5}{2}$	5
a_3		$\frac{1}{2}$		$-\frac{1}{2}$	1	-1	$\frac{7}{2}$	7
f			$-\frac{1}{7}$	$-\frac{2}{7}$		-1	$\frac{17}{7}$	
	某些数							

1.7.4　无界可行解集

若可行解集无界，则由图解法可知，此时有些 LP 问题有最优解，有些 LP 问题无最优解. 现在我们来看看，用单纯形法解题时，怎样发现这些情况.

例 1.7-4　我们还是研究例 1.2-3：

$$\begin{aligned}\max\quad & z = x_1 + 2x_2,\\ \text{s.t.}\quad & -3x_1 + x_2 \leqslant 1,\\ & 2x_1 + x_2 \geqslant 4,\\ & x_1 - 2x_2 \leqslant 1,\\ & x_1, x_2 \geqslant 0.\end{aligned}$$

解　此题之图解结果见图 1.3. 现用两阶段法解此题. 首先，引入松弛变量，则有

$$\begin{aligned}\max\quad & z = x_1 + 2x_2,\\ \text{s.t.}\quad & -3x_1 + x_2 + s_1 = 1,\\ & 2x_1 + x_2 - s_2 = 4,\\ & x_1 - 2x_2 + s_3 = 1,\\ & x_1, x_2, s_1, s_2, s_3 \geqslant 0.\end{aligned}$$

再作辅助问题：

$$(\widetilde{L})\quad\begin{cases}\min & f = a_2,\\ \text{s.t.} & -3x_1 + x_2 + s_1 = 1,\\ & 2x_1 + x_2 + a_2 - s_2 = 4,\\ & x_1 - 2x_2 + s_3 = 1,\\ & x_1, x_2, s_1, s_2, s_3, a_2 \geqslant 0.\end{cases}$$

$(\widetilde{L})$ 的求解过程如表 1.29（Ⅰ）～（Ⅲ）所示. 在 $(\widetilde{L})$ 的最优表（Ⅲ）中去掉 a_2-列和 f-行，同时加上 (L) 之 z-行，得表（Ⅳ）. 将 z-行中基变量的系数变为 0，得 (L) 的单纯形表（Ⅴ）. 在表（Ⅴ）中，s_2 的检验数 $-\frac{4}{5}<0$，它对应的列向量 $\left(-1,-\frac{1}{5},-\frac{2}{5}\right)^{\mathrm{T}}<\mathbf{0}$. 由定理 1.7 知，所给问题的 $z\to+\infty$，因而无最优解.

但若所给问题是求 $z=x_1+2x_2$ 的最小值，则在表 1.29（Ⅴ）中，所有检验数都要反号，则（Ⅴ）是最优表. 最优解为

$$x_1^* = \frac{9}{5},\ x_2^* = \frac{2}{5};\quad z^* = \frac{13}{5}.$$

这是一个在无界可行解集中可以获得有限最优解的例子.

表 1.29

		x_1	x_2	s_1	a_2	s_3	s_2	右端	比
（Ⅰ）	f	2	1				-1	4	
	s_1	-3	1	1				1	
	a_2	2	1		1		-1	4	$\frac{4}{2}$
	s_3	①	-2			1		1	$\frac{1}{1}$
（Ⅱ）	f		3			-2	-1	2	
	s_1		-5	1		3		4	—
	a_2		⑤		1	-2	-1	2	$\frac{2}{5}$
	x_1	1	-2			1		1	—
（Ⅲ）	f				-1		-1		
	s_1			1	1	1	-1	6	
	x_2		1		$\frac{1}{5}$	$-\frac{2}{5}$	$-\frac{1}{5}$	$\frac{2}{5}$	
	x_1	1			$\frac{2}{5}$	$\frac{1}{5}$	$-\frac{2}{5}$	$\frac{9}{5}$	

续表

		x_1	x_2	s_1	a_2	s_3	s_2	右端	比
	z	-1	-2						
(Ⅳ)	s_1			1		1	-1	6	
	x_2		1			$-\frac{2}{5}$	$-\frac{1}{5}$	$\frac{2}{5}$	
	x_1	1				$\frac{1}{5}$	$-\frac{2}{5}$	$\frac{9}{5}$	
	z_1					$-\frac{3}{5}$	$-\frac{4}{5}$	$\frac{13}{5}$	
(Ⅴ)	s_1			1		1	-1	6	
	x_2		1			$-\frac{2}{5}$	$-\frac{1}{5}$	$\frac{2}{5}$	
	x_1	1				$\frac{1}{5}$	$-\frac{2}{5}$	$\frac{9}{5}$	

1.8　改进单纯形法

从前几节中我们看到，用单纯形法解题时，每迭代一次，必须把表中所有数据全部重新计算一次. 这就要求把整个表格都储存在计算机中. 尽管现代电子计算机在计算能力和存储容量方面都有很大改进，但若应用普通单纯形法来解大型问题则仍有困难，或不可能(存储量受限制)，或不经济(上机时间太长). 目前已提出了一些新的方法，本节将要介绍的改进单纯形法就是其中的一种.

给定 LP 问题的一个可行基 β，我们所关心的问题是：① 它是不是最优基？② 如若不是，怎样换基？为了回答这些问题，对我们来说，最重要的是下述两组数据：

(1)　检验数 $\bar{c}_j = \boldsymbol{c_B B}^{-1}\boldsymbol{p}_j - c_j$ $(j = 1,2,\cdots,m)$. 对最大化问题来说，若全部 $\bar{c}_j \geqslant 0$，则 β 是最优基. 若发现某个检验数 $\bar{c}_s < 0$，就知还需换基，因而便可立刻停止对于其他检验数的计算，同时把 x_s 作为入基变量.

(2)　当某个 $\bar{c}_s < 0$ 时，为了确定出基变量，需要知道入基变量列和右端列，即

$$\boldsymbol{B}^{-1}\boldsymbol{p}_s = (\bar{a}_{1s}, \bar{a}_{2s}, \cdots, \bar{a}_{ms})^{\mathrm{T}}$$

和

$$\boldsymbol{x_B} = \boldsymbol{B}^{-1}\boldsymbol{b} = (\bar{b}_1, \bar{b}_2, \cdots, \bar{b}_m)^{\mathrm{T}}.$$

这两组数据中，主要是要计算 $\boldsymbol{B}^{-1}$，因为其他数据从所给问题中可直接找出. 设最小比值为$\dfrac{\bar{b}_r}{\bar{a}_{rs}}$，则主元为 $\bar{a}_{rs}$，出基变量为 x_{j_r}. 在 β 中调出 x_{j_r}，调入 x_s，便得新 β_1，它对应的基阵为 $\boldsymbol{B}_1$.

显然，为了对新基的性质作出判断和改进，我们同样需要计算逆矩阵 $\boldsymbol{B}_1^{-1}$. 现指出如何从 $\boldsymbol{B}^{-1}$ 得到 $\boldsymbol{B}_1^{-1}$，而不需直接按定义去求 $\boldsymbol{B}_1^{-1}$.

设 $\boldsymbol{B} = (\boldsymbol{p}_{j_1}, \cdots, \boldsymbol{p}_{j_r}, \cdots, \boldsymbol{p}_{j_m})$. 从 $\boldsymbol{B}$ 中调出 $\boldsymbol{p}_{j_r}$，调入 $\boldsymbol{p}_s$，则得 $\boldsymbol{B}_1$. 因为

$$\boldsymbol{B}^{-1}\boldsymbol{B} = (\boldsymbol{B}^{-1}\boldsymbol{p}_{j_1}, \cdots, \boldsymbol{B}^{-1}\boldsymbol{p}_{j_r}, \cdots, \boldsymbol{B}^{-1}\boldsymbol{p}_{j_m}),$$

$$\boldsymbol{B}^{-1}\boldsymbol{B}_1 = (\boldsymbol{B}^{-1}\boldsymbol{p}_{j_1}, \cdots, \boldsymbol{B}^{-1}\boldsymbol{p}_s, \cdots, \boldsymbol{B}^{-1}\boldsymbol{p}_{j_m}),$$

但 $\boldsymbol{B}^{-1}\boldsymbol{B} = \boldsymbol{I}$，并注意到 $\boldsymbol{B}^{-1}\boldsymbol{p}_s = (\bar{a}_{1s}, \bar{a}_{2s}, \cdots, \bar{a}_{ms})^{\mathrm{T}}$，就有

$$\boldsymbol{B}^{-1}\boldsymbol{B}_1 = \begin{pmatrix} 1 & & & \bar{a}_{1s} & & & \\ & \ddots & & \vdots & & & \\ & & 1 & \bar{a}_{r-1,s} & & & \\ & & & \bar{a}_{rs} & & & \\ & & & \bar{a}_{r+1,s} & 1 & & \\ & & & \vdots & & \ddots & \\ & & & \bar{a}_{ms} & & & 1 \end{pmatrix}.$$

（第 r 列）

令 $\boldsymbol{E} = (\boldsymbol{B}^{-1}\boldsymbol{B}_1)^{-1}$，则有

$$\boldsymbol{E} = \begin{pmatrix} 1 & & & -\dfrac{\bar{a}_{1s}}{\bar{a}_{rs}} & & & \\ & \ddots & & \vdots & & & \\ & & 1 & -\dfrac{\bar{a}_{r-1,s}}{\bar{a}_{rs}} & & & \\ & & & \dfrac{1}{\bar{a}_{rs}} & & & \\ & & & -\dfrac{\bar{a}_{r+1,s}}{\bar{a}_{rs}} & 1 & & \\ & & & \vdots & & \ddots & \\ & & & -\dfrac{\bar{a}_{ms}}{\bar{a}_{rs}} & & & 1 \end{pmatrix}.$$

（第 r 列）

由上面的等式知，$\boldsymbol{E} = \boldsymbol{B}_1^{-1}\boldsymbol{B}$. 所以 $\boldsymbol{B}_1^{-1} = \boldsymbol{E}\boldsymbol{B}^{-1}$.

由上可知，在改进单纯形法中，我们以 β 对应的基阵 $\boldsymbol{B}$ 为讨论对象比较方便. 若 β 是可行基或最优基，我们就称 $\boldsymbol{B}$ 是可行基阵或最优基阵. 于是，对最大化问题来说，改进了的单纯形法的步骤如下：

(1) 找出初始可行基阵 $\boldsymbol{B}$，求出 $\boldsymbol{B}^{-1}$ 及 $\boldsymbol{x_B}=\boldsymbol{B}^{-1}\boldsymbol{b}=(\bar{b}_1,\bar{b}_2,\cdots,\bar{b}_m)$.

(2) 算出单纯形乘子 $\boldsymbol{\pi}=\boldsymbol{c_B}\boldsymbol{B}^{-1}$.

(3) 依次计算各非基变量的检验数 $\bar{c}_j=\boldsymbol{\pi}\boldsymbol{p}_j-c_j$. 若所有 $\bar{c}_j\geqslant 0$，则 $\boldsymbol{B}$ 已是最优基阵，求出最优解及最优值. 计算终止. 否则，设第一个负检验数为 $\bar{c}_s$，则它对应的向量 $\boldsymbol{p}_s$ 将调入基阵 $\boldsymbol{B}$ 中，并转下一步.

(4) 计算 $\boldsymbol{B}^{-1}\boldsymbol{p}_s=(\bar{a}_{1s},\bar{a}_{2s},\cdots,\bar{a}_{ms})^{\mathrm{T}}$. 若 $\boldsymbol{B}^{-1}\boldsymbol{p}_s\leqslant\boldsymbol{0}$. 则所给 LP 问题无(有限的)最优解，计算终止. 否则，转下一步.

(5) 计算

$$\theta=\min_{1\leqslant i\leqslant n}\left\{\frac{\bar{b}_i}{\bar{a}_{is}}\middle|\bar{a}_{is}>0\right\}.$$

设 $\theta=\dfrac{\bar{b}_r}{\bar{a}_{rs}}$(若有几个比式同时达到最小，则任取其一)，则 $\boldsymbol{B}$ 中第 r 个列向量将调出. 在 $\boldsymbol{B}$ 中以 $\boldsymbol{p}_s$ 代替该向量，得新基阵 $\boldsymbol{B}_1$.

(6) 作矩阵 $\boldsymbol{E}$，并计算出 $\boldsymbol{B}_1^{-1}=\boldsymbol{E}\boldsymbol{B}^{-1}$ 及

$$\boldsymbol{x}_{\boldsymbol{B}_1}=\boldsymbol{B}_1^{-1}\boldsymbol{b}=\boldsymbol{E}\boldsymbol{B}^{-1}\boldsymbol{b}=\boldsymbol{E}\boldsymbol{x_B}.$$

再转第(2)步.

改进单纯形的主要优点在于减少了存储量. 同时，由于每次迭代计算主要是利用问题的原始数据，这样就大大减少了计算误差，提高了计算的准确性.

例 1.8-1 用改进单纯形解例 1.1-1.

解 在例 1.3-2 中已用普通单纯形法解决了此题，现用改进单纯形法重解一遍.

此例的标准形如(1.10)～(1.14)所示，为方便起见，将它重抄如下：

$$\begin{aligned}
\max\quad & z=5x_1+4x_2,\\
\text{s.t.}\quad & 3x_1+5x_2+s_1=15,\\
& 2x_1+x_2+s_2=5,\\
& 2x_1+2x_2+s_3=11,\\
& x_1,x_2,s_1,s_2,s_3\geqslant 0.
\end{aligned}$$

第一次迭代：

(1) 取 $\boldsymbol{B}_1=(\boldsymbol{p}_3,\boldsymbol{p}_4,\boldsymbol{p}_5)=\boldsymbol{I}$ 为初始可行基阵. 此时,

$$\boldsymbol{B}_1^{-1}=\boldsymbol{I},\quad \boldsymbol{x}_{\boldsymbol{B}_1}=\boldsymbol{B}_1^{-1}\boldsymbol{b}=\boldsymbol{b}=(15,5,11)^{\mathrm{T}}.$$

(2) 因 $\boldsymbol{c}_{\boldsymbol{B}_1}=(c_3,c_4,c_5)=(0,0,0)$, 所以 $\boldsymbol{\pi}=\boldsymbol{c}_{\boldsymbol{B}_1}\boldsymbol{B}_1^{-1}=\boldsymbol{0}$.

(3) 由公式 $\bar{c}_j=\boldsymbol{\pi}\boldsymbol{p}_j-c_j=-c_j$ 算出 $\bar{c}_1=-5<0$, 故 $\boldsymbol{p}_1$ 将调入 $\boldsymbol{B}_1$.

(4) $\boldsymbol{B}_1^{-1}\boldsymbol{p}_1=\boldsymbol{p}_1=(3,2,2)^{\mathrm{T}}$.

(5) $\theta=\min\left\{\frac{15}{3},\frac{5}{2},\frac{11}{2}\right\}=\frac{5}{2}=\frac{\bar{b}_2}{\bar{a}_{21}}$. 这说明 $\boldsymbol{B}_1$ 中第二个向量 $\boldsymbol{p}_4$ 将调出 $\boldsymbol{B}_1$. 在 $\boldsymbol{B}_1$ 中调出 $\boldsymbol{p}_4$, 调入 $\boldsymbol{p}_1$, 得新基阵为 $\boldsymbol{B}_2=(\boldsymbol{p}_3,\boldsymbol{p}_1,\boldsymbol{p}_5)$.

(6) $\boldsymbol{E}_1=\begin{pmatrix}1 & -\frac{3}{2} & \\ & \frac{1}{2} & \\ & -\frac{2}{2} & 1\end{pmatrix}$, 于是

$$\boldsymbol{B}_2^{-1}=\boldsymbol{E}_1\boldsymbol{B}_1^{-1}=\boldsymbol{E}_1,\quad \boldsymbol{x}_{\boldsymbol{B}_2}=\boldsymbol{E}_1\boldsymbol{x}_{\boldsymbol{B}_1}=\left(\frac{15}{2},\frac{5}{2},6\right)^{\mathrm{T}}.$$

再迭代一次:

(1) $\boldsymbol{\pi}=\boldsymbol{c}_{\boldsymbol{B}_2}\boldsymbol{B}_2^{-1}=(c_3,c_1,c_5)\boldsymbol{E}_1=(0,5,0)\boldsymbol{E}_1=\left(0,\frac{5}{2},0\right)$.

(2) $\bar{c}_2=\boldsymbol{\pi}\boldsymbol{p}_2-c_2=\left(0,\frac{5}{2},0\right)\begin{pmatrix}5\\1\\2\end{pmatrix}-4=-\frac{3}{2}<0$, $\boldsymbol{p}_2$ 将调入 $\boldsymbol{B}_2$.

(3) $\boldsymbol{B}_2^{-1}\boldsymbol{p}_2=\begin{pmatrix}1 & -\frac{3}{2} & \\ & \frac{1}{2} & \\ & -1 & 1\end{pmatrix}\begin{pmatrix}5\\1\\2\end{pmatrix}=\begin{pmatrix}\frac{7}{2}\\ \frac{1}{2}\\ 1\end{pmatrix}$.

(4) $\min\left\{\frac{15}{7},5,6\right\}=\frac{15}{7}=\frac{\bar{b}_1}{\bar{a}_{12}}$, $\boldsymbol{B}_2$ 中第一个向量 $\boldsymbol{p}_3$ 将调出 $\boldsymbol{B}_2$. 在 $\boldsymbol{B}_2$ 中调出 $\boldsymbol{p}_3$, 调入 $\boldsymbol{p}_2$, 得 $\boldsymbol{B}_3=(\boldsymbol{p}_2,\boldsymbol{p}_1,\boldsymbol{p}_5)$.

(5) $\boldsymbol{E}_2=\begin{pmatrix}\frac{2}{7} & & \\ -\frac{1}{7} & 1 & \\ -\frac{2}{7} & & 1\end{pmatrix}$,

$$\boldsymbol{B}_3^{-1}=\boldsymbol{E}_2\boldsymbol{B}_2^{-1}=\begin{pmatrix}\frac{2}{7} & & \\ -\frac{1}{7} & 1 & \\ -\frac{2}{7} & & 1\end{pmatrix}\begin{pmatrix}1 & -\frac{3}{2} & \\ & \frac{1}{2} & \\ & -1 & 1\end{pmatrix}=\begin{pmatrix}\frac{2}{7} & -\frac{3}{7} & \\ -\frac{1}{7} & \frac{5}{7} & \\ -\frac{2}{7} & -\frac{4}{7} & 1\end{pmatrix},$$

$$\boldsymbol{x}_{\boldsymbol{B}_3}=\boldsymbol{E}_2\boldsymbol{x}_{\boldsymbol{B}_2}=\left(\frac{15}{7},\frac{10}{7},\frac{27}{7}\right)^{\mathrm{T}}.$$

再迭代一次：

(1) $\boldsymbol{\pi}=\boldsymbol{c}_{\boldsymbol{B}_3}\boldsymbol{B}_3^{-1}=(c_2,c_1,c_5)\boldsymbol{B}_3^{-1}=(4,5,0)\boldsymbol{B}_3^{-1}=\left(\frac{3}{7},\frac{13}{7},0\right).$

(2) $\bar{c}_3=\boldsymbol{\pi}\boldsymbol{p}_3-c_3=\left(\frac{3}{7},\frac{13}{7},0\right)\begin{pmatrix}1\\0\\0\end{pmatrix}-0=\frac{3}{7}>0,$

$$\bar{c}_4=\boldsymbol{\pi}\boldsymbol{p}_4-c_4=\left(\frac{3}{7},\frac{13}{7},0\right)\begin{pmatrix}0\\1\\0\end{pmatrix}-0=\frac{13}{7}>0.$$

因 x_1,x_2,x_5 是基变量，故 $\bar{c}_1=\bar{c}_2=\bar{c}_5=0$. 这就是说，全部 $\bar{c}_j\geqslant 0$ $(j=1,2,\cdots,5)$，故 $\boldsymbol{B}_3$ 是最优基阵. 最优解为 $x_1^*=\frac{10}{7}$，$x_2^*=\frac{15}{7}$；最优值为

$$z^*=5\times\frac{10}{7}+4\times\frac{15}{7}=\frac{110}{7},$$

与前面的结果一样.

1.9* 某些定理的证明

1.9.1 引理 1.1 的证明

证 (1) 用反证法. 假设 $\mathbf{0}$ (n 维矢量) 是 S 中某两个不同点 $\boldsymbol{x}^{(1)},\boldsymbol{x}^{(2)}$ 所连线段的内点，即有

$$\alpha\boldsymbol{x}^{(1)}+(1-\alpha)\boldsymbol{x}^{(2)}=\mathbf{0}\quad(0<\alpha<1).$$

因为 $\alpha>0$, $1-\alpha>0$，而 $\boldsymbol{x}^{(1)},\boldsymbol{x}^{(2)}$ 的各分量均非负，故只有 $\boldsymbol{x}^{(1)}=\boldsymbol{x}^{(2)}=\mathbf{0}$，这与前面设 $\boldsymbol{x}^{(1)}$ 与 $\boldsymbol{x}^{(2)}$ 是两个相异点矛盾. 所以 $\boldsymbol{x}=\mathbf{0}$ 是 S 的极点.

(2) ① 必要性. 设 $\boldsymbol{x}$ 为 S 的极点，且 $\boldsymbol{x}\neq\mathbf{0}$，于是 $\boldsymbol{x}$ 的分量中必有某些为正数. 不失一般性，可设它们为 $x_1,x_2,\cdots,x_k$ $(1\leqslant k\leqslant n)$，对应的系数列

向量为 $\boldsymbol{p}_1, \boldsymbol{p}_2, \cdots, \boldsymbol{p}_k$.

现在我们采用反证法来证明定理的必要性. 假设 $\boldsymbol{p}_1, \boldsymbol{p}_2, \cdots, \boldsymbol{p}_k$ 线性相关. 则存在一组不全为零的常数 $\alpha_1, \alpha_2, \cdots, \alpha_k$, 使

$$\sum_{j=1}^{k} \alpha_j \boldsymbol{p}_j = \boldsymbol{0}. \tag{1.31}$$

现令 $\alpha_{k+1} = \alpha_{k+2} = \cdots = \alpha_n = 0$, 并记 $\boldsymbol{\alpha} = (\alpha_1, \alpha_2, \cdots, \alpha_n)$. 因 $x_j > 0$ $(j = 1, 2, \cdots, k)$, 以及 $x_j = \alpha_j = 0$ $(k+1 \leqslant j \leqslant n)$, 所以存在一个充分小的正数 δ, 使得

$$x_j \pm \delta \alpha_j \geqslant 0 \quad (j = 1, 2, \cdots, n). \tag{1.32}$$

注意到(1.31), 我们有

$$\sum_{j=1}^{n} (x_j \pm \delta \alpha_j) \boldsymbol{p}_j = \sum_{j=1}^{n} x_j \boldsymbol{p}_j \pm \delta \sum_{j=1}^{n} \alpha_j \boldsymbol{p}_j = \boldsymbol{b} \pm \delta \sum_{j=1}^{k} \alpha_j \boldsymbol{p}_j = \boldsymbol{b}.$$

这说明 $\boldsymbol{x} + \delta\boldsymbol{\alpha} = (x_1 + \delta\alpha_1, \cdots, x_n + \delta\alpha_n)^{\mathrm{T}}$ 和 $\boldsymbol{x} - \delta\boldsymbol{\alpha} = (x_1 - \delta\alpha_1, \cdots, x_n - \delta\alpha_n)^{\mathrm{T}}$ 是(1.8) ~ (1.10) 的两个不同的可行解.

但易见

$$\boldsymbol{x} = \frac{1}{2}[(\boldsymbol{x} + \delta\boldsymbol{\alpha}) + (\boldsymbol{x} - \delta\boldsymbol{\alpha})],$$

故 $\boldsymbol{x}$ 不是 S 的极点, 这与假设矛盾. 所以 $\boldsymbol{p}_1, \boldsymbol{p}_2, \cdots, \boldsymbol{p}_k$ 必然线性无关.

② 充分性. 仍设 $\boldsymbol{x}$ 的正分量为 $x_1, x_2, \cdots, x_k$ $(1 \leqslant k \leqslant n)$, 对应的系数列向量为 $\boldsymbol{p}_1, \boldsymbol{p}_2, \cdots, \boldsymbol{p}_k$. 现在已知 $\boldsymbol{p}_1, \boldsymbol{p}_2, \cdots, \boldsymbol{p}_k$ 线性无关, 要证明 $\boldsymbol{x}$ 是 S 的极点.

用反证法. 假若 $\boldsymbol{x}$ 不是极点, 即 $\boldsymbol{x}$ 是 S 中某一线段的内点. 于是,

$$\boldsymbol{x} = \alpha \boldsymbol{x}^{(1)} + (1 - \alpha) \boldsymbol{x}^{(2)} \quad (0 < \alpha < 1),$$

其中 $\boldsymbol{x}^{(1)}, \boldsymbol{x}^{(2)}$ 是 S 中两个不同点. 用分量形式写出上式, 即有

$$x_j = \alpha x_j^{(1)} + (1 - \alpha) x_j^{(2)} \quad (j = 1, 2, \cdots, n).$$

注意 $\boldsymbol{x}$ 的分量中, 从第 $k+1$ 个起全为零, 即有

$$0 = \alpha x_j^{(1)} + (1 - \alpha) x_j^{(2)} \quad (j = k+1, k+2, \cdots, n).$$

因 $x_j^{(1)} \geqslant 0$, $x_j^{(2)} \geqslant 0$, $\alpha > 0$ 及 $1 - \alpha > 0$, 则必有

$$x_j^{(1)} = x_j^{(2)} = 0 \quad (j = k+1, k+2, \cdots, n).$$

因 $x_j^{(1)}, x_j^{(2)}$ 都是可行解, 应满足 $\sum\limits_{j=1}^{n} \boldsymbol{p}_j x_j = \boldsymbol{b}$, 于是得

$$x_1^{(1)} \boldsymbol{p}_1 + x_2^{(1)} \boldsymbol{p}_2 + \cdots + x_k^{(1)} \boldsymbol{p}_k = \boldsymbol{b},$$
$$x_1^{(2)} \boldsymbol{p}_1 + x_2^{(2)} \boldsymbol{p}_2 + \cdots + x_k^{(2)} \boldsymbol{p}_k = \boldsymbol{b}.$$

两式相减便有

$$(x_1^{(1)}-x_1^{(2)})\boldsymbol{p}_1+(x_2^{(1)}-x_2^{(2)})\boldsymbol{p}_2+\cdots+(x_k^{(1)}-x_k^{(2)})\boldsymbol{p}_k=\boldsymbol{0}.$$

因 $\boldsymbol{x}^{(1)}\neq\boldsymbol{x}^{(2)}$，等式左边的 $x_i^{(1)}-x_i^{(2)}$ 不全为0，从而 $\boldsymbol{p}_1,\boldsymbol{p}_2,\cdots,\boldsymbol{p}_k$ 线性相关，与已知条件矛盾. 所以，$\boldsymbol{x}$ 必是 S 的极点. 充分性证毕.

1.9.2　定理 1.2 的证明

证　任取一 $\boldsymbol{x}\in S$.

若 $\boldsymbol{x}=\boldsymbol{0}$，则它已是极点(由引理 1.1).

若 $\boldsymbol{x}\neq\boldsymbol{0}$，不失一般性，可设 $\boldsymbol{x}$ 的正分量为 $x_1,x_2,\cdots,x_k$，它们所对应的系数列向量为 $\boldsymbol{p}_1,\boldsymbol{p}_2,\cdots,\boldsymbol{p}_k$ $(1\leqslant k\leqslant n)$. 如果 $\boldsymbol{p}_1,\boldsymbol{p}_2,\cdots,\boldsymbol{p}_k$ 线性无关，则由引理1.1，$\boldsymbol{x}$ 为极点. 如果 $\boldsymbol{p}_1,\boldsymbol{p}_2,\cdots,\boldsymbol{p}_k$ 线性相关，如同证明引理1.1中(2)的必要性一样，我们可以从 $\boldsymbol{x}$ 出发，构造出两个可行解 $\boldsymbol{x}\pm\delta\boldsymbol{\alpha}$. 显然，还可以这样选择 δ：在满足

$$x_j\pm\delta\alpha_j\geqslant 0\quad(j=1,2,\cdots,k)\tag{1.33}$$

的同时，使上述诸式中至少有一个取等号. 此时可如下进行：先将(1.33) 变形为

$$\delta|\alpha_j|\leqslant x_j\quad(j=1,2,\cdots,k).\tag{1.34}$$

若有些 $\alpha_j=0$，则对这些 j，可随便选取 δ，都可使(1.34) 成立.

若 $\alpha_j\neq 0$，显然对于每个这样的 α_j，由等式

$$\delta|\alpha_j|=x_j\quad(1\leqslant j\leqslant k)$$

都可确定一个正数 δ，即 $\delta=\dfrac{x_j}{|\alpha_j|}$. 我们选取其中最小的一个，为简单起见，仍记为 δ. 于是，在不等式组(1.34) 中，从而也在(1.33) 中至少有一个取等号.

因此，在 $x_j\pm\delta\alpha_j$ $(j=1,2,\cdots,k)$ 中至少有一个为零. 从而在两个可行解 $\boldsymbol{x}\pm\delta\boldsymbol{\alpha}$ 中至少有一个，其正分量的个数比 $\boldsymbol{x}$ 的正分量个数少1. 这就是说，从非极点 $\boldsymbol{x}$ 出发，可以作出一个可行解 $\boldsymbol{x}^{(1)}$，其正分量个数比 $\boldsymbol{x}$ 的正分量个数少1. 若 $\boldsymbol{x}^{(1)}$ 还不是极点，又可以仿上法作出 $\boldsymbol{x}^{(2)}$……继续此过程，最后必可得一可行解 $\boldsymbol{x}^{(t)}$：或者 $\boldsymbol{x}^{(t)}=\boldsymbol{0}$，或者 $\boldsymbol{x}^{(t)}$ 的正分量所对应的系数列向量线性无关(因为到极端情况，当 $\boldsymbol{x}^{(t)}$ 只有一个正分量时，它对应的系数列向量只有一个，必然线性无关). 此时，$\boldsymbol{x}^{(t)}$ 即为极点.

1.9.3　定理 1.3 的证明

证　因为每一个非零极点由矩阵 $\boldsymbol{A}$ 的一组线性无关列向量唯一确定，而

矩阵 $\boldsymbol{A}$ 只有 n 列. n 个向量中线性无关组的个数是有限的，所以非零极点个数，从而整个极点个数也就是有限的.

1.9.4 定理 1.4 的证明

证 设 $\boldsymbol{x}^*$ 为最优解，最优 z 值为 $z(\boldsymbol{x}^*)$. 若 $\boldsymbol{x}^*$ 是极点，则定理已得证，若 $\boldsymbol{x}^*$ 不是极点，则如同定理 1.2 的证明一样，可作出两个可行解 $\boldsymbol{x}^* \pm \delta\boldsymbol{\alpha}$. 对它们有

$$z(\boldsymbol{x}^* \pm \delta\boldsymbol{\alpha}) = z(\boldsymbol{x}^*) \pm z(\delta\boldsymbol{\alpha}).$$

因为 $z(\boldsymbol{x}^*)$ 是最大值，所以

$$z(\boldsymbol{x}^* + \delta\boldsymbol{\alpha}) - z(\boldsymbol{x}^*) \leqslant 0, \quad 即\ z(\delta\boldsymbol{\alpha}) \leqslant 0,$$

以及

$$z(\boldsymbol{x}^*) - z(\boldsymbol{x}^* - \delta\boldsymbol{\alpha}) \geqslant 0, \quad 即\ z(\delta\boldsymbol{\alpha}) \geqslant 0.$$

于是 $z(\delta\boldsymbol{\alpha}) = 0$，从而

$$z(\boldsymbol{x}^* \pm \delta\boldsymbol{\alpha}) = z(\boldsymbol{x}^*).$$

由此可知，若已给最优解 $\boldsymbol{x}^*$ 不是极点，则如定理 1.2 的证明中所指出的，最后总可以找到一个极点，而它的目标函数值仍为 $z(\boldsymbol{x}^*)$.

1.9.5 定理 1.5 的证明

证 充分性. 设 $\boldsymbol{x}$ 是基可行解. 若 $\boldsymbol{x} = \boldsymbol{0}$，则由引理 1.1 知，$\boldsymbol{x}$ 为极点. 若 $\boldsymbol{x} \neq \boldsymbol{0}$，则根据基可行解的定义，其正分量只可能是基变量. 因所有基变量对应的系数列向量线性无关，故 $\boldsymbol{x}$ 的正分量所对应的系数列向量也线性无关. 由引理 1.1 知，$\boldsymbol{x}$ 是极点.

必要性. 设 $\boldsymbol{x}$ 是极点，要证明它是基可行解，也就是要证明存在一个基，使得 $\boldsymbol{x}$ 的全部分量能够分为两部分：一部分正好是 m 个基变量之值，另一部分都是 0，以作非基变量之值.

若 $\boldsymbol{x} = \boldsymbol{0}$，则因 $\boldsymbol{x}$ 是可行解，它当然满足方程 $\boldsymbol{A}\boldsymbol{x} = \boldsymbol{b}$，由此知 $\boldsymbol{b} = \boldsymbol{0}$，即约束方程为 $\boldsymbol{A}\boldsymbol{x} = \boldsymbol{0}$. 又因 $\boldsymbol{A}$ 的秩为 m，知它至少存在一个基及 m 个基变量. 令这些基变量全部取 0 值(这些 0 当然可看做是 $\boldsymbol{x}$ 的 m 个分量之值，因 $\boldsymbol{x}$ 的所有分量都是 0)，又令全部非基变量也取 0 值，则这样得到的基解当然是基可行解，而它就是 $\boldsymbol{x} = \boldsymbol{0}$，故 $\boldsymbol{x} = \boldsymbol{0}$ 是 基可行解.

若 $\boldsymbol{x} \neq \boldsymbol{0}$，且是极点，则由引理 1.1 知，它的正分量所对应的系数列向量线性无关. 不失一般性，可设 $\boldsymbol{x}$ 的正分量为 $x_1, x_2, \cdots, x_k$，对应的系数列向量为 $\boldsymbol{p}_1, \boldsymbol{p}_2, \cdots, \boldsymbol{p}_k$. 因为这些列向量线性无关，而 $\boldsymbol{A}$ 的秩为 m，所以 $k \leqslant m$.

当 $k=m$ 时，$\boldsymbol{p}_1,\boldsymbol{p}_2,\cdots,\boldsymbol{p}_k$ 恰好构成一基阵，从而 $x_1,x_2,\cdots,x_k$ $(k=m)$ 正好形成一基. 于是可把 $\boldsymbol{x}$ 的全部分量分为两部分：一部分是 $\boldsymbol{x}$ 的所有正分量，让它们作为 m 个基变量 $x_1,x_2,\cdots,x_m$ 之值，另一部分，即那些取 0 值的分量，作为非基变量之值.

当 $k<m$ 时，从线性代数中知，此时从 $\boldsymbol{A}$ 的其余列向量中一定可以选出 $m-k$ 个，使它们和 $\boldsymbol{p}_1,\boldsymbol{p}_2,\cdots,\boldsymbol{p}_k$ 一起(共 m 个) 构成最大无关组，我们就把这 m 个线性无关的向量组成一个基，再进行同 $k=m$ 时一样的推理，便可知 $\boldsymbol{x}$ 确实是基可行解.

1.9.6　定理 1.8 的证明

证　为书写简单起见，设 β 是个特殊基，即设 $\beta=\{x_1,x_2,\cdots,x_m\}$. 又设在换基工作中，$\bar{c}_s<0$，$x_s$ 为入基变量，最小比值 $\theta=\dfrac{\bar{b}_r}{\bar{a}_{rs}}$，因此出基变量为 x_r，主元为 $\bar{a}_{rs}$. 在 β 中调出 x_r，调入 x_s，得变量组

$$\beta_1=\{x_1,\cdots,x_s,\cdots,x_m\}.$$

注意 β 中各基变量对应的系数列向量组

$$\boldsymbol{p}_1,\cdots,\boldsymbol{p}_r,\cdots,\boldsymbol{p}_m \tag{1.35}$$

与 β_1 中各基变量对应的系数列向量组

$$\boldsymbol{p}_1,\cdots,\boldsymbol{p}_s,\cdots,\boldsymbol{p}_m \tag{1.36}$$

只有第 r 个不同，将前一向量组中的 $\boldsymbol{p}_r$ 换为 $\boldsymbol{p}_s$，其余的不动，便得到了后一向量组.

现在我们欲证以下三点事实：

(1)　β_1 确实是一个基，也即 $\boldsymbol{p}_1,\cdots,\boldsymbol{p}_s,\cdots,\boldsymbol{p}_m$ 确实线性无关. 因为 β 是一个基，故向量组(1.35) 线性无关. 而由 β 的单纯形表即表 1.5 知，向量 $\boldsymbol{p}_s$ 可表示成如下形式：

$$\boldsymbol{p}_s=\bar{a}_{1s}\boldsymbol{p}_1+\cdots+\bar{a}_{rs}\boldsymbol{p}_r+\cdots+\bar{a}_{ms}\boldsymbol{p}_m.$$

这说明 $\boldsymbol{p}_s$ 是线性无关向量组(1.35) 的线性组合. 又依主元的取法，知 $\bar{a}_{rs}\neq 0$，所以由线性代数中的有关定理可知，在(1.35) 中用 $\boldsymbol{p}_s$ 换出 $\boldsymbol{p}_r$ 后所得到的向量组(1.36) 仍然线性无关.

(2)　β_1 还是一个可行基，也即 β_1 的单纯形表中右端列下半部分的各数非负. 为了得到新基 β_1 的单纯形表，我们需要对原基 β 的单纯形表进行单纯形变换：在表 1.5 中首先将主元 $\bar{a}_{rs}$ 所在行的各数都除以 $\bar{a}_{rs}$(使主元变成 1)，然后再将其余各行减去主元所在行的若干倍(使主元所在列中除主元外的各数均变成 0). 这样，新的右端列变为

$$\left(\bar{z}-\bar{c}_s \cdot \frac{\bar{b}_r}{\bar{a}_{rs}}, \bar{b}_1-\bar{a}_{1s} \cdot \frac{\bar{b}_r}{\bar{a}_{rs}}, \cdots, \frac{\bar{b}_r}{\bar{a}_{rs}}, \cdots, \bar{b}_m-\bar{a}_{ms} \cdot \frac{\bar{b}_r}{\bar{a}_{rs}}\right)^{\mathrm{T}},$$

该列中第一个数为新的目标函数值 $\bar{z}_1$，其余各数为 β_1 中各基变量所取之值.

因为原基 β 是可行基，故 $\bar{b}_r \geqslant 0$，又依主元的取法，知 $\bar{a}_{rs}>0$，故 $\frac{\bar{b}_r}{\bar{a}_{rs}} \geqslant 0$.

现考察 β_1 中第 i 个基变量的取值，$1 \leqslant i \leqslant m$，但 $i \neq r$：

若 $\bar{a}_{is} \leqslant 0$，则有 $\bar{b}_i-\bar{a}_{is} \cdot \frac{\bar{b}_r}{\bar{a}_{rs}} \geqslant 0$；

若 $\bar{a}_{is}>0$，则有

$$\bar{b}_i-\bar{a}_{is} \cdot \frac{\bar{b}_r}{\bar{a}_{rs}}=\bar{a}_{is}\left(\frac{\bar{b}_i}{\bar{a}_{is}}-\frac{\bar{b}_r}{\bar{a}_{rs}}\right) \geqslant 0,$$

因为由最小比值法则，知上式中括号内的数非负.

(3) 换基后目标函数值不会减少. 由上述推导知，新的目标函数值为

$$\bar{z}_1=\bar{z}-\bar{c}_s \cdot \frac{\bar{b}_r}{\bar{a}_{rs}}.$$

因为 $\bar{c}_s<0$，$\bar{a}_{rs}>0$，故若 $\bar{b}_r=0$，则 $z_1=\bar{z}$；若 $\bar{b}_r>0$，则 $z_1>\bar{z}$.

习　题

1. 利民服装厂生产男式童装和女式童装. 产品的销路很好，但有三道工序即裁剪、缝纫和检验限制了生产的发展. 已知制作一件童装需要这三道工序的工时数、预计下个月内各工序所拥有的工时数以及每件童装所提供的利润如下表所示：

单位时耗/(小时/件)　产品 工序	男式童装	女式童装	下个月生产能力/小时
裁剪	1	$\frac{3}{2}$	900
缝纫	$\frac{1}{2}$	$\frac{1}{3}$	300
检验	$\frac{1}{8}$	$\frac{1}{4}$	100
利润/(元/件)	5	8	

该厂生产部经理希望知道下个月内使利润最大的生产计划.

(1) 建立这一问题的 LP 模型，并将它化为标准形.

(2) 用图解法求出最优解及最优值.

(3) 每道工序实际上使用了多少工时?

(4) 各个松弛变量的值是多少?

2. 青山化工公司在东湖旁设有三个化工厂 A_1, A_2, A_3. 这些工厂每天向东湖排放大量废水. 废水中含有两种有害物质 B_1, B_2. 如果对废水进行处理, 可以减少对湖水的污染. 已知工厂 A_1 处理1吨废水可以减少有害物质 B_1 和 B_2 的量分别为25 kg和50 kg, 其处理费用为30元. 工厂 A_2 处理1吨废水可以减少有害物质 B_1 和 B_2 的量分别为40 kg和36 kg, 其处理费用为23元. 工厂 A_3 处理1吨废水可以减少有害物质 B_1 和 B_2 的量分别为63 kg和41 kg, 其处理费用为42元. 现上级环保部门要求青山化工公司至少减少1 000 kg有害物质 B_1, 至少减少1 500 kg有害物质 B_2. 试为该公司建立一个满足环保部门要求又使成本最少的线性规划模型.

3. 将下列线性规划问题化为标准形:

$$
\begin{aligned}
\max \quad & z = 2x_1 - 3x_2 + x_3 - x_4, \\
\text{s.t.} \quad & 3x_1 + x_2 - x_3 - x_4 \leqslant 5, \\
& x_1 - x_2 + 3x_3 + 2x_4 \geqslant -7, \\
& 4x_1 \qquad - x_3 - 2x_4 = -3, \\
& x_1, x_3 \geqslant 0,\ x_2 \leqslant 0,\ x_4 \text{ 无符号约束}.
\end{aligned}
$$

4. 设有下述LP问题:

$$
\begin{aligned}
\min \quad & z = 2x_1 + 2x_2, \\
\text{s.t.} \quad & x_1 + 3x_2 \leqslant 12, \\
& 3x_1 + x_2 \geqslant 13, \\
& x_1 - x_2 = 3, \\
& x_1, x_2 \geqslant 0.
\end{aligned}
$$

(1) 画出其可行域并指出有哪些极点;

(2) 用图解法求出最优解.

5. 给定下述LP问题:

$$
\begin{aligned}
\max \quad & z = x_1 - 2x_2, \\
\text{s.t.} \quad & -4x_1 + 3x_2 \leqslant 3, \\
& x_1 - x_2 \leqslant 3, \\
& x_1, x_2 \geqslant 0.
\end{aligned}
$$

(1) 画出其可行域, 并说明它是不是无界的.

(2) 找出最优解并说明: 无界可行域是否意味着最优解也是无界的?

6. 设有如下一组约束条件：

$$\begin{aligned} x_1 - x_2 \quad\quad + x_4 &= 2, \\ x_2 + x_3 - x_4 &= 3, \\ 2x_1 + x_2 - x_3 - x_4 &= 5, \\ x_1, x_2, x_3, x_4 &\geqslant 0. \end{aligned}$$

问$\{x_1, x_2, x_3\}$，$\{x_1, x_2, x_4\}$，$\{x_1, x_3, x_4\}$，$\{x_2, x_3, x_4\}$中哪些是基，哪些不是基?为什么?如果是基，求出其相应的基解，并说明是否为可行解.

7. 设有如下一组约束条件：

$$\begin{aligned} 2x_1 + x_2 \quad\quad + x_4 &= 7, \\ x_2 + x_3 \quad\quad &= 3, \\ x_1, x_2, x_3, x_4 &\geqslant 0. \end{aligned}$$

已知下列各点均满足两个方程：

(1) $(0,7,-5,0)^{\mathrm{T}}$，　(2) $(2,3,0,0)^{\mathrm{T}}$，　(3) $(1,0,3,5)^{\mathrm{T}}$，

(4) $(0,3,0,4)^{\mathrm{T}}$，　(5) $(2.5,2,1,0)^{\mathrm{T}}$.

问其中哪些是可行解，哪些是基解，哪些是基可行解?

8. 已知某一线性规划问题的决策变量为 x_1 和 x_2，目标函数为

$$\max \quad z = 4x_1 + 3x_2,$$

约束条件为两个"≤"型不等式及非负条件. 令 $z_1 = -z$，且分别引入松弛变量 x_3 和 x_4 后，用单纯形法求解，得到下述形式的单纯形表：

	x_1	x_2	x_3	x_4	右端
z_1	a	b	-2	c	-12
x_1	1	$\frac{3}{2}$	$\frac{1}{2}$	d	e
x_4	f	$\frac{1}{2}$	$-\frac{1}{2}$	g	2

(1) 求出表中 a,b,c,d,e,f 和 g 之值.

(2) 问表中所给出的解是否为最优解?

9. 试找出下述 LP 问题的一个可行基，并作其单纯形表：

$$\begin{aligned} \max \quad & z = -2x_1 - 3x_2 + 2x_3 - x_4, \\ \text{s.t.} \quad & 3x_2 + 4x_3 + 2x_5 + 5x_6 = 10, \\ & -x_1 + 2x_2 + x_3 - 3x_6 = 0, \\ & -3x_2 + 2x_3 + 3x_4 + 2x_6 = 9, \\ & x_1, x_2, \cdots, x_6 \geqslant 0. \end{aligned}$$

10. 某糖果厂利用 A,B,C 三种机械生产 Ⅰ,Ⅱ,Ⅲ 型三种糖果. 已知生产每吨 Ⅰ 型糖果需要在 A,B,C 上工作的时数分别为 4,3,4；Ⅱ 型糖果的相应时数为 5,4,2；Ⅲ 型的为 3,2,1. A,B,C 三种机械每天可利用的工时数分别为12,10,8. 又知每吨 Ⅰ,Ⅱ,Ⅲ 型糖果所能提供的利润分别为6,4,3千元. 现问该厂应如何安排每天三种糖果的生产量，才能充分利用现有设备，使该厂获利最大?

11. 用单纯形法解下述 LP 问题：

(1)
$$\begin{aligned} \max \quad & z = 3x_1 + 2x_2, \\ \text{s.t.} \quad & x_1 + x_2 \leqslant 4, \\ & 2x_1 - x_2 \leqslant 9, \\ & 4x_1 + x_2 \leqslant 12, \\ & x_1, x_2 \geqslant 0; \end{aligned}$$

(2)
$$\begin{aligned} \max \quad & z = 5x_1 + 6x_2, \\ \text{s.t.} \quad & 2x_1 + 3x_2 \leqslant 6, \\ & 3x_1 + 4x_2 \leqslant 10, \\ & 5x_1 + 3x_2 \leqslant 13, \\ & x_1, x_2 \geqslant 0. \end{aligned}$$

12*. 设有下述问题：

$$\begin{aligned} \max \quad & z = x_1 - x_2 + 2x_3, \\ \text{s.t.} \quad & 2x_1 - 2x_2 + 3x_3 \leqslant 8, \\ & x_1 + x_2 - x_3 \leqslant 5, \\ & x_1 - x_2 + x_3 \leqslant 10, \\ & x_1, x_2, x_3 \geqslant 0. \end{aligned}$$

令 $z_1 = -z$，并分别引入松弛变量 x_4, x_5 和 x_6，用单纯形法求解，得到最优表的一部分如下所示：

	x_1	x_2	x_3	x_4	x_5	x_6	右端
z_1				-1	-1	0	
x_2				1	3		
x_6					1	1	
x_3				1	2		

试根据单纯形法的基本原理，求出表中没有写出的各数.

13. 用单纯形法解下述 LP 问题：

$$\begin{aligned} \max \quad & z = 5x_1 + 6x_2 + 4x_3, \\ \text{s.t.} \quad & -x_1 + 2x_2 + 2x_3 \leqslant 11, \\ & 4x_1 - 4x_2 + x_3 \leqslant 16, \\ & x_1 + 2x_2 + x_3 \leqslant 19, \\ & x_1 \geqslant 1,\ x_2 \geqslant 2,\ x_3 \geqslant 3, \end{aligned}$$

并说明该问题有无穷多个最优解.

14. 某糖果厂利用 A,B,C 三种机械生产 Ⅰ,Ⅱ,Ⅲ 型三种糖果. 已知生产每吨 Ⅰ 型糖果需要在 A,B,C 上工作的时数分别为 4,3,4; Ⅱ 型糖果的相应时数为 5,4,2; Ⅲ 型的为 3,2,1. A,B,C 三种机械每天可利用的工时数分别为12,10,8. 又知每吨 Ⅰ,Ⅱ,Ⅲ 型糖果所能提供的利润分别为6,4,3千元. 现问该厂应如何安排每天三种糖果的生产量, 才能充分利用现有设备, 使该厂获利最大?

15. 解下述 LP 问题:

$$\begin{aligned} \max \quad & z = x_1 + 2x_2 - x_3, \\ \text{s.t.} \quad & 2x_1 + x_2 - 3x_3 \leqslant 5, \\ & -4x_1 - x_2 + x_3 \leqslant 4, \\ & x_1 + 3x_2 \leqslant 6, \\ & x_1, x_2, x_3 \text{ 均无符号限制.} \end{aligned}$$

16. 解下述 LP 问题:

$$\begin{aligned} \max \quad & z = 3x_1 + x_2 + 2x_3, \\ \text{s.t.} \quad & 12x_1 + 3x_2 + 6x_3 + 3x_4 = 9, \\ & 8x_1 + x_2 - 4x_3 + 2x_5 = 10, \\ & 3x_1 - x_6 = 0, \\ & x_1, x_2, \cdots, x_6 \geqslant 0. \end{aligned}$$

17. 作出下述 LP 问题的初始表(不要求解):

$$\begin{aligned} \min \quad & z = 6x_1 - 5x_2 + 2x_3, \\ \text{s.t.} \quad & 2x_1 - x_2 + 4x_3 \leqslant -3, \\ & 3x_2 - x_3 \geqslant -6, \\ & x_1 + 3x_2 + 5x_3 \leqslant 14, \\ & -7x_1 + 2x_3 = -5, \\ & x_1, x_2, x_3 \geqslant 0. \end{aligned}$$

18. 解下述 LP 问题:

$$\begin{aligned} \min \quad & z = 4x_1 + 2x_2 + 3x_3, \\ \text{s.t.} \quad & x_1 + 3x_2 \geqslant 15, \\ & x_1 + 2x_3 \geqslant 10, \\ & 2x_1 + x_2 \geqslant 20, \\ & x_1, x_2, x_3 \geqslant 0. \end{aligned}$$

19. 解下述 LP 问题：

$$
\begin{aligned}
\min \quad & z = 5x_1 - 6x_2 - 7x_3, \\
\text{s.t.} \quad & x_1 + 5x_2 - 3x_3 \geqslant 15, \\
& 5x_1 - 6x_2 + 10x_3 \leqslant 20, \\
& x_1 + x_2 + x_3 = 5, \\
& x_1, x_2, x_3 \geqslant 0.
\end{aligned}
$$

20. 解下述 LP 问题：

$$
\begin{aligned}
\min \quad & z = 2x_1 - x_2 + 2x_3, \\
\text{s.t.} \quad & -x_1 + x_2 + x_3 = 4, \\
& -x_1 + x_2 - x_3 \leqslant 6, \\
& x_1 \leqslant 0,\ x_2 \geqslant 0,\ x_3 \text{ 无符号限制}.
\end{aligned}
$$

注意：在下述第 21 题中有多重解、无界解、无可行解或退化的情况，请指出并说明是怎样用单纯形法得到这些结论的：

21. 解下述 LP 问题：

(1)
$$
\begin{aligned}
\max \quad & z = 4x_1 + 8x_2, \\
\text{s.t.} \quad & 2x_1 + 2x_2 \leqslant 10, \\
& -x_1 + x_2 \geqslant 8, \\
& x_1, x_2 \geqslant 0;
\end{aligned}
$$

(2)
$$
\begin{aligned}
\max \quad & z = x_1 + x_2, \\
\text{s.t.} \quad & 8x_1 + 6x_2 \geqslant 24, \\
& 4x_1 + 6x_2 \geqslant -12, \\
& 2x_2 \geqslant 4, \\
& x_1, x_2 \geqslant 0;
\end{aligned}
$$

(3)
$$
\begin{aligned}
\max \quad & z = 2x_1 + x_2 + x_3, \\
\text{s.t.} \quad & 4x_1 + 2x_2 + 2x_3 \geqslant 4, \\
& 2x_1 + 4x_2 \leqslant 20, \\
& 4x_1 + 8x_2 + 2x_3 \leqslant 16, \\
& x_1, x_2, x_3 \geqslant 0;
\end{aligned}
$$

(4)
$$
\begin{aligned}
\max \quad & z = 2x_1 + 4x_2, \\
\text{s.t.} \quad & x_1 + \frac{1}{2}x_2 \leqslant 10, \\
& x_1 + x_2 = 12, \\
& x_1 + \frac{3}{2}x_2 \leqslant 18, \\
& x_1, x_2 \geqslant 0.
\end{aligned}
$$

第二章　对偶理论和灵敏度分析

对偶理论是线性规划理论中的一部分重要内容. 这种重要性表现在许多方面，我们在此略述一二.

通常，在实践活动中所碰到的线性规划问题，其变量个数和约束条件个数都很多，从而给求解带来很大工作量. 对于一个给定的LP问题，要想同时减少其变量个数和约束条件个数，一般是不可能的. 但能否减少其中之一呢？如果可以的话，减少哪一个最有利呢？大量的计算实例表明，虽然变量个数和约束条件个数对计算工作量都有影响，但后者的影响要大得多，因此，若能设法减少约束条件的个数，则是令人快慰的.

线性规划的对偶理论正好为解决上述问题带来了帮助. 对于原有LP问题(称为**原始问题**或**原问题**)，我们可以构造出一个新的LP问题(称为**对偶问题**)，它具有较少的约束条件，因而较易求解. 然后通过对偶问题和原始问题的关系，便可求出原始问题的解.

又如，有时对一个给定的LP问题(原始问题)的性质不易弄清楚，但通过研究其对偶问题，我们可以获得许多关于原始问题的知识，从而有利于原始问题的求解.

此外，对偶理论在灵敏度分析中发挥着重要作用. 所谓灵敏度分析，就是研究给定问题的某些数据的变化对最优解的影响.

2.1　原问题与对偶问题

2.1.1　规范(形式的) LP 问题的对偶

我们举一个例子，来大体说明引出对偶问题的实际背景.

例 2.1-1　东方食品厂决定生产两种高级巧克力饼干，分别叫做 Ⅰ 型饼干和 Ⅱ 型饼干. 生产这些饼干，需要巧克力和食糖两种关键原料和熟练工人劳动时间. 已知生产一百公斤 Ⅰ 型饼干需要食糖 3 公斤和巧克力 2 公斤，消耗劳动工时2小时. 生产一百公斤Ⅱ型饼干需要食糖5公斤和巧克力1公斤, 消耗劳动工时2小时. 该厂每天拥有食糖15公斤, 巧克力5公斤和劳动工时11小时. 这两种饼干在市场都很畅销, 生产多少就能销售多少. 已知每一百公斤Ⅰ型饼干和Ⅱ型饼干在市场上的销售价格分别是5百元和4百元. 这些情况都已汇总在表2.1中. 试为该厂建立一个使每天销售收入最大的LP模型.

表 2.1

	单位产品对资源的消耗		每天可用资源
	Ⅰ	Ⅱ	
食糖 / 公斤	3	5	15
巧克力 / 公斤	2	1	5
劳动时间 / 小时	2	2	11
售价 /(百元 / 百公斤)	5	4	

解　表2.1中的数据和例1.1-1所用的数据(表1.1)完全一样, 只不过含义有些不同. 与那里一样, 设 x_1, x_2 分别表示Ⅰ型饼干和Ⅱ型饼干的日产量, 以百公斤为单位. 又设 z 表示每天按此计划进行生产和销售所得的销售收入, 以百元为单位. 于是可得下述线性规划模型:

$$\left.\begin{aligned}
\max\quad & z = 5x_1 + 4x_2, && \text{(销售收入)}\\
\text{s.t.}\quad & 3x_1 + 5x_2 \leqslant 15, && \text{(巧克力约束)}\\
& 2x_1 + x_2 \leqslant 5, && \text{(食糖约束)}\\
& 2x_1 + 2x_2 \leqslant 11, && \text{(劳动时间约束)}\\
& x_1, x_2 \geqslant 0.
\end{aligned}\right\}\qquad (2.1)$$

现在假设有一个食品公司想租用东方食品厂的这些资源. 为确定食品公司应付给东方食品厂多少租金, 双方进行了谈判. 在谈判中, 东方食品厂表示同意出租这些资源, 但它向食品公司提出了条件:"你们付给我们的租金不得少于我们自己利用这些资源进行生产所获得的收入". 食品公司当然希望租金越低越好, 但为使谈判能够成功, 它又必须把租金定得足够高, 才能使东方食品厂同意出租这些资源. 那么, 食品公司应如何来确定这些资源的租金呢?

设巧克力、食糖和劳动工时的单位租金分别为 y_1, y_2, y_3 百元. 东方食品厂自己利用3公斤巧克力、2公斤食糖和2小时熟练劳动, 可以生产一百公斤Ⅰ型饼干, 从而可以获得5百元的销售收入. 现在食品厂把这3公斤巧克力、

2 公斤食糖和 2 小时劳动工时租给食品公司，则食品公司应付给食品厂的租金为

$$3y_1 + 2y_2 + 2y_3 \quad (\text{百元}).$$

为了满足食品厂对租金的要求，必须有

$$3y_1 + 2y_2 + 2y_3 \geqslant 5.$$

同样，东方食品厂利用 5 公斤巧克力、1 公斤食糖和 2 小时劳动工时，可以生产一百公斤 Ⅱ 型饼干，从而可以获得 4 百元的销售收入. 现在食品公司把这些巧克力、食糖和劳动工时租用过来，则应付给食品厂的租金为

$$5y_1 + y_2 + 2y_3 \quad (\text{百元}).$$

根据食品厂对租金的要求，必须有

$$5y_1 + y_2 + 2y_3 \geqslant 4.$$

另外，显然 y_1, y_2, y_3 不能为负数.

东方食品厂每天可以提供食糖 15 公斤、巧克力 5 公斤和劳动工时 15 小时. 食品公司想把这些资源全部租下来. 于是食品公司每天应付给东方食品厂的总租金为

$$w = 15y_1 + 5y_2 + 11y_3.$$

食品公司当然希望这项总租金越少越好.

综上所述可知，为了使得对东方食品厂三种资源的租用能够成功，同时又使自己的付出最小，食品公司需要解决如下线性规划问题：

$$\left.\begin{aligned} \min \quad & w = 15y_1 + 5y_2 + 11y_3, \\ \text{s.t.} \quad & 3y_1 + 2y_2 + 2y_3 \geqslant 5, \\ & 5y_1 + \ \ y_2 + 2y_3 \geqslant 4, \\ & y_1, y_2, y_3 \geqslant 0. \end{aligned}\right\} \tag{2.2}$$

以上我们说明了从线性规划模型(2.1) 到线性规划模型(2.2) 的一种实际背景. 现在我们暂不考虑它们的实际意义，而集中精力分析这两个模型在数学结构上的关系.

首先，注意问题(2.2) 中决策变量的引入. 问题(2.1) 中有三个函数约束，即三个"$\leqslant$"不等式. 它们分别与三种资源相对应. 在构造问题(2.2) 时，我们让问题(2.1) 的第一个不等式对应一个新的变量 y_1. 同样让问题(2.1) 的第二个和第三个不等式分别对应变量 y_2 和 y_3. 这些变量 y_1, y_2 和 y_3 就是问题(2.2) 中的决策变量.

其次，我们来考查问题(2.2) 的约束条件. 问题(2.1) 中有两个变量，问题(2.2) 中就有两个函数约束，它们都是"$\geqslant$"不等式. 第一个不等式左边的

三个系数分别是问题(2.1)的函数约束中 x_1 的系数列向量中的三个数，即3，2和2. 同样，问题(2.2)中第二个不等式左边的三个系数分别是问题(2.1)的函数约束中 x_2 的系数列向量中的三个数，即5,1和2. 这两个不等式的右端项分别是问题(2.1)的目标函数中 x_1 和 x_2 的系数，即5和4.

最后，我们看到，问题(2.2)的目标函数 w 中的三个系数，分别是问题(2.1)中三个函数约束的右端，即15,5和11，并且是要求 w 的最小值.

通过以上分析，可知两个问题(2.1)和(2.2)之间有着十分密切的关系. 总结起来，有下述三条：

(1) 问题(2.1)是求最大值，函数约束都是"≤"不等式. 而问题(2.2)是求最小值，函数约束都是"≥"不等式.

(2) 问题(2.2)的函数约束系数矩阵是问题(2.1)的函数约束系数矩阵 $\mathbf{A}$ 的转置，即为 $\mathbf{A}^{\mathrm{T}}$. 因此，问题(2.1)有三个不等式(反映在矩阵中，$\mathbf{A}$ 有三行)，问题(2.2)中就有三个变量(反映在矩阵中，$\mathbf{A}^{\mathrm{T}}$ 有三列)；问题(2.1)中有两个变量(反映在矩阵中，$\mathbf{A}$ 有两列)，问题(2.2)中就有两个不等式(反映在矩阵中，$\mathbf{A}^{\mathrm{T}}$ 有两行).

(3) 问题(2.2)中目标函数的各系数是问题(2.1)中各函数约束的右端，反之，问题(2.1)中目标函数的各系数也是问题(2.2)中各函数约束的右端.

此外，两个问题中的全部决策变量都非负，这一点是共同的.

我们把与问题(2.1)有上述关系的问题(2.2)，称为问题(2.1)的**对偶问题**，而将问题(2.1)称为**原问题**.

我们看到，每一个对偶变量都和一种资源相联系，从模型上看，都对应着原问题的一个函数约束.

下面讨论一般情况.

设已给一个最大化LP问题，其全部函数约束都是"≤"型，全部变量都非负：

$$\left.\begin{array}{ll}\max & z=c_1x_1+c_2x_2+\cdots+c_nx_n,\\ \text{s.t.} & a_{11}x_1+a_{11}x_2+\cdots+a_{1n}x_n\leqslant b_1,\\ & a_{21}x_1+a_{22}x_2+\cdots+a_{2n}x_n\leqslant b_2,\\ & \cdots\cdots\cdots\cdots\cdots\cdots\cdots\cdots\cdots\cdots\\ & a_{m1}x_1+a_{m2}x_2+\cdots+a_{mn}x_n\leqslant b_m,\\ & \qquad\qquad x_1,x_2,\cdots,x_n\geqslant 0.\end{array}\right\}\qquad(2.3)$$

我们把这样的问题叫做**规范最大化 LP 问题**，简称为**规范最大化问题**.

同样，设已给一个最小化LP问题，其全部函数约束都是"≥"型，全部变量都非负：

$$\left.\begin{array}{ll}\min & w=b_1y_1+b_2y_2+\cdots+b_my_m,\\ \text{s. t.} & a_{11}y_1+a_{21}y_2+\cdots+a_{m1}y_m\geqslant c_1,\\ & a_{12}y_1+a_{22}y_2+\cdots+a_{m2}y_m\geqslant c_2,\\ & \cdots\cdots\cdots\cdots\cdots\cdots\cdots\cdots\cdots\cdots\\ & a_{1n}y_1+a_{2n}y_2+\cdots+a_{mn}y_m\geqslant c_n,\\ & \qquad\qquad y_1,y_2,\cdots,y_m\geqslant 0.\end{array}\right\}\qquad(2.4)$$

我们把这样的问题叫做**规范最小化 LP 问题**，简称为**规范最小化问题**.

对于规范最大化问题(2.3)，我们定义其对偶问题为规范最小化问题(2.4). 此时把问题(2.3)叫做**原问题**，称问题(2.4)为**对偶问题**.

反之，如果所给问题是规范最小化问题(2.4)，则定义其对偶问题为规范最大化问题(2.3). 此时把问题(2.4)叫做**原问题**，而称问题(2.3)为**对偶问题**.

由上述定义知，问题(2.3)和问题(2.4)是互为对偶的两个问题. 把其中一个问题叫做**原问题**，则另一个问题就是它的**对偶问题**. 所以在互为对偶的两个问题中，把哪个问题叫做原问题，哪个问题叫做对偶问题，是没有关系的.

原问题与对偶问题有非常密切的联系. 在研究它们之间的关系时，为了确定起见，也为了使我们的论述更加简明易懂，我们就把最大化问题(2.3)作为原问题，而把最小化问题(2.4)作为对偶问题. 同时，称原问题中的每个变量为原变量，它的每个约束(指函数约束，下同)为原约束；而称对偶问题中的每个变量为对偶变量，它的每个约束为对偶约束.

从模型上看，原问题与对偶问题之间有如下关系：

(1) 原问题是最大化问题，则对偶问题是最小化问题；若原问题是最小化问题，则对偶问题是最大化问题. 在最大化问题中，所有函数约束都是“$\leqslant$”型；而在最小化问题中，所有函数约束都是“$\geqslant$”型. 在两个问题中，所有决策变量都非负.

(2) 二者的系数矩阵相互转置. 原问题的系数矩阵为 $\boldsymbol{A}$，对偶问题的系数矩阵为 $\boldsymbol{A}^{\mathrm{T}}$. $\boldsymbol{A}$ 中的行变成了 $\boldsymbol{A}^{\mathrm{T}}$ 中的列，$\boldsymbol{A}$ 中的列变成了 $\boldsymbol{A}^{\mathrm{T}}$ 中的行. $\boldsymbol{A}$ 中有 m 行 n 列，则 $\boldsymbol{A}^{\mathrm{T}}$ 中就有 n 行 m 列. 这告诉我们，对偶约束的左端应该怎么写：第 i 个原约束(即原问题的第 i 个约束)对应一个对偶变量 y_i，m 个原约束共对应 m 个对偶变量. $\boldsymbol{A}$ 中第 j 列各数就是第 j 个对偶约束中各变量的系数，$\boldsymbol{A}$ 中 n 列共对应 n 个对偶约束.

(3) 原问题的目标函中数各系数，变成为各对偶约束右端常数，而各原约束的右端常数，变成为对偶问题的目标函数中各系数. 这就告诉我们对偶问题的目标函数和约束右端应该怎么写.

上述三点关系也就是写对偶问题的基本规则或方法.

例 2.1-2　写出下列问题的对偶问题：

$$\begin{aligned} \min \quad & z = 3x_1 + 2x_2, \\ \text{s.t.} \quad & 4x_1 + 5x_2 \geqslant 11, \\ & 7x_1 - 6x_2 \geqslant 12, \\ & 9x_1 + 8x_2 \geqslant 13, \\ & x_1, x_2 \geqslant 0. \end{aligned}$$

解　初学对偶问题时，我们还不熟悉对偶规则，故可以把求出对偶问题的过程写得仔细一点. 先把原问题模型的主要部分重抄一次，并在每个原约束左边写出对偶变量：

$$\begin{aligned} & z = 3x_1 + 2x_2, \\ y_1: \quad & 4x_1 + 5x_2 \geqslant 11, \\ y_2: \quad & 7x_1 - 6x_2 \geqslant 12, \\ y_3: \quad & 9x_1 + 8x_2 \geqslant 13. \end{aligned}$$

再把各约束右端常数和对偶变量对应相乘，然后相加，就得对偶问题的目标函数

$$w = 11y_1 + 12y_2 + 13y_3.$$

现在把 A 中第一列的各数 4,7,9 和三个对偶变量对应相乘，然后相加，就得第一个对偶约束的左端

$$4y_1 + 7y_2 + 9y_3.$$

因为原问题是最小化问题，故对偶问题为最大化问题，对偶约束为“≤”型，约束右端为 z 中 x_1 的系数 3，于是第一个对偶约束为

$$4y_1 + 7y_2 + 9y_3 \leqslant 3.$$

同样，可得第二个对偶约束为

$$5y_1 - 6y_2 + 8y_3 \leqslant 2.$$

原问题是规范问题，所以对偶问题也是规范问题，故一切对偶变量非负. 综合以上所述，可得所求对偶问题如下：

$$\begin{aligned} \max \quad & w = 11y_1 + 12y_2 + 13y_3, \\ \text{s.t.} \quad & 4y_1 + 7y_2 + 9y_3 \leqslant 3, \\ & 5y_1 - 6y_2 + 8y_3 \leqslant 2, \\ & y_1, y_2, y_3 \geqslant 0. \end{aligned}$$

2.1.2 非规范最大化 LP 问题的对偶

由上面的论述可知，所谓规范不规范是就函数约束的形式(指“$\geqslant$”，或“$\leqslant$”，或“$=$”，下同）和变量符号的限制而言的. 规范 max 问题要求所有的函数约束都是“$\leqslant$”型，并且所有决策变量都要非负. 只要约束条件中有一个不符合规范要求，就称之为**非规范问题**.

对于各种非规范 LP 问题，我们求对偶问题的方法是：先把原问题转化为规范问题，再写对偶问题.

1. 原约束中有“$\geqslant$”号

例 2.1-3 写出下述问题的对偶问题：

$$\begin{aligned} \max \quad & z = 3x_1 + 4x_2, \\ \text{s.t.} \quad & 2x_1 + 5x_2 \leqslant 7, \\ & 4x_1 + 3x_2 \geqslant 5, \\ & x_1, x_2 \geqslant 0. \end{aligned}$$

解 把第二个约束两边乘以 -1，将原问题改写为规范问题(每个约束旁边写出了相应的对偶变量，注意，第二个对偶变量我们暂记为 y'_2)：

$$\begin{aligned} \max \quad & z = 3x_1 + 4x_2, \\ y_1: \quad & 2x_1 + 5x_2 \leqslant 7, \\ y'_2: \quad & -4x_1 - 3x_2 \leqslant -5, \\ & x_1, x_2 \geqslant 0. \end{aligned}$$

现在可按规范最大化问题的对偶规则写出对偶问题：

$$\begin{aligned} \min \quad & w = 7y_1 - 5y'_2, \\ \text{s.t.} \quad & 2y_1 - 4y'_2 \geqslant 3, \\ & 5y_1 - 3y'_2 \geqslant 4, \\ & y_1, y'_2 \geqslant 0. \end{aligned}$$

再令 $y_2 = -y'_2$，可将上述对偶问题写为

$$\begin{aligned} \min \quad & w = 7y_1 + 5y_2, \\ \text{s.t.} \quad & 2y_1 + 4y_2 \geqslant 3, \\ & 5y_1 + 3y_2 \geqslant 4, \\ & y_1 \geqslant 0,\ y_2 \leqslant 0. \end{aligned}$$

将此对偶问题和题目中所给的原问题加以对比，就可知道：若第 i 个原约束是“$\geqslant$”型，我们仍可按前述对偶规则写对偶问题，只需注意，此时 $y_i \leqslant 0$.

今后为说话简单和便于记忆，我们约定：

对于 max 问题，若约束是"≤"型，则说这约束是规范的；若约束是"≥"型，则说它是反规范的；同样，若某变量非负，则说这变量是规范的；若某变量非正，则说它是反规范的.

对于 min 问题，若约束是"≥"型，则说这约束是规范的；若约束是"≤"型，则说它是反规范的；同样，若某变量非负，则说这变量是规范的；若某变量非正，则说它是反规范的.

于是，由例2.1-3所得到的结论可以简单地说成为：若第 i 个原约束是反规范的，则 y_i 也是反规范的. 或更简单地说成是：原约束 i 反规范，则 y_i 也反规范.

2. 原约束中有"="号

例 2.1-4　写出下述问题的对偶问题：

$$\begin{aligned} \max \quad & z = 3x_1 + 4x_2, \\ \text{s.t.} \quad & 2x_1 + 5x_2 \leqslant 7, \\ & 4x_1 + 3x_2 = 5, \\ & x_1, x_2 \geqslant 0. \end{aligned}$$

解　将等式约束用两个"≤"约束代替，将原问题化为下述规范形式：

$$\begin{aligned} \max \quad & z = 3x_1 + 4x_2, \\ \text{s.t.} \quad & 2x_1 + 5x_2 \leqslant 7, \\ & 4x_1 + 3x_2 \leqslant 5, \\ & -4x_1 - 3x_2 \leqslant -5, \\ & x_1, x_2 \geqslant 0. \end{aligned}$$

现在可以直接写出对偶问题(注意：第二个、第三个对偶变量分别记为 y_2', y_2'')：

$$\begin{aligned} \min \quad & w = 7y_1 + 5y_2' - 5y_2'', \\ \text{s.t.} \quad & 2y_1 + 4y_2' - 4y_2'' \geqslant 3, \\ & 5y_1 + 3y_2' - 3y_2'' \geqslant 4, \\ & y_1, y_2', y_2'' \geqslant 0. \end{aligned}$$

再令 $y_2 = y_2' - y_2''$，可将上述对偶问题写成下面形式：

$$\begin{aligned} \min \quad & w = 7y_1 + 5y_2, \\ \text{s.t.} \quad & 2y_1 + 4y_2 \geqslant 3, \\ & 5y_1 + 3y_2 \geqslant 4, \\ & y_1 \geqslant 0,\ y_2 \ \text{urs}. \end{aligned}$$

将它和所给的原问题进行比较可知：若第 i 个原约束是"＝"号，我们仍可按前述对偶规则写对偶问题，只需注意，此时 y_i 为无符号限制变量. 为便于记忆，这个事实也可以简单地说成为：原约束 i 是等式，则 y_i 无符号限制.

3. 某个原变量 $\leqslant 0$

例 2.1-5 写出下述问题的对偶问题：

$$\begin{aligned} \max \quad & z = 3x_1 + 4x_2, \\ \text{s.t.} \quad & 2x_1 + 5x_2 \leqslant 7, \\ & 4x_1 + 3x_2 \leqslant 5, \\ & x_1 \geqslant 0,\ x_2 \leqslant 0. \end{aligned}$$

解 令 $x_2' = -x_2$，将所给问题变成规范问题：

$$\begin{aligned} \max \quad & z = 3x_1 - 4x_2', \\ \text{s.t.} \quad & 2x_1 - 5x_2' \leqslant 7, \\ & 4x_1 - 3x_2' \leqslant 5, \\ & x_1, x_2' \geqslant 0. \end{aligned}$$

现在可以直接写出对偶问题：

$$\begin{aligned} \min \quad & w = 7y_1 + 5y_2, \\ \text{s.t.} \quad & 2y_1 + 4y_2 \geqslant 3, \\ & -5y_1 - 3y_2 \geqslant -4, \\ & y_1, y_2 \geqslant 0. \end{aligned}$$

再将第二个约束的两边同乘以 -1，则得

$$\begin{aligned} \min \quad & w = 7y_1 + 5y_2, \\ \text{s.t.} \quad & 2y_1 + 4y_2 \geqslant 3, \\ & 5y_1 + 3y_2 \leqslant 4, \\ & y_1, y_2 \geqslant 0. \end{aligned}$$

这说明若某个原变量 $x_j \leqslant 0$，我们仍可按前述对偶规则写对偶问题，只需注意，此时第 j 个对偶约束是"$\leqslant$"型. 为便于记忆，这个事实也可以简单地说成是：若 x_j 反规范，则第 j 个对偶约束也反规范.

4. 某个原变量无符号无限制

例 2.1-6 写出下述问题的对偶问题：

$$\begin{aligned} \max \quad & z = 3x_1 + 4x_2, \\ \text{s.t.} \quad & 2x_1 + 5x_2 \leqslant 7, \\ & 4x_1 + 3x_2 \leqslant 5, \\ & x_1 \geqslant 0,\ x_2 \text{ 无符号限制}. \end{aligned}$$

解　令 $x_2 = x_2' - x_2''$，其中 $x_2', x_2'' \geqslant 0$，将所给问题变成规范问题：

$$\begin{aligned} \max \quad & z = 3x_1 + 4x_2' - 4x_2'', \\ \text{s.t.} \quad & 2x_1 + 5x_2' - 5x_2'' \leqslant 7, \\ & 4x_1 + 3x_2' - 3x_2'' \leqslant 5, \\ & x_1, x_2', x_2'' \geqslant 0. \end{aligned}$$

现在可按规范最大化问题的对偶规则写出对偶问题：

$$\begin{aligned} \min \quad & w = 7y_1 + 5y_2, \\ \text{s.t.} \quad & 2y_1 + 4y_2 \geqslant 3, \\ & 5y_1 + 3y_2 \geqslant 4, \\ & -5y_1 - 3y_2 \geqslant -4, \\ & y_1, y_2 \geqslant 0. \end{aligned}$$

最后两个不等式等价于一个等式，于是对偶问题变为下述形式：

$$\begin{aligned} \min \quad & w = 7y_1 + 5y_2, \\ \text{s.t.} \quad & 2y_1 + 4y_2 \geqslant 3, \\ & 5y_1 + 3y_2 = 4, \\ & y_1, y_2 \geqslant 0. \end{aligned}$$

由此可知，若变量 x_j 无符号限制，我们仍可按前述对偶规则写对偶问题，只需注意，此时第 j 个对偶约束是等式.

由前面所述的对偶原则中我们已经知道，每一个原约束对应一个对偶变量. 不仅如此，从上述例子中，我们还可进一步看出，原约束的形式还决定着对偶变量的符号. 同样，那些对偶原则也告诉我们，每一个原变量对应一个对偶约束. 通过上述例题，我们又进一步看出，原变量的符号还决定着对偶约束的形式. 这些关系可总结如下：

小结(一)

原问题(max)	**对偶问题**(min)
第 i 个约束：	变量 y_i：
规范的 (⩽)	规范的 (⩾ 0)
反规范的 (⩾)	反规范的 (⩽ 0)
等式	urs
变量 x_j：	第 j 个约束：
规范的 (⩾ 0)	规范的 (⩾)
反规范的 (⩽ 0)	反规范的 (⩽)
urs	等式

例 2.1-7 写出下述问题的对偶问题：

$$\begin{aligned}\max \quad & z = 4x_1 - 3x_2 + 5x_3, \\ \text{s.t.} \quad & 2x_1 + 3x_2 - 6x_3 \leqslant 7, \\ & 4x_1 + 5x_2 + x_3 \geqslant 8, \\ & 7x_1 - 3x_2 + 2x_3 = 9, \\ & x_1 \geqslant 0,\ x_2 \leqslant 0,\ x_3 \text{ urs.}\end{aligned}$$

解 第一个原约束是规范的，所以 $y_1 \geqslant 0$；第二个原约束反规范，所以 $y_2 \leqslant 0$. 第三个原约束是等式，所以 y_3 无符号限制. x_1 是规范的，所以第一个对偶约束是规范的；x_2 反规范，所以第二个对偶约束反规范；x_3 无符号限制，所以第三个对偶约束为等式. 于是，对偶问题为

$$\begin{aligned}\min \quad & w = 7y_1 + 8y_2 + 9y_3, \\ \text{s.t.} \quad & 2y_1 + 4y_2 + 7y_3 \geqslant 4, \\ & 3y_1 + 5y_2 - 3y_3 \leqslant -3, \\ & -6y_1 + y_2 + 2y_3 = 5, \\ & y_1 \geqslant 0,\ y_2 \leqslant 0,\ y_3 \text{ urs.}\end{aligned}$$

2.1.3 非规范 min 问题的对偶

规范最小化问题要求所有函数约束都是"≥"型，并且所有变量非负. 若有一个条件不符合，则称之为**非规范形最小化问题**. 此时我们仍旧是先将其化为规范问题，再写对偶问题. 由于基本做法与处理非规范最大化问题的方法相同，所以我们写得简单一点.

1. 原约束不规范

例 2.1-8 写下述原问题的对偶问题：

$$\begin{aligned}\min \quad & z = 7x_1 - 4x_2, \\ \text{s.t.} \quad & 6x_1 + 5x_2 \geqslant 10, \\ & 5x_1 - 4x_2 \leqslant 8, \\ & 3x_1 + 2x_2 = 9, \\ & x_1, x_2 \geqslant 0.\end{aligned}$$

解 后两个约束不规范，因其中有"≤"号或"="号. 为此，把第二个约束两边乘以 -1，又把第三个约束换成两个"≥"约束，则可将所给问题化为规范问题：

$$\min \quad z = 7x_1 - 4x_2,$$
$$\text{s.t.} \quad 6x_1 + 5x_2 \geqslant 10,$$
$$-5x_1 + 4x_2 \geqslant -8,$$
$$3x_1 + 2x_2 \geqslant 9,$$
$$-3x_1 - 2x_2 \geqslant -9,$$
$$x_1, x_2 \geqslant 0.$$

现在可以直接写出对偶问题：

$$\max \quad w = 10y_1 - 8y_2' + 9y_3' - 9y_3'',$$
$$\text{s.t.} \quad 6y_1 - 5y_2' + 3y_3' - 3y_3'' \leqslant 7,$$
$$5y_1 + 4y_2' + 2y_3' - 2y_3'' \leqslant -4,$$
$$y_1, y_2', y_3', y_3'' \geqslant 0.$$

再令 $y_2 = -y_2'$，$y_3 = y_3' - y_3''$，则上述问题变为

$$\max \quad w = 10y_1 + 8y_2 + 9y_3,$$
$$\text{s.t.} \quad 6y_1 + 5y_2 + 3y_3 \leqslant 7,$$
$$5y_1 - 4y_2 + 2y_3 \leqslant -4,$$
$$y_1 \geqslant 0,\ y_2 \leqslant 0,\ y_3 \text{ urs}.$$

由此例可见，对最小化问题，若第 i 个原约束是规范的（$\geqslant$），则对偶变量 y_i 也是规范的（$\geqslant 0$）. 若第 i 个原约束是反规范的（$\leqslant$），则对偶变量 y_i 也是反规范的（$\leqslant 0$）. 若第 i 个原约束是等式，则对偶变量 y_i 的符号无限制.

2. 原变量的符号不规范

例 2.1-9　写出下述原问题的对偶问题：

$$\min \quad z = 5x_1 + 4x_2,$$
$$\text{s.t.} \quad 3x_1 - 5x_2 \geqslant 6,$$
$$2x_1 + 4x_2 \geqslant 7,$$
$$x_1 \leqslant 0,\ x_2 \text{无符号限制}.$$

解　两个变量的符号都不规范. 为此，令 $x_1' = -x_1$ 及 $x_2 = x_2' - x_2''$，其中 $x_2', x_2'' \geqslant 0$. 于是得下述规范问题：

$$\min \quad z = -5x_1' + 4x_2' - 4x_2'',$$
$$\text{s.t.} \quad -3x_1' - 5x_2' + 5x_2'' \geqslant 6,$$
$$-2x_1' + 4x_2' - 4x_2'' \geqslant 7,$$
$$x_1', x_2', x_2'' \geqslant 0.$$

其对偶问题为

$$
\begin{aligned}
\max \quad & w = 6y_1 + 7y_2, \\
\text{s.t.} \quad & -3y_1 - 2y_2 \leqslant -5, \\
& -5y_1 + 4y_2 \leqslant 4, \\
& 5y_1 - 4y_2 \leqslant -4, \\
& y_1, y_2 \geqslant 0.
\end{aligned}
$$

将第一个不等式两边同乘以 -1，将最后两个不等式合为一个等式，得对偶问题的最后形式为

$$
\begin{aligned}
\max \quad & w = 6y_1 + 7y_2, \\
\text{s.t.} \quad & 3y_1 + 2y_2 \geqslant 5, \\
& -5y_1 + 4y_2 = 4, \\
& y_1, y_2 \geqslant 0.
\end{aligned}
$$

由此可以看到，若原变量 x_j 是反规范的($\leqslant 0$)，则第 i 个对偶约束也是反规范的($\geqslant$)；若 x_j 无符号限制，则第 i 个对偶约束是等式.

把以上结果总结如下：

小结(二)

原问题(min)	**对偶问题**(max)
第 i 个约束：	变量 y_i：
规范的 ($\geqslant$)	规范的 ($\geqslant 0$)
反规范的 ($\leqslant$)	反规范的 ($\leqslant 0$)
等式	urs
变量 x_j：	第 j 个约束：
规范的 ($\geqslant 0$)	规范的 ($\leqslant$)
反规范的 ($\leqslant 0$)	反规范的 ($\geqslant$)
urs	等式

将小结(二)和小结(一)进行比较，就可以看出，无论是规范最大化问题，还是规范最小化问题，写对偶问题的基本规则是完全相同的. 原约束形式与对偶变量符号的关系，可以简单地说成是：规范对规范，反规范对反规范，等式对无符号限制. 而原变量符号与对偶约束形式的关系，也可以简单地说成是：规范对规范，反规范对反规范，无符号限制对等式. 这样去记忆，写对偶问题时就不会有困难了.

例 2.1-10 写出下列问题的对偶问题：

$$\begin{aligned}
\min\quad & z = 6x_1 - 7x_2 + 3x_3, \\
\text{s.t.}\quad & 3x_1 + 5x_2 - 2x_3 \geqslant 9, \\
& 2x_1 - 4x_2 + x_3 \leqslant -8, \\
& 4x_1 + 3x_2 - 6x_3 = 7, \\
& x_1 \leqslant 0,\ x_3 \geqslant 0,\ x_2 \text{ urs.}
\end{aligned}$$

解 第一个原约束是规范的，故 $y_1 \geqslant 0$；第二个原约束反规范，故 $y_2 \leqslant 0$；第三个原约束是等式，故 y_3 无符号限制. 又 $x_1 \leqslant 0$，故第一个对偶约束反规范；x_2 无符号限制，故第二个对偶约束是等式；$x_3 \geqslant 0$，故第三个对偶约束是规范的. 于是得对偶问题如下：

$$\begin{aligned}
\max\quad & w = 9y_1 - 8y_2 + 7y_3, \\
\text{s.t.}\quad & 3y_1 + 2y_2 + 4y_3 \geqslant 6, \\
& 5y_1 - 4y_2 + 3y_3 = -7, \\
& -2y_1 + y_2 - 6y_3 \leqslant 3, \\
& y_1 \geqslant 0,\ y_2 \leqslant 0,\ y_3 \text{ urs.}
\end{aligned}$$

2.2　原始-对偶关系的基本性质

本节将讨论对偶理论的主要内容，它们揭示出原问题和对偶问题之间的重要内在联系. 为了探寻这些内在联系，我们先看一个例题.

在第一章我们已经研究过例 2.1-1 中的线性规划模型(2.1)：

$$\begin{aligned}
\max\quad & z = 5x_1 + 4x_2, \\
\text{s.t.}\quad & 3x_1 + 5x_2 \leqslant 15, \\
& 2x_1 + x_2 \leqslant 5, \\
& 2x_1 + 2x_2 \leqslant 11, \\
& x_1, x_2 \geqslant 0.
\end{aligned}$$

在三个约束中分别引入松弛变量 s_1, s_2, s_3，就得下述标准形：

$$\begin{aligned}
\max\quad & z = 5x_1 + 4x_2, \\
\text{s.t.}\quad & 3x_1 + 5x_2 + s_1 = 15, \\
& 2x_1 + x_2 + s_2 = 5, \\
& 2x_1 + 2x_2 + s_3 = 11, \\
& x_1, x_2, s_1, s_2, s_3 \geqslant 0.
\end{aligned}$$

在第一章我们已用单纯形法解出此题，其最优表如表 1.11 所示，现重抄于此：

	x_1	x_2	s_1	s_2	s_3	右端
z			$\frac{3}{7}$	$\frac{13}{7}$		$\frac{110}{7}$
x_2		1	$\frac{2}{7}$	$-\frac{3}{7}$		$\frac{15}{7}$
x_1	1		$-\frac{1}{7}$	$\frac{5}{7}$		$\frac{10}{7}$
s_3			$-\frac{2}{7}$	$-\frac{4}{7}$	1	$\frac{27}{7}$

最优解和最优 z 值分别为

$$x_1^* = \frac{10}{7},\ x_2^* = \frac{15}{7},\ s_1^* = s_2^* = 0,\ s_3^* = \frac{27}{7};\quad z^* = \frac{110}{7}.$$

现在我们来研究问题(2.1)的对偶问题.

例 2.2-1 求解问题(2.1)的对偶问题.

解 在上一节我们已经知道，(2.1)的对偶问题是问题(2.2)：

$$\begin{aligned} \min \quad & w = 15y_1 + 5y_2 + 11y_3, \\ \text{s.t.} \quad & 3y_1 + 2y_2 + 2y_3 \geqslant 5, \\ & 5y_1 + y_2 + 2y_3 \geqslant 4, \\ & y_1, y_2, y_3 \geqslant 0. \end{aligned}$$

引入剩余变量 e_1 和 e_2，将它化为标准形：

$$\begin{aligned} \min \quad & w = 15y_1 + 5y_2 + 11y_3, \\ \text{s.t.} \quad & 3y_1 + 2y_2 + 2y_3 - e_1 = 5, \\ & 5y_1 + y_2 + 2y_3 - e_2 = 4, \\ & y_1, y_2, y_3, e_1, e_2 \geqslant 0. \end{aligned}$$

在两个约束中分别加入人工变量 a_1 和 a_2，作出辅助问题，用两阶段法求解此题. 求解过程如表 2.2 所示.

表 2.2

	y_1	y_2	y_3	e_1	e_2	a_1	a_2	右端	比
f	8	3	4	−1	−1			9	
a_1	3	2	2	−1		1		5	$\frac{5}{3}$
a_2	⑤	1	2		−1		1	4	$\frac{4}{5}$

续表

	y_1	y_2	y_3	e_1	e_2	a_1	a_2	右端	比
f		$\frac{7}{5}$	$\frac{4}{5}$	-1	$\frac{3}{5}$		$-\frac{8}{5}$	$\frac{13}{5}$	
a_1		$\frac{7}{5}$ (circled)	$\frac{4}{5}$	-1	$\frac{3}{5}$	1	$-\frac{3}{5}$	$\frac{13}{5}$	$\frac{13}{7}$
y_1	1	$\frac{1}{5}$	$\frac{2}{5}$		$-\frac{1}{5}$		$\frac{1}{5}$	$\frac{4}{5}$	4
f						-1	-1		
y_2		1	$\frac{4}{7}$	$-\frac{5}{7}$	$\frac{3}{7}$	$\frac{5}{7}$	$-\frac{3}{7}$	$\frac{13}{7}$	
y_1	1		$\frac{2}{7}$	$\frac{1}{7}$	$-\frac{2}{7}$	$-\frac{1}{7}$	$\frac{2}{7}$	$\frac{3}{7}$	
w	-15	-5	-11						
y_2		1	$\frac{4}{7}$	$-\frac{5}{7}$	$\frac{3}{7}$			$\frac{13}{7}$	
y_1	1		$\frac{2}{7}$	$\frac{1}{7}$	$-\frac{2}{7}$			$\frac{3}{7}$	
w			$-\frac{27}{7}$	$-\frac{10}{7}$	$-\frac{15}{7}$			$\frac{110}{7}$	
y_2		1	$\frac{4}{7}$	$-\frac{5}{7}$	$\frac{3}{7}$			$\frac{13}{7}$	
y_1	1		$\frac{2}{7}$	$\frac{1}{7}$	$-\frac{2}{7}$			$\frac{3}{7}$	

由此可知，对偶问题的最优解和最优 w 值为

$$y_1^* = \frac{3}{7},\ y_2^* = \frac{13}{7},\ y_3^* = 0,\ e_1^* = e_2^* = 0;\quad w^* = \frac{110}{7}.$$

比较原问题和对偶问题的求解结果，可以看到：

(1) 当原问题有最优解时，对偶问题也有最优解，且二者的最优目标函数值相等.

(2) 当原问题的第一个构造变量 $x_1^* > 0$ 时，对偶问题的第一个剩余变量 $e_1^* = 0$；同样 $x_2^* > 0$ 时，$e_2^* = 0$. 反之，当对偶问题的第一个构造变量 $y_1^* > 0$ 时，原问题的第一个松弛变量 $s_1^* = 0$；同样 $y_2^* > 0$ 时，$s_2^* = 0$；

(3) 对偶问题的最优解和原问题的检验数有非常密切的关系，如此等等.

从这个例题中反映出来的事实告诉我们，原问题和对偶问题之间确实存在着深刻的内在联系．我们自然要问，上述各项结果在一般情况下也是对的吗？这正是对偶理论所要回答的．我们下面要讲的对偶理论将包含更加丰富、更加深刻的内容．

这里所得结论对于一般的线性规划问题都是成立的，但为了简化论述，我们假设原问题是规范最大化问题，那么其对偶问题就是规范最小化问题．对于非规范问题，我们将举例说明结论的正确性．

为了书写上的简便，我们也用向量和矩阵的符号来表示原问题和对偶问题．

设原问题为

$$\left.\begin{aligned} \max \quad & z = \boldsymbol{cx}, \\ \text{s.t.} \quad & \boldsymbol{Ax} \leqslant \boldsymbol{b}, \\ & \boldsymbol{x} \geqslant \boldsymbol{0}, \end{aligned}\right\} \tag{2.5}$$

其中 $\boldsymbol{c}$ 是 n 维行向量，$\boldsymbol{x}$ 是 n 维列向量，$\boldsymbol{b}$ 是 m 维列向量，而 $\boldsymbol{A}$ 是一个 m 行 n 列矩阵，它们的具体含义和第一章所述相同．

显然，对偶问题也是一个线性规划问题，当然也可以写成上述形式（其中 $\boldsymbol{x}$ 是一个列向量）．但因为在关于对偶性质的论述中，使用由对偶变量 y_1，y_2，…，y_m 组成的行向量将较为便，所以我们定义 $\boldsymbol{y}$ 为一个行向量：

$$\boldsymbol{y} = (y_1, y_2, \cdots, y_m).$$

这样，对偶问题的目标函数可写为 $\boldsymbol{yb}$．而其约束条件可写为 $\boldsymbol{A}^{\mathrm{T}}\boldsymbol{y}^{\mathrm{T}} \geqslant \boldsymbol{c}^{\mathrm{T}}$ 或 $(\boldsymbol{yA})^{\mathrm{T}} \geqslant \boldsymbol{c}^{\mathrm{T}}$，它又等价于

$$\boldsymbol{yA} \geqslant \boldsymbol{c}.$$

故可将对偶问题写为

$$\left.\begin{aligned} \min \quad & w = \boldsymbol{yb}, \\ \text{s.t.} \quad & \boldsymbol{yA} \geqslant \boldsymbol{c}, \\ & \boldsymbol{y} \geqslant \boldsymbol{0}. \end{aligned}\right\} \tag{2.6}$$

今后，有时为了强调指出 z 是变量 $\boldsymbol{x}$ 对应的目标函数值，就将 z 记为 $z(\boldsymbol{x})$．同样，若想指出 w 是变量 $\boldsymbol{y}$ 对应的目标函数值，就将 w 记为 $w(\boldsymbol{y})$．

定理 2.1（弱对偶定理） 若 $\boldsymbol{x}$ 和 $\boldsymbol{y}$ 分别是原问题和对偶问题的可行解，则

$$w(\boldsymbol{y}) \geqslant z(\boldsymbol{x}).$$

证 因为 $\boldsymbol{x}$ 是原问题的可行解，故有

$$\boldsymbol{Ax} \leqslant \boldsymbol{b} \quad \text{或} \quad \boldsymbol{b} \geqslant \boldsymbol{Ax}.$$

两边左乘以 $\boldsymbol{y}$，由于 $\boldsymbol{y} \geqslant \boldsymbol{0}$，便得

$$\boldsymbol{yb} \geqslant \boldsymbol{yAx}.$$

又因为 $\boldsymbol{y}$ 是对偶问题的可行解，故 $\boldsymbol{yA} \geqslant \boldsymbol{c}$，从而

$$\boldsymbol{yAx} \geqslant \boldsymbol{cx}.$$

再由前面的不等式便知 $\boldsymbol{yb} \geqslant \boldsymbol{cx}$，即 $w \geqslant z$. ∎

注意，这个定理指出的是，最小化问题的目标函数值大于或等于最大化问题的目标函数值，而不是相反.

对于非规范型问题，我们举例来说明定理的正确性.

例 2.2-2 试对下述问题(P)证明定理 2.1 的正确性：

$$\begin{aligned}
\max \quad & z = 3x_1 + 2x_2 - 4x_3, \\
\text{s.t.} \quad & 3x_1 + 4x_2 - 2x_3 \leqslant 12, \\
& 2x_1 + x_2 + 3x_3 \geqslant 5, \\
& 2x_1 - x_2 + 4x_3 = 7, \\
& x_1 \leqslant 0,\ x_3 \geqslant 0,\ x_2 \text{ urs}.
\end{aligned}$$

证 易知(P)的对偶问题为

$$\begin{aligned}
\min \quad & w = 12y_1 + 5y_2 + 7y_3, \\
\text{s.t.} \quad & 3y_1 + 2y_2 + 2y_3 \leqslant 3, \\
& 4y_1 + y_2 - y_3 = 2, \\
& -2y_1 + 3y_2 + 4y_3 \geqslant -4, \\
& y_1 \geqslant 0,\ y_2 \leqslant 0,\ y_3 \text{ urs}.
\end{aligned}$$

设$(x_1, x_2, x_3)^{\mathrm{T}}$ 和 (y_1, y_2, y_3) 分别是原问题和对偶问题的可行解.

将第一个原约束两边乘以 y_1，将第二个原约束两边乘以 y_2(注意 $y_2 \leqslant 0$)，将第三个原约束两边乘以 y_3，则得

$$\begin{aligned}
& 3x_1y_1 + 4x_2y_1 - 2x_3y_1 \leqslant 12y_1, \\
& 2x_1y_2 + x_2y_2 + 3x_3y_2 \leqslant 5y_2, \\
& 2x_1y_3 - x_2y_3 + 4x_3y_3 = 7y_3.
\end{aligned}$$

将以上三式的左边和右边分别相加，我们得到不等式：

$$3x_1y_1 + 4x_2y_1 - 2x_3y_1 + 2x_1y_2 + \cdots + 4x_3y_3 \leqslant 12y_1 + 5y_2 + 7y_3 = w. \tag{2.7}$$

又将第一个对偶约束两边乘以 x_1(注意 $x_1 \leqslant 0$)，第二个对偶约束两边乘以 x_2，第三个对偶约束两边乘以 x_3，则得

$$\begin{aligned}
& 3x_1y_1 + 2x_1y_2 + 2x_1y_3 \geqslant 3x_1, \\
& 4x_2y_1 + x_2y_2 - x_2y_3 = 2x_2, \\
& -2x_3y_1 + 3x_3y_2 + 4x_3y_3 \geqslant -4x_3.
\end{aligned}$$

将这三式的左边和右边分别相加，我们得到

$$3x_1y_1+2x_1y_2+2x_1y_3+4x_2y_1+\cdots+4x_3y_3\geqslant 3x_1+2x_2-4x_3=z. \tag{2.8}$$

比较(2.7)和(2.8)，便知 $w\geqslant z$.

定理2.2 设 $\boldsymbol{x}^*$ 和 $\boldsymbol{y}^*$ 分别是原问题和对偶问题的可行解. 若这两个问题的目标函数值 $z(\boldsymbol{x}^*)$ 和 $w(\boldsymbol{y}^*)$ 相等:

$$z(\boldsymbol{x}^*)=w(\boldsymbol{y}^*) \quad 或 \quad \boldsymbol{cx}^*=\boldsymbol{y}^*\boldsymbol{b},$$

则 $\boldsymbol{x}^*$ 和 $\boldsymbol{y}^*$ 分别是原问题和对偶问题的最优解.

证 由定理2.1知，对原问题的任一可行解 $\boldsymbol{x}$，有

$$\boldsymbol{cx}\leqslant \boldsymbol{y}^*\boldsymbol{b}.$$

又已知 $\boldsymbol{y}^*\boldsymbol{b}=\boldsymbol{cx}^*$，于是

$$\boldsymbol{cx}\leqslant \boldsymbol{cx}^*.$$

这说明 $\boldsymbol{x}^*$ 是原问题的最优解. 同理可证 $\boldsymbol{y}^*$ 是对偶问题的最优解. ∎

定理2.3 原问题和对偶问题同时有最优解的充分必要条件是它们同时有可行解.

证 必要性是很明显的，现证充分性.

设原问题和对偶问题分别有可行解 $\boldsymbol{x}^0$ 和 $\boldsymbol{y}^0$. 对原问题的任何一个可行解 $\boldsymbol{x}$，根据定理2.1，有

$$\boldsymbol{cx}\leqslant \boldsymbol{y}^0\boldsymbol{b}$$

这说明 $\boldsymbol{cx}$ 在原问题的可行解集 S 上有上界. 由于 S 是闭集，故 $\boldsymbol{cx}$ 有最大值，因而原问题有最优解.

同理可证对偶问题也有最优解. ∎

定理2.3带来一个明显的好处是：对于一个给定的LP问题，有时要判定它是否有最优解颇不容易，但却容易找出其一可行解. 此时，可作出其对偶问题，若能容易找到对偶问题的一可行解，则我们立即可断定原问题的最优解存在.

定理2.4（强对偶定理） 原问题和对偶问题或者都有(有限的)最优解，或者都没有(有限的)最优解；在前一情况下. 二者的目标函数之最优值相等.

证 显然只需证明，若原问题和对偶问题中有一个有最优解，则另一个

也一定有最优解，且二者的目标函数值相等.

设原问题为规范最大化问题(2.3). 其对偶问题我们取矩阵形式(2.6)：

$$\begin{aligned} \min \quad & w = \boldsymbol{yb}, \\ \text{s.t.} \quad & \boldsymbol{yA} \geqslant \boldsymbol{c}, \\ & \boldsymbol{y} \geqslant \boldsymbol{0}. \end{aligned}$$

我们在原问题第 i 个约束中引入松弛变量 $s_i (i = 1,2,\cdots,m)$，将(2.3)化为标准形：

$$\left.\begin{aligned} \max \quad & z = c_1x_1 + c_2x_2 + \cdots + c_nx_n + 0s_1 + \cdots + 0s_m, \\ \text{s.t.} \quad & a_{11}x_1 + a_{11}x_2 + \cdots + a_{1n}x_n + s_1 = b_1, \\ & a_{21}x_2 + a_{22}x_2 + \cdots + a_{2n}x_n \quad + s_2 = b_2, \\ & \cdots\cdots\cdots\cdots\cdots\cdots\cdots\cdots\cdots\cdots\cdots\cdots \\ & a_{m1}x_1 + a_{m2}x_2 + \cdots + a_{mn}x_n \quad + s_m = b_m, \\ & x_1, x_2, \cdots, x_n, s_1, \cdots, s_m \geqslant 0. \end{aligned}\right\} \tag{2.9}$$

令 $\boldsymbol{s} = (s_1, s_2, \cdots, s_m)^{\mathrm{T}}$，$\overline{\boldsymbol{x}} = \begin{pmatrix} \boldsymbol{x} \\ \boldsymbol{s} \end{pmatrix}$，则可将上述标准形写成矩阵形式：

$$\begin{aligned} \max \quad & z = \overline{\boldsymbol{c}}\,\overline{\boldsymbol{x}}, \\ \text{s.t.} \quad & \overline{\boldsymbol{A}}\,\overline{\boldsymbol{x}} = \boldsymbol{b}, \\ & \overline{\boldsymbol{x}} \geqslant \boldsymbol{0}, \end{aligned}$$

其中，$\overline{\boldsymbol{c}} = (\boldsymbol{c}, \boldsymbol{0})$ 是一个 $n+m$ 维行向量，$\overline{\boldsymbol{A}} = (\boldsymbol{A}, \boldsymbol{I})$，$\boldsymbol{I}$ 是 m 阶单位矩阵. 如果将系数矩阵 $\boldsymbol{A}$ 用 x_j 的系数列向量 $\boldsymbol{p}_j$ 来表示($j = 1,2,\cdots,n$)：$\boldsymbol{A} = (\boldsymbol{p}_1, \boldsymbol{p}_2, \cdots, \boldsymbol{p}_n)$，则也可将 $\overline{\boldsymbol{A}}$ 写成

$$\overline{\boldsymbol{A}} = (\boldsymbol{p}_1, \cdots, \boldsymbol{p}_n, \boldsymbol{p}_{n+1}, \cdots, \boldsymbol{p}_{n+m}),$$

其中，$\boldsymbol{p}_{n+i}$ 是一个 m 维单位列向量($i = 1,2,\cdots,m$)，它的第 i 个分量为 1，其余分量都为 0.

现设原问题有最优解. 则与之等价的标准形 LP 问题(2.9)当然也有最优解，从而一定可以用单纯形法(包括处理退化情况的一些方法)得到其最优基阵 $\boldsymbol{B}$、最优解 $\overline{\boldsymbol{x}}^*$.

现证明 $\boldsymbol{y}^* = \overline{\boldsymbol{c}}_{\boldsymbol{B}}\boldsymbol{B}^{-1}$ 是对偶问题(2.6)的最优解.

因为 $\boldsymbol{B}$ 是最优基阵，故其单纯形表中的全部检验数应该非负：

$$\overline{\boldsymbol{c}}_{\boldsymbol{B}}\boldsymbol{B}^{-1}\overline{\boldsymbol{A}} - \overline{\boldsymbol{c}} \geqslant \boldsymbol{0}, \quad \text{即 } \overline{\boldsymbol{c}}_{\boldsymbol{B}}\boldsymbol{B}^{-1}(\boldsymbol{A}, \boldsymbol{I}) \geqslant (\boldsymbol{c}, \boldsymbol{0}).$$

注意到 $\boldsymbol{y}^*$ 的定义，便得

$$\boldsymbol{y}^*\boldsymbol{A} \geqslant \boldsymbol{c} \quad \text{及} \quad \boldsymbol{y}^* \geqslant \boldsymbol{0}.$$

所以，$\boldsymbol{y}^*$ 是对偶问题的可行解. 现在再证它是对偶问题的最优解.

前面我们已经知道，用单纯形法求解 LP 问题(2.9)，最优 z 值为 $\bar{c}_B B^{-1} b$. 从 $\bar{x}^*$ 中去掉 m 个松弛变量取的值，就可以得到原问题的最优解 x^*. 因为原问题与其标准形是等价的，故原问题的最优 z 值 $z(x^*)$ 也是 $\bar{c}_B B^{-1} b$. 而现在 y^* 对应的目标函数值为

$$w(y^*) = y^* b = \bar{c}_B B^{-1} b = z(x^*),$$

故根据定理 2.2 便知，y^* 是对偶问题的最优解. ∎

从本定理的证明中可知，将原问题化成标准形以后，只要用单纯形法求得了其最优基阵 B，则 $\bar{c}_B B^{-1}$ 就是对偶问题的最优解 y^*. 但这样做，仍需作矩阵的乘法运算，有些麻烦. 实际上，y^* 是可以直接从原问题(标准形)的最优单纯形表上获得的. 下一节将对此作详细讨论.

从定理 2.4 的证明中还可看到，若 x^*, y^* 分别是原问题和对偶问题的最优解，则它们一定满足

$$cx^* = y^* b.$$

而定理 2.2 已经指出，若原问题的可行解 x^* 和对偶问题的可行解 y^* 满足上式，则它们必分别是这两个问题的最优解. 综合此二定理，可得

定理 2.5 设 x^*, y^* 分别是原问题和对偶问题的可行解. 它们分别成为这两个问题的最优解的充分必要条件是：它们满足 $cx^* = y^* b$.

由定理 2.4 的证明可知，在原问题中引入松弛变量以后，原问题的函数约束可以写成

$$Ax + s = b \quad 或 \quad s = b - Ax.$$

同样，若在对偶问题的第 j 个约束中引入剩余变量 e_j：

$$a_{1j} y_1 + a_{2j} y_2 + \cdots + a_{mj} y_m - e_j = c_j \quad (j = 1, 2, \cdots, n),$$

并令 $e = (e_1, e_2, \cdots, e_n)$，则可将对偶问题的函数约束写成

$$yA - e = c \quad 或 \quad e = yA - c.$$

有了这些符号，根据定理 2.5 又可获得一个重要结果，这就是互补松弛定理，它也是判断一个可行解是否为最优解的充要条件.

定理 2.6（**互补松弛定理**） 设 x^*, y^* 分别是原问题和对偶问题的可行解. 它们分别成为这两个问题的最优解的充分必要条件是：它们满足

$$(y^* A - c) x^* = 0, \quad y^* (b - Ax^*) = 0,$$

或写为 $e^* x^* = 0$，$y^* s^* = 0$，或写成分量形式：

$$e_j^* x_j^* = 0 \ (j = 1, 2, \cdots, n), \quad y_i^* s_i^* = 0 \ (i = 1, 2, \cdots, m).$$

证　先证必要性. 设 $\boldsymbol{x}^*,\boldsymbol{y}^*$ 分别是原问题和对偶问题的最优解. 首先，它们当然是这两个问题的可行解. 将 $\boldsymbol{Ax}^* \leqslant \boldsymbol{b}$ 两边左乘 $\boldsymbol{y}^*$，得

$$\boldsymbol{y}^*\boldsymbol{Ax}^* \leqslant \boldsymbol{y}^*\boldsymbol{b}.$$

同样，将 $\boldsymbol{y}^*\boldsymbol{A} \geqslant \boldsymbol{c}$ 两边右乘 $\boldsymbol{x}^*$，得

$$\boldsymbol{y}^*\boldsymbol{Ax}^* \geqslant \boldsymbol{cx}^*.$$

结合这两个不等式，就有 $\boldsymbol{y}^*\boldsymbol{b} \geqslant \boldsymbol{y}^*\boldsymbol{Ax}^* \geqslant \boldsymbol{cx}^*$.

其次，因为 $\boldsymbol{x}^*,\boldsymbol{y}^*$ 是最优解，由定理 2.5 知，应有 $\boldsymbol{y}^*\boldsymbol{b} = \boldsymbol{cx}^*$，故上述不等式中间的两个不等号均可改为等号，即有

$$\boldsymbol{y}^*\boldsymbol{b} = \boldsymbol{y}^*\boldsymbol{Ax}^* = \boldsymbol{cx}^*.$$

由此就有 $\boldsymbol{y}^*\boldsymbol{b} = \boldsymbol{y}^*\boldsymbol{Ax}^*$ 及 $\boldsymbol{y}^*\boldsymbol{Ax}^* = \boldsymbol{cx}^*$. 移项可得

$$\boldsymbol{y}^*(\boldsymbol{b}-\boldsymbol{Ax}^*) = 0 \quad 及 \quad (\boldsymbol{y}^*\boldsymbol{A}-\boldsymbol{c})\boldsymbol{x}^* = 0.$$

定理的必要性得证.

反之，设原问题的可行解 $\boldsymbol{x}^*$ 和对偶问题的可行解 $\boldsymbol{y}^*$ 满足定理中的条件. 按上述方法倒推上去，便可证明定理 2.6 的充分性. ■

由 $e_j^* x_j^* = 0$ 和 $y_i^* s_i^* = 0$ 可知：

若 $x_j^* > 0$，则必有 $e_j^* = 0\ (j = 1,2,\cdots,n)$；

若 $e_j^* > 0$，则必有 $x_j^* = 0\ (j = 1,2,\cdots,n)$；

若 $y_i^* > 0$，则必有 $s_i^* = 0\ (i = 1,2,\cdots,m)$；

若 $s_i^* > 0$，则必有 $y_i^* = 0\ (i = 1,2,\cdots,m)$.

现在我们解释这 4 个结论. 注意，一个约束中的松弛变量或剩余变量若等于 0，说明这个约束是一个等式，若松弛变量或剩余变量大于 0，说明这个约束是一个严格的不等式. 于是，

第一个结论说明：若 $x_j^* > 0$，则第 j 个对偶约束必是一个等式；

第二个结论说明：若第 j 个对偶约束是一个严格的不等式，则必有 $x_j^* = 0$；

第三个结论说明：若 $y_i^* > 0$，则第 i 个原约束必是一个等式；

第四个结论说明：若第 i 个原约束是一个严格的不等式，则必有 $y_i^* = 0$.

这些结论常可用来求解 LP 问题.

例 2.2-3　已知 LP 问题(P)：

$$\begin{aligned}
\max\quad & z = 3x_1 + 2x_2,\\
\text{s.t.}\quad & -x_1 + 2x_2 \leqslant 2,\\
& 2x_1 + 3x_2 \leqslant 6,\\
& 2x_1 + x_2 \leqslant 5,\\
& x_1 - x_2 \leqslant 3,\\
& x_1, x_2 \geqslant 0
\end{aligned}$$

的最优解为 $x_1^* = \frac{9}{4}$，$x_2^* = \frac{1}{2}$，试利用互补松弛定理求出对偶问题的最优解.

解 对偶问题(D)为

$$\begin{aligned} \min \quad & w = 2y_1 + 6y_2 + 5y_3 + 3y_4, \\ \text{s.t.} \quad & -y_1 + 2y_2 + 2y_3 + y_4 \geqslant 3, \\ & 2y_1 + 3y_2 + y_3 - y_4 \geqslant 2, \\ & y_1, y_2, y_3, y_4 \geqslant 0. \end{aligned}$$

将 x_1^* 和 x_2^* 的值代入原问题(P)的约束条件中，可知其第一、第四个约束为严格的不等式，这说明 $s_1^* > 0$，$s_4^* > 0$. 由互补松弛定理知，必有 $y_1^* = 0$，$y_4^* = 0$. 又因为 $x_1^* > 0$ 和 $x_2^* > 0$，故对偶问题的两个约束都应为等式. 于是有

$$\begin{aligned} 2y_2^* + 2y_3^* &= 3, \\ 3y_2^* + y_3^* &= 2. \end{aligned}$$

解此方程组得 $y_2^* = \frac{1}{4}$，$y_3^* = \frac{5}{4}$. 故对偶问题的最优解和最优 w 值分别为

$$y_1^* = 0,\ y_2^* = \frac{1}{4},\ y_3^* = \frac{5}{4},\ y_4^* = 0;\quad w^* = \frac{31}{4}.$$

2.3 由原问题最优表求对偶最优解

2.3.1 max 问题

先考虑规范 max 问题. 在证明定理 2.4 时，我们已经看到，引入松弛变量将原问题化成标准形或后，只要用单纯形法求得了其最优基阵 $\boldsymbol{B}$ 以后，那么 $\boldsymbol{y}^* = \bar{\boldsymbol{c}}_{\boldsymbol{B}}\boldsymbol{B}^{-1}$ 就是对偶问题的最优解.

我们现在希望，不要进行矩阵运算，而能直接从原问题的最优表获得对偶问题的最优解 $\boldsymbol{y}^*$.

设向量 $\boldsymbol{y}^*$ 的各分量为 $y_1^*, y_2^*, \cdots, y_m^*$，即

$$\boldsymbol{y}^* = \bar{\boldsymbol{c}}_{\boldsymbol{B}}\boldsymbol{B}^{-1} = (y_1^*, y_2^*, \cdots, y_m^*).$$

我们将看到，可以利用原问题的最优表中的检验数直接求出各个 y_i^*.

由单纯形法知，在原问题的最优表中，第 j 个变量的检验数公式为

$$\bar{c}_j = \bar{\boldsymbol{c}}_{\boldsymbol{B}}\boldsymbol{B}^{-1}\boldsymbol{p}_j - c_j \quad (j = 1, 2, \cdots, n + m).$$

现在来求松弛变量 s_i 的检验数. s_i 是第 $n+i$ 个变量. 注意，在原问题的目标函数中，所有松弛变量的系数都是 0，即所有 $c_{n+i}=0\ (i=1,2,\cdots,m)$. 又松弛变量 s_i 在约束方程组中的系数列向量 $\boldsymbol{p}_{n+i}$ 中只有第 i 个分量是 1，其余分量都是 0，所以

$$s_i \text{ 的检验数} = \bar{\boldsymbol{c}}_{\boldsymbol{B}}\boldsymbol{B}^{-1}\boldsymbol{p}_{n+i} - c_{n+i} = (y_1^*, y_2^*, \cdots, y_m^*)\boldsymbol{p}_{n+i} = y_i^*,$$

即

$$y_i^* = \text{松弛变量 } s_i \text{ 的检验数} \quad (i=1,2,\cdots,m).$$

例 2.3-1　已给线性规划问题

$$\begin{aligned}
\max \quad & z = 5x_1 + 4x_2, \\
\text{s.t.} \quad & 3x_1 + 5x_2 \leqslant 15, \\
& 2x_1 + x_2 \leqslant 5, \\
& 2x_1 + 2x_2 \leqslant 11, \\
& x_1, x_2 \geqslant 0
\end{aligned}$$

的最优表如表 2.2 所示. 试利用该表直接求出其对偶问题的最优解 y_1^*, y_2^*, y_3^*.

解　从表 2.2 的检验数行可以看出，松弛变量 s_1, s_2 和 s_3 的检验数分别为 $\frac{3}{7}, \frac{13}{7}$ 和 0，所以 $y_1^* = s_1$ 的检验数 $= \frac{3}{7}$，$y_2^* = s_2$ 的检验数 $= \frac{13}{7}$，$y_3^* = s_3$ 的检验数 $= 0$.

现在考虑非规范问题，我们用例题来说明方法.

例 2.3-2　设有 LP 问题(P)：

$$\begin{aligned}
\max \quad & z = 3x_1 + 2x_2, \\
\text{s.t.} \quad & 3x_1 + 4x_2 \leqslant 12, \\
& 2x_1 + x_2 \geqslant 5, \\
& 2x_1 - x_2 = 4, \\
& x_1, x_2 \geqslant 0.
\end{aligned}$$

试求解此题，并利用其最优表直接求出对偶问题(D)的最优解 y_1^*, y_2^*, y_3^*.

解　此例中的函数约束有各种形式. 我们将通过研究此题来介绍一般方法.

(P) 的对偶问题为(D)：

$$\begin{aligned}
\min \quad & w = 12y_1 + 5y_2 + 4y_3, \\
\text{s.t.} \quad & 3y_1 + 2y_2 + 2y_3 \geqslant 3, \\
& 4y_1 + y_2 - y_3 \geqslant 2, \\
& y_1 \geqslant 0,\ y_2 \leqslant 0,\ y_3 \text{ 无符号限制}.
\end{aligned}$$

在问题(P)中，我们引入松弛变量 s_1 和剩余变量 e_2，把它化成标准形. 然后加入人工变量 a_2, a_3，并在目标函数中加入含有 M 的两项，得到一个修改后的问题：

$$
\begin{aligned}
\max \quad & z = 3x_1 + 2x_2 - Ma_2 - Ma_3, \\
\text{s.t.} \quad & 3x_1 + 4x_2 + s_1 = 12, \\
& 2x_1 + x_2 - e_2 + a_2 = 5, \\
& 2x_1 - x_2 + a_3 = 4, \\
& x_1, x_2, s_1, e_2, a_2, a_3 \geqslant 0.
\end{aligned}
$$

将变量按 $x_1, x_2, s_1, e_2, a_2, a_3$ 的顺序排列. 其目标函数系数向量记为 $\bar{\boldsymbol{c}}$，约束方程组的系数矩阵记为 $\overline{\mathbf{A}}$，即

$$
\bar{\boldsymbol{c}} = (c_1, c_2, c_3, c_4, c_5, c_6) = (3, 2, 0, 0, -M, -M),
$$

$$
\overline{\mathbf{A}} = (\boldsymbol{p}_1, \boldsymbol{p}_2, \boldsymbol{p}_3, \boldsymbol{p}_4, \boldsymbol{p}_5, \boldsymbol{p}_6),
$$

其中 $\boldsymbol{p}_j$ 是第 j 个变量的系数列向量($j = 1, 2, \cdots, 6$).

用大 M 法求解此问题的过程如表 2.3 所示. 表中的 z- 行分成了两行，第一行的数是直接把目标函数系数反号搬入表中，第二行则是把第一行中的基变量系数化成 0 而得，这样，就使得表 2.3（Ⅰ）成为一张单纯形表. 然后经过两次换基，就得到最优表，即表 2.3（Ⅳ）.

表 2.3

		x_1	x_2	s_1	e_2	a_2	a_3	右端
	z	$(-3$	-2			M	$M\ )$	
		$-3-4M$	-2		M			$-9M$
（Ⅰ）	s_1	3	4	1				12
	s_2	2	1		-1	1		5
	s_3	②	-1				1	4
	z		$-\frac{7}{2}-2M$		M		$\frac{3}{2}+2M$	$6-M$
（Ⅱ）	s_1		$\frac{11}{2}$	1			$-\frac{3}{2}$	6
	s_2		②		-1	1	-1	1
	x_1	1	$-\frac{1}{2}$				$\frac{1}{2}$	2

续表

		x_1	x_2	s_1	e_2	a_2	a_3	右端
	z				$-\frac{7}{4}$	$\frac{7}{4}+M$	$-\frac{1}{4}+M$	$\frac{31}{4}$
(Ⅲ)	s_1			1	$\left(\frac{11}{4}\right)$	$-\frac{11}{4}$	$\frac{5}{4}$	$\frac{13}{4}$
	x_2		1		$-\frac{1}{2}$	$\frac{1}{2}$	$-\frac{1}{2}$	$\frac{1}{2}$
	x_1	1			$-\frac{1}{4}$	$\frac{1}{4}$	$\frac{1}{4}$	$\frac{9}{4}$
	z			$\frac{7}{11}$		M	$\frac{6}{11}+M$	$\frac{108}{11}$
(Ⅳ)	e_2			$\frac{4}{11}$	1	-1	$\frac{5}{11}$	$\frac{13}{11}$
	x_2		1	$\frac{2}{11}$			$-\frac{3}{11}$	$\frac{12}{11}$
	x_1	1		$\frac{1}{11}$			$\frac{4}{11}$	$\frac{28}{11}$

设用单纯形法求解修改后的问题时所得到的最优基阵为 $\boldsymbol{B}$. 今证

$$\boldsymbol{y}^* = \bar{\boldsymbol{c}}_{\boldsymbol{B}}\boldsymbol{B}^{-1} = (y_1^*, y_2^*, y_3^*)$$

是对偶问题(D)的最优解.

在最优单纯形表 2.3（Ⅳ）中，第 j 个变量的检验数公式为

$$\begin{aligned}\bar{c}_j &= \bar{\boldsymbol{c}}_{\boldsymbol{B}}\boldsymbol{B}^{-1}\boldsymbol{p}_j - c_j = (y_1^*, y_2^*, y_3^*)\boldsymbol{p}_j - c_j \\ &= a_{1j}y_1^* + a_{2j}y_2^* + a_{3j}y_3^* - c_j.\end{aligned}$$

因为是 max 问题，故应有一切 $\bar{c}_j \geqslant 0$. 在本题中，对 $j = 1,2$ 用此公式，便知 y_1^*, y_2^*, y_3^* 满足对偶问题(D)中的函数约束条件.

再证它们满足对偶问题(D)中的符号约束条件. 这可以通过分别求出 s_1, e_2 和 a_3 的检验数而得出结论.

求 s_1 的检验数时，注意 s_1 是第三个变量，故 $j = 3$，而 $\boldsymbol{p}_3 = (1,0,0)$，$c_3 = 0$，于是由检验数公式有

$$s_1 \text{ 的检验数} = \bar{\boldsymbol{c}}_{\boldsymbol{B}}\boldsymbol{B}^{-1}\boldsymbol{p}_3 - c_3 = y_1^*$$

或 $y_1^* = s_1$ 的检验数 $\geqslant 0$（本例中 $y_1^* = \frac{7}{11}$）.

求 e_2 的检验数时，$j = 4$，而 $\boldsymbol{p}_4 = (0,-1,0)$，$c_4 = 0$，于是由检验数公式得

$$e_2 \text{ 的检验数} = \bar{c}_B B^{-1} p_4 - c_4 = -y_2^*$$

或 $y_2^* = -(e_2\text{的检验数}) \leqslant 0$（本例中 $y_2^* = 0$）.

求 a_3 的检验数时，$j = 6$，而 $p_6 = (0,0,1)$，$c_6 = -M$，于是由检验数公式得

$$a_3 \text{ 的检验数} = \bar{c}_B B^{-1} p_6 - c_6 = y_3^* + M$$

或 $y_3^* = a_3$ 的检验数 $- M$，y_3^* 可正可负（本例中 $y_3^* = \frac{6}{11}$）.

由上述可知，y_1^*, y_2^*, y_3^* 满足对偶问题(D)的全部约束条件，即是(D)的可行解.

又 z 的最优值 $= \bar{c}_B B^{-1} b = (y_1^*, y_2^*, y_3^*) b = w$ 的最优值，所以 y_1^*, y_2^*, y_3^* 是对偶问题(D)的最优解. 本例中由表 2.3（Ⅳ）知，

$$x_1^* = \frac{28}{11},\ x_2^* = \frac{12}{11};\quad y_1^* = \frac{7}{11},\ y_2^* = 0,\ y_3^* = \frac{6}{11}.$$

于是

$$z^* = 3x_1^* + x_2^* = \frac{108}{11},$$

$$w^* = 12y_1^* + 5y_2^* + 4y_3^* = \frac{108}{11}.$$

可见 $z^* = w^*$，所以 y_1^*, y_2^*, y_3^* 确实是对偶问题(D)的最优解.

以上论述说明，即使对于函数约束不规范的 max 问题，当用大 M 法求得了原问题的最优基阵 B 以后，则 $\bar{c}_B B^{-1}$ 就是对偶问题的最优解，而且还可以由原问题的最优表直接求出各个对偶变量的最优值.

例 2.3-3 把上例的目标函数中 x_1 的系数由 3 改成 1，得下述问题：

$$\begin{aligned} \max\quad & z = x_1 + 2x_2, \\ \text{s.t.}\quad & 3x_1 + 4x_2 \leqslant 12, \\ & 2x_1 + x_2 \geqslant 5, \\ & 2x_1 - x_2 = 4, \\ & x_1, x_2 \geqslant 0. \end{aligned}$$

求解此题，并利用其最优表直接求出对偶问题的最优解.

解 事实上，根据上例的最优表，利用 2.7 节将要学习的灵敏度分析法可得表 2.4.

由表 2.4 得 $y_1^* = s_1$ 的检验数 $= \frac{5}{11}$，$y_2^* = -(e_2\text{的检验数}) = 0$，$y_3^* = a_3$ 的检验数 $- M = -\frac{2}{11}$.

表 2.4

	x_1	x_2	s_1	e_2	a_2	a_3	右端
z	2		$\frac{7}{11}$		M	$\frac{6}{11}+M$	$\frac{108}{11}$
e_2			$\frac{4}{11}$	1	-1	$\frac{5}{11}$	$\frac{13}{11}$
x_2		1	$\frac{2}{11}$			$-\frac{3}{11}$	$\frac{12}{11}$
x_1	1		$\frac{1}{11}$			$\frac{4}{11}$	$\frac{28}{11}$
z			$\frac{5}{11}$			$-\frac{2}{11}+M$	$\frac{52}{11}$
e_2			$\frac{4}{11}$	1	-1	$\frac{5}{11}$	$\frac{13}{11}$
x_2		1	$\frac{2}{11}$			$-\frac{3}{11}$	$\frac{12}{11}$
x_1	1		$\frac{1}{11}$			$\frac{4}{11}$	$\frac{28}{11}$

此例中我们看到，等式约束对应的对偶变量取负值，而在上例中等式约束对应的对偶变量取正值.

以上的方法实际上具有一般性. 对于 max 问题，只要它的全部决策变量非负，则在引入松弛变量、剩余变量和人工变量，并用大 M 法求出其最优表以后，就有下述结果：

若第 i 个原约束是 $\leqslant$ 型，则 $y_i^* =$ 松弛变量 s_i 的检验数($\geqslant 0$)；

若第 i 个原约束是 $\geqslant$ 型，则 $y_i^* = -$(剩余变量 e_i 的检验数)($\leqslant 0$)；

若第 i 个原约束是等式，则 $y_i^* =$ 人工变量 a_i 的检验数 $-M$.

2.3.2　min 问题

仍然先考虑规范问题. 设有下述 LP 问题(P)：

$$
\begin{aligned}
\min \quad & z = c_1x_1 + c_2x_2 + \cdots + c_nx_n, \\
\text{s.t.} \quad & a_{11}x_1 + a_{11}x_2 + \cdots + a_{1n}x_n \geqslant b_1, \\
& a_{21}x_1 + a_{22}x_2 + \cdots + a_{2n}x_n \geqslant b_2, \\
& \cdots, \\
& a_{m1}x_1 + a_{m2}x_2 + \cdots + a_{mn}x_n \geqslant b_m, \\
& \qquad\qquad x_1, x_2, \cdots, x_n \geqslant 0,
\end{aligned}
$$

其矩阵形式为

$$\begin{aligned} \min \quad & z = \boldsymbol{cx}, \\ \text{s.t.} \quad & \boldsymbol{Ax} \geqslant \boldsymbol{b}, \\ & \boldsymbol{x} \geqslant \boldsymbol{0}. \end{aligned}$$

问题(P)的对偶问题为(D)：

$$\begin{aligned} \max \quad & w = b_1 y_1 + b_2 y_2 + \cdots + b_m y_m, \\ \text{s.t.} \quad & a_{11} y_1 + a_{21} y_2 + \cdots + a_{m1} y_m \leqslant c_1, \\ & a_{12} y_1 + a_{22} y_2 + \cdots + a_{m2} y_m \leqslant c_2, \\ & \cdots, \\ & a_{1n} y_1 + a_{2n} y_2 + \cdots + a_{mn} y_m \leqslant c_n, \\ & \qquad y_1, y_2, \cdots, y_m \geqslant 0, \end{aligned}$$

其矩阵形式为

$$\begin{aligned} \max \quad & w = \boldsymbol{yb}, \\ \text{s.t.} \quad & \boldsymbol{yA} \leqslant \boldsymbol{c}, \\ & \boldsymbol{y} \geqslant \boldsymbol{0}. \end{aligned}$$

对问题(P)的第 i 个约束，引入剩余变量 e_i，将它化为标准形：

$$\begin{aligned} \min \quad & z = c_1 x_1 + c_2 x_2 + \cdots + c_n x_n, \\ \text{s.t.} \quad & a_{11} x_1 + a_{11} x_2 + \cdots + a_{1n} x_n - e_1 = b_1, \\ & a_{21} x_1 + a_{22} x_2 + \cdots + a_{2n} x_n - e_2 = b_2, \\ & \cdots, \\ & a_{m1} x_1 + a_{m2} x_2 + \cdots + a_{mn} x_n - e_m = b_m, \\ & \qquad x_1, x_2, \cdots, x_n, e_1, \cdots, e_m \geqslant 0. \end{aligned}$$

其矩阵形式为

$$\begin{aligned} \min \quad & z = \bar{\boldsymbol{c}} \bar{\boldsymbol{x}}, \\ \text{s.t.} \quad & \bar{\boldsymbol{A}} \bar{\boldsymbol{x}} = \boldsymbol{b}, \\ & \bar{\boldsymbol{x}} \geqslant \boldsymbol{0}, \end{aligned}$$

其中，$\bar{\boldsymbol{c}} = (\boldsymbol{c}, \boldsymbol{0})$（$\boldsymbol{0}$ 是 m 维行向量），$\bar{\boldsymbol{A}} = (\boldsymbol{A}, -\boldsymbol{I})$（$\boldsymbol{I}$ 是 m 阶单位矩阵），$\bar{\boldsymbol{x}} = \begin{pmatrix} \boldsymbol{x} \\ \boldsymbol{e} \end{pmatrix}$，$\boldsymbol{e} = (e_1, e_2, \cdots, e_m)^{\mathrm{T}}$. 也可用各个变量的系数列向量来表示 $\bar{\boldsymbol{A}}$：

$$\bar{\boldsymbol{A}} = (\boldsymbol{p}_1, \boldsymbol{p}_2, \cdots, \boldsymbol{p}_n, \boldsymbol{p}_{n+1}, \boldsymbol{p}_{n+2}, \cdots, \boldsymbol{p}_{n+m}),$$

其中，$\boldsymbol{p}_{n+i}$ 是一个 m 维单位列向量（$i = 1, 2, \cdots, m$），它的第 i 个分量为 -1，其余分量都为 0.

设用单纯形法求解上述标准形 LP 问题时得到最优基阵 $\boldsymbol{B}$. 今证明 $\boldsymbol{y}^* =$

$\bar{c}_B B^{-1}$ 是对偶问题(D) 的最优解.

因为 B 是最优基阵，故其单纯形表中的全部检验数应该非正：

$$\bar{c}_B B^{-1}\bar{A}-\bar{c}\leqslant 0,\quad 即\ \bar{c}_B B^{-1}(A,-I)\leqslant(c,0).$$

注意到 y^* 的定义，便得

$$y^*A\leqslant c\quad 及\quad y^*\geqslant 0.$$

所以，y^* 是对偶问题(D) 的可行解. 现在再证它是问题(D) 的最优解.

前面我们已经知道，原问题(P) 的最优值 $z^*=\bar{c}_B B^{-1}b$. 而现在 y^* 对应的目标函数值 w^* 也是

$$y^*b=\bar{c}_B B^{-1}b,$$

即 $z^*=w^*$，所以 y^* 是对偶问题(D) 的最优解.

以上的论述实际上是就规范最小化问题，再次证明了强对偶定理，即定理 2.4. 下面再说明如何从问题(P) 的最优表中直接获得对偶问题(D) 的最优解. 记

$$y^*=\bar{c}_B B^{-1}=(y_1^*,y_2^*,\cdots,y_m^*).$$

注意剩余变量 e_i 在问题(P) 的标准形中是第 $n+i$ 个变量，它在约束方程组中的系数列向量 p_{n+i} 的所有分量中只有第 i 个为 -1，其余的都是 0. 又目标函数中没有剩余变量，即对一切 i，都有 $c_{n+i}=0$. 所以在(P) 的最优表中，按照求检验数的公式，我们有

$$\begin{aligned}e_i\ 的检验数&=\bar{c}_B B^{-1}p_{n+i}-c_{n+i}=(y_1^*,y_2^*,\cdots,y_m^*)p_{n+i}\\&=-y_i^*,\end{aligned}$$

即 $y_i^*=-(e_i$ 的检验数). 这说明，若原问题是规范最小化问题，则将原问题第 i 个剩余变量 e_i 的检验数反号，就得到对偶最优解中第 i 个变量 y_i^* 之值.

现在研究非规范问题，我们仍用例题来说明方法.

例 2.3-4　设有 LP 问题(P)：

$$\begin{aligned}\min\quad & z=x_1+3x_2,\\ \text{s.t.}\quad & 2x_1+x_2=4,\\ & 3x_1+4x_2\geqslant 6,\\ & x_1+3x_2\leqslant 3,\\ & x_1,x_2\geqslant 0.\end{aligned}$$

试利用其最优表直接求出对偶问题(D) 的最优解 y_1^*,y_2^*,y_3^*.

解　此例中的函数约束有各种形式. 我们将通过研究此题来介绍一般方法.

(P) 的对偶问题为(D)：

$$\begin{aligned}\max\quad & w = 4y_1 + 6y_2 + 3y_3,\\ \text{s.t.}\quad & 2y_1 + 3y_2 + y_3 \leqslant 1,\\ & y_1 + 4y_2 + 3y_3 \leqslant 3,\\ & y_1 \text{ 无符号限制}, y_2 \geqslant 0, y_3 \leqslant 0.\end{aligned}$$

为解原问题(P)，先引入剩余变量 e_2 和松弛变量 s_3，把原问题化成标准形. 然后加入人工变量 a_1 和 a_2，得到修改后问题：

$$\begin{aligned}\min\quad & z = x_1 + 3x_2 + Ma_1 + Ma_2,\\ \text{s.t.}\quad & 2x_1 + x_2 + a_1 = 4,\\ & 3x_1 + 4x_2 - e_2 + a_2 = 6,\\ & x_1 + 3x_2 + s_3 = 3,\\ & x_1, x_2, e_2, a_1, a_2, s_3 \geqslant 0.\end{aligned}$$

用大 M 法求解它，得最优基阵 $\boldsymbol{B}$ 及最优表 2.5.

表 2.5

	x_1	x_2	e_2	a_1	a_2	s_3	右端
z			-1	$-1-M$	$1-M$		2
x_1	1		×	×	×		2
x_2		1	$-\frac{2}{5}$	$-\frac{3}{5}$	$\frac{2}{5}$		
s_3			×	×	×	1	1

令

$$\bar{\boldsymbol{c}}_{\boldsymbol{B}}\boldsymbol{B}^{-1} = (y_1^*, y_2^*, y_3^*),$$

同前面一样，易知它是对偶问题(D)的最优解. 现在我们要利用表 2.5 求出 y_1^*, y_2^*, y_3^* 之值.

为求 y_1^*，考虑 a_1 的检验数. 在修改后的问题中. a_1 是第 4 个变量，即 $j=4$，而 $\boldsymbol{p}_4 = (1,0,0)^{\mathrm{T}}$，$c_4 = M$，故由检验数公式，得

$$a_1 \text{ 的检验数} = \bar{\boldsymbol{c}}_{\boldsymbol{B}}\boldsymbol{B}^{-1}\boldsymbol{p}_4 - c_4 = y_1^* - M$$

或 $y_1^* = a_1$ 的检验数 $+M$. 由上述最优表可知

$$y_1^* = (-1-M) + M = -1.$$

为求 y_2^*，考虑 e_2 的检验数. 此时，$j=3$，而 $\boldsymbol{p}_3 = (0,-1,0)^{\mathrm{T}}$，$c_3 = 0$. 故由检验数公式，得

$$e_2 \text{ 的检验数} = \bar{\boldsymbol{c}}_{\boldsymbol{B}}\boldsymbol{B}^{-1}\boldsymbol{p}_3 - c_3 = -y_2^*$$

或 $y_2^* = -e_2$ 的检验数. 由上述最优表可知 $y_2^* = -(-1) = 1$.

为求 y_3^*，考虑 s_3 的检验数. 此时，$j = 6$，而 $\boldsymbol{p}_6 = (0,0,1)^{\mathrm{T}}$，$c_6 = 0$. 故由检验数公式，得

$$s_3 \text{ 的检验数} = \bar{\boldsymbol{c}}_{\boldsymbol{B}}\boldsymbol{B}^{-1}\boldsymbol{p}_6 - c_6 = y_3^*$$

或 $y_3^* = s_3$ 的检验数. 由上述最优表可知 $y_3^* = 0$.

这些计算结果也表明，y_1^*, y_2^*, y_3^* 确实满足对偶变量的符号限制条件.

例 2.3-5 把上例的目标函数中 x_2 的系数改为 5，得一新问题：

$$\begin{aligned} \min \quad & z = x_1 + 5x_2, \\ \text{s.t.} \quad & 2x_1 + x_2 = 4, \\ & 3x_1 + 4x_2 \geqslant 6, \\ & x_1 + 3x_2 \leqslant 3, \\ & x_1, x_2 \geqslant 0. \end{aligned}$$

试利用其最优表中的检验数求出对偶最优解中 y_1^* 之值.

解 由上例的最优表，利用 2.7 节将要学到的灵敏度分析法可得一表，如表 2.6 所示.

表 2.6

	x_1	x_2	e_2	a_1	a_2	s_3	右 端
z		2	-1	$-1-M$	$1-M$		2
x_1	1		×	×	×		2
x_2		1	$-\frac{2}{5}$	$-\frac{3}{5}$	$\frac{2}{5}$		
s_3			×	×	×	1	1

将 z- 行中 x_2 的系数化为 0，得

$$a_1 \text{的检验数} = -1 - M - 2\left(-\frac{3}{5}\right) = \frac{1}{5} - M.$$

故

$$y_1^* = a_1 \text{ 的检验数} + M = \frac{1}{5}.$$

上例中 $y_1^* = -1 < 0$，而本例中 $y_1^* = \frac{1}{5} > 0$，说明等式约束对应的对偶变量可正可负.

以上的方法实际上具有一般性. 对于 min 问题，只要它的全部决策变量

非负，则在引入松弛变量、剩余变量和人工变量，并用大 M 法求出其最优表以后，就有下述结果：

若第 i 个原约束是 $\leqslant$ 型，则 $y_i^* =$ 松弛变量 s_i 的检验数（$\leqslant 0$）；

若第 i 个原约束是 $\geqslant$ 型，则 $y_i^* =-$（剩余变量 e_i 的检验数）（$\geqslant 0$）；

若第 i 个原约束是等式，则 $y_i^* =$ 人工变量 a_i 的检验数 $+M$.

由此可见，无论是 max 问题，还是 min 问题，由原最优表求对偶最优解的方法是基本相同的.

2.4 对偶单纯形法

从前面的讨论中可以看到，所谓单纯形法就是先找出一个可行基，然后经过若干次换基，最后达到最优基. 从单纯形表来看，一个最优基必须同时满足两个条件：

（ⅰ） 右端列中的所有 $\bar{b}_i \geqslant 0$（$i = 1,2,\cdots,m$），

（ⅱ） 全部检验数 $\bar{c}_j \geqslant 0$（对 max 问题）或 $\bar{c}_j \leqslant 0$（对 min 问题）（$j = 1, 2,\cdots,n$）.

在单纯形法中，通常称前者为**可行性条件**，称后者为**最优性条件**.

在单纯形法的迭代过程中，始终保证条件(ⅰ)得到满足，而经过换基逐步去满足条件(ⅱ). 因此，单纯形法的基本思想可概括为：从一个可行基转到另一个可行基，使检验数逐步变成全部非正，从而得到最优基.

然而，我们也可沿着另一途径去达到最优基，即：从一个基迭代到另一个基，在迭代过程中始终保证条件(ⅱ)得到满足，而逐步去满足条件(ⅰ). 一旦此两条件均被满足，我们同样可获得最优基. 这就是对偶单纯形法的基本思想.

设 $\boldsymbol{x}$ 是标准形线性规划问题(P)

$$\begin{aligned} \max \quad & z = \boldsymbol{cx}, \\ \text{s.t.} \quad & \boldsymbol{Ax} = \boldsymbol{b}, \\ & \boldsymbol{x} \geqslant \boldsymbol{0} \end{aligned}$$

的一个基解，它对应的基阵为 $\boldsymbol{B}$. 设在基阵 $\boldsymbol{B}$ 的单纯形表中，不一定所有 $\bar{b}_i \geqslant 0$，但其一切检验数都非负，即它满足

$$\boldsymbol{c_B B}^{-1}\boldsymbol{A} - \boldsymbol{c} \geqslant \boldsymbol{0}.$$

根据对偶理论可知，此时，$\boldsymbol{y} = \boldsymbol{c_B B}^{-1}$ 就是问题(P)的对偶问题的可行解，或简单地说，$\boldsymbol{y}$ 是一个对偶可行解，从而把上述不等式称为对偶可行性条件. 在

对偶单纯形法中，我们找的初始基解必须满足对偶可行性条件. 并且在以后的换基中，也必须始终保持这种对偶可行性. 正因为如此，我们称它为**对偶单纯形法**.

对偶单纯形法常用在以下三种情况：

(1) 在灵敏度分析中，当一个 LP 问题的右端改变较大，致使原最优基不再是可行基时，我们就需要用对偶单纯形法换基，从而求出新的最优解.

(2) 在灵敏度分析中，当对原 LP 问题加上一个新的约束条件后，用它来求出新的最优解.

(3) 对有些特殊的 LP 问题，用对偶单纯形法求解比较简单.

前两点将在下一节的灵敏度分析中专门讨论. 下面举例来说明第三种情况的应用. 第一个例题为问题(2.2)，是一个最小化问题. 第二个例题是一个最大化问题. 二者的做法稍有差别.

对于问题(2.2)，我们在前面曾经用两阶段法求解过. 那是很麻烦的. 下面我们即将看到，用对偶单纯形法求解此题是多么简单、方便.

例 2.4-1 用对偶单纯形法解问题(2.2)，即

$$\begin{aligned} \min \quad & w = 15y_1 + 5y_2 + 11y_3, \\ \text{s.t.} \quad & 3y_1 + 2y_2 + 2y_3 \geqslant 5, \\ & 5y_1 + y_2 + 2y_3 \geqslant 4, \\ & y_1, y_2, y_3 \geqslant 0. \end{aligned}$$

解 将两个不等式两边乘以 -1，再引入剩余变量 e_1, e_2，则上述问题化为

$$\begin{aligned} \min \quad & w = 15y_1 + 5y_2 + 11y_3, \\ \text{s.t.} \quad & -3y_1 - 2y_2 - 2y_3 + e_1 = -5, \\ & -5y_1 - y_2 - 2y_3 + e_2 = -4, \\ & y_1, y_2, y_3, e_1, e_2 \geqslant 0. \end{aligned}$$

显然 $\beta_1 = \{e_1, e_2\}$ 可以作为初始基，其单纯形表如表 2.7 (Ⅰ) 所示. 由表知，β_1 的两个基变量均取负值，故它不是可行基，从而不能从 β_1 出发应用单纯形法. 前面我们是用两阶段法解此题的，比较麻烦，现用对偶单纯形法解此题就要简单多了.

β_1 虽不是可行基，但它却满足条件(ⅱ)：表(Ⅰ)中的一切 $\bar{c}_j \leqslant 0\ (j=1, 2, \cdots, 5)$. 我们的任务就是要在保持全部检验数非正的前提下，逐步使全部基变量取的值都非负. 为此，需按下述方法换基.

出基变量的确定：可选任何一个取负值的基变量(通常选取值最小的一个)为出基变量. 在本例中，$e_1 = -5$，取值最小，故取 e_1 为出基变量. 在一般

情况下，设单纯形表的右端列中，$\bar{b}_r < 0$，且选 b_r- 行中所包含的基变量为出基变量，则 $\bar{b}_r$- 行为出基变量行.

入基变量的确定：考虑出基变量行中那些取负值的系数 $\bar{a}_{rj}$. 对每个这样的 $\bar{a}_{rj}$，作比式 $\frac{\bar{c}_j}{\bar{a}_{rj}}$. 令

$$\theta = \min_{1 \leqslant j \leqslant n} \left\{ \frac{\bar{c}_j}{\bar{a}_{rj}} \middle| \bar{a}_{rj} < 0 \right\} = \frac{\bar{c}_s}{\bar{a}_{rs}},$$

则 x_s 为入基变量. 在本例中，

$$\theta = \min\left\{\frac{-15}{-3}, \frac{-5}{-2}, \frac{-11}{-2}\right\} = \frac{5}{2} = \frac{\bar{c}_2}{\bar{a}_{12}}.$$

由此知，y_2 是入基变量，主元是 $\bar{a}_{12} = -2$. 对表 2.7（Ⅰ）进行一次单纯形变换，便得表 2.7（Ⅱ）.

表 2.7

		y_1	y_2	y_3	e_1	e_2	右端
	w	-15	-5	-11			
（Ⅰ）	e_1	-3	(-2)	-2	1		-5
	e_2	-5	-1	-2		1	-4
	w	$-\frac{15}{2}$		-6	$-\frac{5}{2}$		$\frac{25}{2}$
（Ⅱ）	y_2	$\frac{3}{2}$	1	1	$-\frac{1}{2}$		$\frac{5}{2}$
	e_2	$(-\frac{7}{2})$		-1	$-\frac{1}{2}$	1	$-\frac{3}{2}$
	w			$-\frac{27}{7}$	$-\frac{10}{7}$	$-\frac{15}{7}$	$\frac{110}{7}$
（Ⅲ）	y_2		1	$\frac{4}{7}$	$-\frac{5}{7}$	$\frac{3}{7}$	$\frac{13}{7}$
	y_1	1		$\frac{2}{7}$	$\frac{1}{7}$	$-\frac{2}{7}$	$\frac{3}{7}$

在表 2.7 (Ⅱ) 中，基变量 e_2 所取之值 $\bar{b}_2 = -\frac{3}{2} < 0$，故 e_2 为出基变量. 又

$$\theta = \min\left\{\frac{-15/2}{-7/2}, \frac{-6}{-1}, \frac{-5/2}{-1/2}\right\} = \frac{15}{7} = \frac{\bar{c}_1}{\bar{a}_{21}},$$

故 y_1 是入基变量，主元为 $\bar{a}_{21} = -\frac{7}{2}$. 对表 2.7（Ⅱ）再作单纯形变换，得表

2.7 (Ⅲ). 表(Ⅲ)的所有 $\bar{b}_i$ 已全部非负，故它就是最优表. 最优解为

$$y_1^* = \frac{3}{7},\ y_2^* = \frac{13}{7},\ y_3^* = e_1^* = e_2^* = 0;$$

最优 w 值为 $w^* = \frac{110}{7}$，与表 2.2 的结果相同.

用对偶单纯形法求解 max 问题时，入基变量的确定方法与 min 问题的做法略有不同. 试看下例.

例 2.4-2　用对偶单纯形法解下述 LP 问题：

$$\begin{aligned} \max\quad & z = -3x_1 - 6x_2 - 12x_3, \\ \text{s.t.}\quad & x_1 + 3x_3 \geqslant 6, \\ & 2x_2 + 2x_3 \geqslant 7, \\ & x_1, x_2, x_3 \geqslant 0. \end{aligned}$$

解　引入剩余变量 e_1, e_2，得标准形如下：

$$\begin{aligned} \max\quad & z = -3x_1 - 6x_2 - 12x_3, \\ \text{s.t.}\quad & -x_1 - 3x_3 + e_1 = -6, \\ & -2x_2 - 2x_3 + e_2 = -7, \\ & x_1, x_2, x_3, e_1, e_2 \geqslant 0. \end{aligned}$$

求解过程如表 2.8 所示. 由表(Ⅰ)可见，虽然 $\{e_1, e_2\}$ 不满足可行性条件，但它满足最优性条件(全部检验数非负)，故可用对偶单纯形法换基. 显然，e_2 为出基变量. 为决定入基变量需作比式. 现有两个比值：$\frac{6}{-2}$，$\frac{12}{-2}$，应取绝对值最小者，即 $\left|\frac{6}{-2}\right| = 3$，为最小比值. 因此，$x_2$ 为入基变量.

表 2.8

		x_1	x_2	x_3	e_1	e_2	右端
(Ⅰ)	z	3	6	12			
	e_1	-1		-3	1		-6
	e_2		(-2)	-2		1	-7
(Ⅱ)	z	3		6		3	21
	e_2	-1		(-3)	1		-6
	x_2		1	1		$-\frac{1}{2}$	$\frac{7}{2}$

续表

		x_1	x_2	x_3	e_1	e_2	右端
	z	1			2	3	-33
(Ⅲ)	x_3	$\frac{1}{3}$		1	$-\frac{1}{3}$		2
	x_2	$-\frac{1}{3}$	1		$\frac{1}{3}$	$-\frac{1}{2}$	$\frac{3}{2}$

在表 2.8（Ⅱ）中，最小比值是 $\left|\frac{6}{-3}\right|=2$，入基变量是 x_3.

之所以要采取比值的绝对值最小者对应的变量为入基变量，目的就是保证换基后的新表中仍有一切检验数非负（对 max 问题）.

在使用对偶单纯形法的过程中，当确定了出基变量行以后，若在作比式时，出基变量行中没有负系数，则无法作比式，而结果也就出来了：原 LP 问题无可行解. 我们以表 2.8（Ⅰ）来加以说明，该表中已经决定第二行为出基变量行. 假若该行中 x_2 和 x_3 的两个系数不再为 -2，而都是 2，则从该行可得一方程

$$2x_2+2x_3+e_2=-7.$$

因为 $x_2\geqslant 0$，$x_3\geqslant 0$，$e_2\geqslant 0$，所以此式不可能成立，即所给问题无可行解.

为了和对偶单纯形法相区别，我们把以前讲的单纯形法称为**普通单纯形法**. 必须注意，在对偶单纯形法中，不论是对最大化问题还是对最小化问题，都使用绝对值最小比值法则. 这样做的目的是保证换基后新的检验数仍然全部满足最优性条件. 这些结论的证明方法与普通单纯形法类似，此处不再赘述. 但需指出一点：在普通单纯形法中，目标函数值是由大变小，逐步达到最优值；而在对偶单纯形法中，情况正好相反，目标函数值是由小变大，最后达到最优值.

现把对偶单纯形法的基本步骤总结如下：

(1) 把所给 LP 问题化为标准形.

(2) 找出一个满足一切检验数非负（对 max 问题）或非正（对 min 问题）的初始基 β，作其单纯形表.

(3) 若表中一切 $\bar{b}_i\geqslant 0$，则 β 已是最优基，求出最优解和最优 z 值，计算终止. 否则，转(4).

(4) 换基：任何一个取负值的基变量（通常取其负值的绝对值最大的一个）都可为出基变量. 为决定入基变量，需要按上述例题中指出的方法计算

其最小比值 θ. 最小比值出现在某列，则该列所对应的变量为入基变量. 出基变量行和入基变量列相交处的元素为主元. 换基后得新基 β_1.

(5) 对 β 的单纯形表进行单纯形变换，便得 β_1 的单纯形表，再转(3).

至于在一般情况下如何找出(2)中的初始基 β，以及在什么情况下所给问题无解等更为深入的问题便不在此讨论了.

2.5　规范 max 问题的灵敏度分析

当一个 LP 问题的最优解求出以后，运筹工作者的任务是不是就全部完成了呢？没有，还必须对所得结果进行灵敏度分析. 所谓灵敏度分析就是要研究模型中各个参数(目标函数系数、约束条件左端的系数以及约束条件右端的常数)的改变，对已经得到的最优解会产生什么影响.

线性规划是要规划未来的事情. 但模型中的参数是根据以往的数据，经过统计分析，再加上预测等方法综合估计出来的. 它们不是绝对准确，更不能完全适应未来情况. 在实施最优计划的过程中，假若所给问题的某些数据发生了变化(这种情况是常有的，如由于销售情况的改变引起 $\boldsymbol{c}$ 的变化，工艺条件的改变引起 $\boldsymbol{A}$ 的变化等)，问所得的最优解会有什么变化？抑或原有数据的变动限制在一个什么范围内时，仍可使所得最优解不变？如果最优解发生了变化，又怎样迅速去寻找新的最优解？研究这些问题就是所谓灵敏度分析或优化后分析的内容.

当然，当所给问题的条件改变后，我们可以重新解一个新的 LP 问题. 但一个大型的 LP 问题，在计算机上求解的费用是很昂贵的. 若这种变化比较小时，我们就要想办法充分利用已经获得的结果，经过适当的分析和调整得出结论，而不用再解一个新问题，这可以节省大量计算.

矩阵形式的单纯形表(表 1.3)是进行灵敏度分析的重要工具，现重写于此：

$\boldsymbol{x}$	右　端
$\boldsymbol{c}_B\boldsymbol{B}^{-1}\boldsymbol{A}-\boldsymbol{c}$	$\boldsymbol{c}_B\boldsymbol{B}^{-1}\boldsymbol{b}$
$\boldsymbol{B}^{-1}\boldsymbol{A}$	$\boldsymbol{B}^{-1}\boldsymbol{b}$

从上一节可知，一个基解要成为最优解必须满足两个条件：一是可行性条件，即 $\boldsymbol{B}^{-1}\boldsymbol{b}\geqslant\boldsymbol{0}$；二是最优性条件，即

$$c_B B^{-1} A - c \geqslant 0 \quad (\text{对 max 问题})$$

或

$$c_B B^{-1} A - c \leqslant 0 \quad (\text{对 min 问题}).$$

所谓**灵敏度分析**，主要就是分析当所给问题的数据改变时，原有解的可行性和最优性会有何变化. 具体来说，在灵敏度分析中我们将研究下述各种变化：

(1) 目标函数中系数的变化；

(2) 约束条件中右端常数的变化；

(3) 约束条件中左边系数的变化；

(4) 引入新的变量；

(5) 引入新的约束.

为简单起见，在灵敏度分析中，我们把开始所给的问题叫做**原问题**，而把其中有些数据发生变化后形成的问题叫做**新问题**.

2.5.1 目标函数的系数发生变化

在例 2.1-1 中，Ⅱ 型饼干每百公斤的售价是 4 百元. 现在假设这种饼干很畅销，食品厂想把这种饼干的售价提高到每百公斤 5 百元或 5.5 百元. 食品厂想知道，这样提价后，原来的最优生产计划还是不是最优的？又如果这种饼干的销售形势不好，食品厂决定把其售价降低到每百公斤 3 百元或 2.5 百元. 那么，原有的最优计划要不要改变？总之，食品厂希望知道，Ⅱ 型饼干的销售价格究竟在什么范围内变动时，原来的最优生产计划还是最优的. 这就需要作目标函数系数的灵敏度分析.

当只有目标函数的系数发生变化时，显然原最优解的可行性不变，只需检查其最优性. 因为

$$\bar{c}_j = c_B B^{-1} p_j - c_j,$$

所以不管有几个 c_j 发生变化，都可按此公式检查各个检验数. 若仍有全部 $\bar{c}_j \leqslant 0$，则原最优解仍是最优解；否则需要换基，以求出新的最优解. 注意，$B^{-1} p_j$ 可从单纯形表中查出.

例 2.5-1 设例 2.1-1 中东方食品厂生产的 Ⅱ 型饼干，在销售时其价格有一定的波动或变化. 食品厂想知道，这种变化限制在什么范围内，原最优解还是最优解；这种变化又将怎样影响总的销售收入.

解 例 2.1-1 中的线性规划问题与例 1.1-1 中的模型完全一样. 这个线性规划问题的最优表在第一章中已经求出，即表 1.11，现重抄于此：

	x_1	x_2	s_1	s_2	s_3	右端
z			$\frac{3}{7}$	$\frac{13}{7}$		$\frac{110}{7}$
x_2		1	$\frac{2}{7}$	$-\frac{3}{7}$		$\frac{15}{7}$
x_1	1		$-\frac{1}{7}$	$\frac{5}{7}$		$\frac{10}{7}$
s_3			$-\frac{2}{7}$	$-\frac{4}{7}$	1	$\frac{27}{7}$

现设例 2.1-1 的目标函数 z 中 x_2 的系数由 4 变为 $4+q$. 我们要问，当 q 在什么范围内变化时，原来求得的最优解仍是最优解？

在新问题的标准形中

$$z = 5x_1 + (4+q)x_2,$$

即有 $c_1 = 5$, $c_2 = 4+q$, $c_3 = c_4 = c_5 = 0$.

目标函数系数的变化将会影响到检验数，所以我们需要重新求新问题各个变量的检验数. 因为在原最优基中，x_1, x_2 和 s_3 是基变量，它们对应的检验数都是 0，故只需求 s_1 和 s_2 对应的检验数 $\bar{c}_3$ 和 $\bar{c}_4$. 依公式我们有

$$\bar{c}_3 = \boldsymbol{c_B B}^{-1}\boldsymbol{p}_3 - c_3 = (4+q,5,0)\begin{pmatrix}\frac{2}{7}\\ \frac{-1}{7}\\ \frac{-2}{7}\end{pmatrix} - 0 = \frac{3}{7} + \frac{2}{7}q.$$

同样可以求出

$$\bar{c}_4 = \frac{13}{7} - \frac{3}{7}q,$$

那么，只要这两个检验数都非负，原最优解就仍然是最优解. 解不等式组

$$\frac{3}{7} + \frac{2}{7}q \geqslant 0,$$

$$\frac{13}{7} - \frac{3}{7}q \geqslant 0,$$

得

$$-\frac{3}{2} \leqslant q \leqslant \frac{13}{3}.$$

这个不等式所确定的范围称为 q 的**容许范围**. 对于 z 中 x_2 的系数 c_2 而言，则有

$$4 - \frac{3}{2} \leqslant c_2 \leqslant 4 + \frac{13}{3}, \quad 即\frac{5}{2} \leqslant c_2 \leqslant \frac{25}{3}.$$

这个不等式所确定的范围称为 c_2 的**容许范围**.

于是，只要 q 的值在其容许范围内，或说只要 c_2 的值在其容许范围内，原最优解就仍是最优解.

但有时上述矩阵运算较为麻烦，这时直接利用原最优表进行计算还比较简单. 仍讨论上述例子.

1. 基变量系数发生变化

x_2 是最优基中的基变量. 仍设 z 中 x_2 的系数由 4 变为 $4+q$,. 此时初始表如表 2.9（Ⅰ）所示. 若进行与由表 1.9 至表 1.11 同样的单纯形变换，则得一表如表 2.9（Ⅱ）所示.

表 2.9

		x_1	x_2	s_1	s_2	s_3	右端
	z	-5	$-4-q$				
（Ⅰ）	s_1	3	5	1			15
	s_2	2	1		1		5
	s_3	2	2			1	11
	z		$-q$	$\frac{3}{7}$	$\frac{13}{7}$		$\frac{110}{7}$
（Ⅱ）	x_2		1	$\frac{2}{7}$	$-\frac{3}{7}$		$\frac{15}{7}$
	x_1	1		$-\frac{1}{7}$	$\frac{5}{7}$		$\frac{10}{7}$
	s_3			$-\frac{2}{7}$	$-\frac{4}{7}$	1	$\frac{27}{7}$
	z			$\frac{3}{7}+\frac{2}{7}q$	$\frac{13}{7}-\frac{3}{7}q$		$\frac{110}{7}+\frac{15}{7}q$
（Ⅲ）	x_2		1	$\frac{2}{7}$	$-\frac{3}{7}$		$\frac{15}{7}$
	x_1	1		$-\frac{1}{7}$	$\frac{5}{7}$		$\frac{10}{7}$
	s_3			$-\frac{2}{7}$	$-\frac{4}{7}$	1	$\frac{27}{7}$

将表（Ⅱ）的 z- 行中基变量 x_2 的系数变为 0，便得标准的单纯形表（Ⅲ）. 为了使得表（Ⅲ）能够成为最优表，该表的 z- 行中的检验数必须全部非负. 于是应有

$$\frac{3}{7}+\frac{2}{7}q \geqslant 0, \quad \frac{13}{7}-\frac{3}{7}q \geqslant 0.$$

与上面的结果相同.

如果给出了 q 的一个具体数值，则通过检查它是否位于上述变动范围之内，便可知原来所求的最优解是否仍为最优解. 若不是，则可直接从表 2.9（Ⅲ）开始继续进行迭代，而不需从头做起.

2. 非基变量的系数发生变化

设标准形 LP 问题的目标函数 z 中 x_j 的系数由 c_j 变成了 c_j+q，而在原最优表中，x_j 是非基变量. 通过同前一情况类似的分析可知，此时，在原来所得最优表的 z- 行中，x_j 的检验数将由 $\bar{c}_j$ 变为 $\bar{c}_j+q$. 只要使

$$\bar{c}_j+q \leqslant 0,$$

便可保持原最优解的最优性. 由此也就获得了 q 应满足的条件.

应当注意，当目标函数的系数有变动时，不管最优解是否发生变化，最优目标函数值总会改变. 如上面所说的情况，当例 2.1-1 的 z 中 x_2 的系数由 4 变为 $4+q$ 时，由表 2.9（Ⅲ）中的 z- 行知，新的 $z=\frac{110}{7}+\frac{15}{7}q$.

例 2.5-2　求例 2.1-1 中 Ⅱ 型饼干每百公斤的售价分别发生下述变化时的最优计划和最优销售收入：

（1） 由 4 百元降至 3 百元；

（2） 由 4 百元降至 2 百元.

解　上面我们已经求出了 q 的容许范围为 $\left[-\frac{3}{2}, \frac{13}{3}\right]$.

（1） $q=-1$ 时，在上述范围内，于是新最优解与原最优解相同. 但新最优值为

$$z^*=\frac{110}{7}+\frac{15}{7}\times(-1)=\frac{95}{7},$$

故东方食品厂每天的利润减少了 $\frac{15}{7}$ 百元.

（2） $q=-2$ 时，超出了上述容许范围，这时，根据上面求得的计算新检验数的公式，我们有

$$\bar{c}_3=\frac{3}{7}+\frac{2}{7}\times(-2)=-\frac{1}{7},$$

$$\bar{c}_4=\frac{13}{7}-\frac{3}{7}\times(-2)=\frac{19}{7}.$$

又

$$z=\frac{110}{7}+\frac{15}{7}\times(-2)=\frac{80}{7},$$

把这些数据代入表2.9(Ⅲ)，得表2.10(Ⅰ). 因其中有负检验数$-\frac{1}{7}$，故需换基. 易知s_1入基，x_2出基. 换基后得到新的单纯形表(Ⅱ). 因它的一切$\bar{c}_j\geqslant 0$，故已是最优表. 由此知，当$q=-2$时，新的最优解和最优值z分别为

$$x_1^*=\frac{5}{2},\ s_1^*=\frac{15}{2},\ s_3^*=6,\ x_2^*=s_2^*=0;\ z^*=\frac{25}{2}.$$

表2.10

		x_1	x_2	s_1	s_2	s_3	右端
	z			$-\frac{1}{7}$	$\frac{19}{7}$		$\frac{80}{7}$
(Ⅰ)	x_2		1	$\frac{2}{7}$ (圈)	$-\frac{3}{7}$		$\frac{15}{7}$
	x_1	1		$-\frac{1}{7}$	$\frac{5}{7}$		$\frac{10}{7}$
	s_3			$-\frac{2}{7}$	$-\frac{4}{7}$	1	$\frac{27}{7}$
	z		$\frac{1}{2}$		$\frac{5}{2}$		$\frac{25}{2}$
(Ⅱ)	s_1		$\frac{7}{2}$	1	$-\frac{3}{2}$		$\frac{15}{2}$
	x_1	1	×		×		$\frac{5}{2}$
	s_3		×		×	1	6

回到最大化问题，有

$$x_1^*=\frac{5}{2},\ x_2^*=0;\quad z^*=\frac{25}{2}.$$

若目标函数的系数中有两个或两个以上同时发生变化，利用灵敏度分析的方法怎样求出新的最优解呢？

现在我们来研究若例2.1-1中两种饼干的销售价格同时发生变化时，怎样求出新的最优计划.

例2.5-3 设例2.1-1中Ⅰ型饼干每百公斤的售价由5百元改变为$(5+p)$百元，而Ⅱ型饼干每百公斤的售价由4百元改变为$(4+q)$百元. 问这种改

变将如何影响原最优解和最优 z 值?

解　新问题的目标函数为

$$z=(5+p)x_1+(4+q)x_2,$$

于是,新问题的初始表如表 2.11(Ⅰ)所示. 对它进行与由表 1.9 到表 1.11 的同样单纯形变换后,则得表 2.11(Ⅱ). 因为 x_1 和 x_2 都是基变量,故需将表(Ⅱ)的 z- 行中的 p 和 q 都化成 0,这样就得到表 2.11(Ⅲ).

表 2.11

		x_1	x_2	s_1	s_2	s_3	右端
	z	$-5-p$	$-4-q$				
(Ⅰ)	s_1	3	5	1			15
	s_2	2	1		1		5
	s_3	2	2			1	11
	z	$-p$	$-q$	$\frac{3}{7}$	$\frac{13}{7}$		$\frac{110}{7}$
(Ⅱ)	x_2		1	$\frac{2}{7}$	$-\frac{3}{7}$		$\frac{15}{7}$
	x_1	1		$-\frac{1}{7}$	$\frac{5}{7}$		$\frac{10}{7}$
	s_3			$-\frac{2}{7}$	$-\frac{4}{7}$	1	$\frac{27}{7}$
	z			$\frac{3}{7}-\frac{1}{7}p+\frac{2}{7}q$	$\frac{13}{7}+\frac{5}{7}p-\frac{3}{7}q$		$\frac{110}{7}+\frac{10}{7}p+\frac{15}{7}q$
(Ⅲ)	x_2		1	$\frac{2}{7}$	$-\frac{3}{7}$		$\frac{15}{7}$
	x_1	1		$-\frac{1}{7}$	$\frac{5}{7}$		$\frac{10}{7}$
	s_3			$-\frac{2}{7}$	$-\frac{4}{7}$	1	$\frac{27}{7}$

由表 2.11(Ⅲ)知,两个非基变量的新检验数分别为

$$\bar{c}_3=\frac{3}{7}-\frac{1}{7}p+\frac{2}{7}q,$$

$$\bar{c}_4=\frac{13}{7}+\frac{5}{7}p-\frac{3}{7}q;$$

新的目标函数值为 $z=\frac{110}{7}+\frac{10}{7}p+\frac{15}{7}q$.

例 2.5-4 仍讨论例 2.1-1.

(1) 设 Ⅰ 型饼干的售价由每百公斤 5 百元升至 7 百元，而 Ⅱ 型饼干的售价由每百公斤 4 百元升至 5 百元，求新的最优计划和销售收入.

(2) 设 Ⅰ 型饼干的售价由每百公斤 5 百元升至 8 百元，而 Ⅱ 型饼干的售价由每百公斤 4 百元降至 3 百元，求新的最优计划和销售收入.

解 上面我们已经求出了新检验数的计算公式.

(1) 当 $p=2$，$q=1$ 时，

$$\bar{c}_3=\frac{3}{7}-\frac{1}{7}\times 2+\frac{2}{7}\times 1=\frac{3}{7}>0,$$

$$\bar{c}_4=\frac{13}{7}+\frac{5}{7}\times 2-\frac{3}{7}\times 1=\frac{20}{7}>0,$$

此时，原最优解还是最优解，但新的

$$z=\frac{110}{7}+\frac{10}{7}\times 2+\frac{15}{7}\times 1=\frac{145}{7}.$$

(2) 当 $p=3$，$q=-1$ 时，

$$\bar{c}_3=\frac{3}{7}-\frac{1}{7}\times 3+\frac{2}{7}\times(-1)=-\frac{2}{7}<0,$$

$$\bar{c}_4=\frac{13}{7}+\frac{5}{7}\times 3-\frac{3}{7}\times(-1)=\frac{31}{7}>0,$$

$$z=\frac{110}{7}+\frac{10}{7}\times 3+\frac{15}{7}\times(-1)=\frac{125}{7}.$$

将这些数据代入表 2.11（Ⅲ），得表 2.12（Ⅰ），因该表中有负检验数 $-\frac{2}{7}$，故需换基. 换基后得表 2.12（Ⅱ），它已是最优表了. 由此便可求得新的最优解和最优 z 值分别为

$$x_1^*=\frac{5}{2},\ s_1^*=\frac{15}{2},\ s_3^*=6,\ x_2^*=s_2^*=0;\quad z^*=20.$$

表 2.12

		x_1	x_2	s_1	s_2	s_3	右端
	z			$-\frac{2}{7}$	$\frac{31}{7}$		$\frac{125}{7}$
（Ⅰ）	x_2		1	($\frac{2}{7}$)	$-\frac{3}{7}$		$\frac{15}{7}$
	x_1	1		$-\frac{1}{7}$	$\frac{5}{7}$		$\frac{10}{7}$
	s_3			$-\frac{2}{7}$	$-\frac{4}{7}$	1	$\frac{27}{7}$

续表

		x_1	x_2	s_1	s_2	s_3	右 端
	z		1		4		20
(Ⅱ)	s_1		$\frac{7}{2}$	1	$-\frac{3}{2}$		$\frac{15}{2}$
	x_1	1	×		×		$\frac{5}{2}$
	s_3		×		×	1	6

2.5.2　约束条件的右端常数发生变化

设约束条件的右端列由 $\boldsymbol{b}$ 变为 $\boldsymbol{b}'$，则 $\boldsymbol{B}^{-1}\boldsymbol{b}$ 变为 $\boldsymbol{B}^{-1}\boldsymbol{b}'$. 这时需要重新检查 $\boldsymbol{B}^{-1}\boldsymbol{b}'$ 的可行性. 若 $\boldsymbol{B}^{-1}\boldsymbol{b}' \geqslant \boldsymbol{0}$，则 $\boldsymbol{x_B} = \boldsymbol{B}^{-1}\boldsymbol{b}'$，$\boldsymbol{x_N} = \boldsymbol{0}$ 就是最优解，因检验数(与 $\boldsymbol{b}$ 无关)未变. 如果 $\boldsymbol{B}^{-1}$ 容易求得，则可直接计算 $\boldsymbol{B}^{-1}\boldsymbol{b}'$；否则采用下面的方法.

在研究约束右端的灵敏度分析时，处理规范问题和处理非规范问题，情况差别较大. 这里我们先讨论规范问题的灵敏度分析，它比较简单，也比较常见. 非规范问题的情况将在 2.7 节讨论.

例 2.5-5　现在我们研究例 2.1-1 中若食糖拥有量发生变化时，怎样求出新的最优计划.

解　设例 2.1-1 中第一个约束的右端 15 有个改变量 t_1. 化成标准形后，我们把它写成如下形式：

$$3x_1 + 5x_2 + 1 \cdot s_1 = 15 + 1 \cdot t_1.$$

我们看到，t_1 和 x_3 有相同的系数，都是1. 在制作单纯形表时，我们把 t_1 写在表的最上面一行. 于是，新问题的初始表如表 2.13(Ⅰ)所示. 因为 t_1 只在第一个约束右端出现，所以在表 2.13(Ⅰ)中，t_1 的系数列向量为 $(0,1,0,0)^{\mathrm{T}}$. 这时我们要特别注意，在表 2.13(Ⅰ)中，还有哪个变量的系数列向量也是 $(0,1,0,0)^{\mathrm{T}}$？易知是 s_1. 因为单纯形变换实际上是一种行的初等变换，既然在初始表中，t_1 的系数列向量与 s_1 的系数列向量完全相同，那么在以后的单纯形变换中，这两个列向量也会永远相同. 因此对新的初始表进行与由表 1.9 到表 1.11 同样的变换后，则得一张与表 1.11 类似的表，即表 2.13(Ⅱ). 与表 1.11 不同的是，表 2.13(Ⅱ)的右边增加了 t_1 的一个系数列向量，它与该表中 s_1 的系数列向量相同.

表 2.13

		x_1	x_2	s_1	s_2	s_3	右端	t_1
	z	-5	-4					
(Ⅰ)	s_1	3	5	1			15	1
	s_2	2	1		1		5	
	s_3	2	2			1	11	
	z			$\frac{3}{7}$	$\frac{13}{7}$		$\frac{110}{7}$	$\frac{3}{7}$
(Ⅱ)	x_2		1	$\frac{2}{7}$	$-\frac{3}{7}$		$\frac{15}{7}$	$\frac{2}{7}$
	x_1	1		$-\frac{1}{7}$	$\frac{5}{7}$		$\frac{10}{7}$	$-\frac{1}{7}$
	s_3			$-\frac{2}{7}$	$-\frac{4}{7}$	1	$\frac{27}{7}$	$-\frac{2}{7}$

由此，我们得到新问题的一个基解，其基变量之值为

$$x_2=\frac{15}{7}+\frac{2}{7}t_1,\quad x_1=\frac{10}{7}-\frac{1}{7}t_1,\quad x_5=\frac{27}{7}-\frac{2}{7}t_1,$$

相应的目标函数值为 $z=\frac{110}{7}+\frac{3}{7}t_1$.

要想新的基解成为可行解，只需

$$\frac{15}{7}+\frac{2}{7}t_1\geqslant 0,$$

$$\frac{10}{7}-\frac{1}{7}t_1\geqslant 0,$$

$$\frac{27}{7}-\frac{2}{7}t_1\geqslant 0.$$

解此不等式组，得

$$-\frac{15}{2}\leqslant t_1\leqslant 10.$$

这个不等式所确定的范围叫做 t_1 的**容许范围**，只要 t_1 在其容许范围内变化，则原最优基仍是可行基. 而由于表 2.13（Ⅱ）中的检验数与原最优表(即表 1.11)中的检验数完全一样，故此时表 2.13（Ⅱ）的基也就是最优基. 总之，只要 t_1 在其容许范围内变化，原最优基就仍然是最优基，但须注意，最优解的具体数值和目标函数值都发生了变化.

当 t_1 在其容许范围内变化时，对 b_1 来说，就有

$$15-\frac{15}{2}\leqslant b_1\leqslant 10+15,\quad 即\frac{15}{2}\leqslant b_1\leqslant 25.$$

这个不等式确定的范围就叫做 b_1 的**容许范围**，只要 b_1 在其容许范围内变化，原最优基就仍保持其最优性.

同样可以求出，当例 2.1-1 中的第二个约束的右端有一个改变量 t_2 时，t_2 的容许范围为

$$-2\leqslant t_2\leqslant 5.$$

由此就可以求得 b_2 的容许范围为

$$-2+5\leqslant b_2\leqslant 5+5,\quad 即\ 3\leqslant b_2\leqslant 10.$$

若第三个约束的右端发生一个改变量 t_3 时，则 t_3 的容许范围为

$$t_3\geqslant -\frac{27}{7}.$$

由此也就可以求得 b_3 的容许范围为

$$b_3\geqslant 11-\frac{27}{7}=\frac{50}{7}.$$

例 2.5-6　求例 2.1-1 中的资源拥有量分别发生下述变化时的最优计划：

(1)　巧克力的拥有量由 5 公斤增加至 8 公斤；

(2)　食糖的拥有量由 15 公斤减少至 7 公斤.

解　(1)　当 b_2 有个改变量 t_2 时，通过制作与表 2.13 类似的单纯形表，可知此时新的右端列为

$$z=\frac{110}{7}+\frac{13}{7}t_2,$$

$$x_2=\frac{15}{7}-\frac{3}{7}t_2,$$

$$x_1=\frac{10}{7}+\frac{5}{7}t_2,$$

$$s_3=\frac{27}{7}-\frac{4}{7}t_2.$$

当 b_2 由 5 变为 8 时，$t_2=3$，它在 t_2 的容许范围内. 将 $t_2=3$ 代入上述各式，得新的最优解和最优 z 值分别为

$$x_1^*=\frac{10}{7}+\frac{5}{7}\times 3=\frac{25}{7},$$

$$x_2^*=\frac{15}{7}-\frac{3}{7}\times 3=\frac{6}{7};$$

$$z^*=\frac{110}{7}+\frac{13}{7}\times 3=\frac{149}{7}.$$

(2) 当 b_1 由15变为7时，$t_1=-8$，它超出了 t_1 的容许范围. 将 $t_1=-8$ 代入前面求得的当 b_1 改变 t_1 后新基解的计算公式，我们有

$$x_2=\frac{15}{7}+\frac{2}{7}t_1=\frac{15}{7}+\frac{2}{7}\times(-8)=-\frac{1}{7},$$

$$x_1=\frac{10}{7}-\frac{1}{7}t_1=\frac{10}{7}-\frac{1}{7}\times(-8)=\frac{18}{7},$$

$$s_3=\frac{27}{7}-\frac{2}{7}t_1=\frac{27}{7}-\frac{2}{7}\times(-8)=\frac{43}{7};$$

$$z=\frac{110}{7}+\frac{3}{7}t_1=\frac{110}{7}+\frac{3}{7}\times(-8)=\frac{86}{7}.$$

将这些数据代入表2.13(Ⅱ)，得表2.14(Ⅰ)，因其中

$$x_2=-\frac{1}{7}<0,$$

而全部检验数都已非负，故可用对偶单纯形法换基. 易知，此时 x_2 出基，s_2 入基，主元为 $-\frac{3}{7}$. 换基后得表2.14(Ⅱ)，它已是最优表了，由此得新问题的最优解和最优 z 值分别为

$$x_1^*=\frac{7}{3},\ x_2^*=0;\quad z^*=\frac{35}{3}.$$

表2.14

		x_1	x_2	s_1	s_2	s_3	右端
	z			$\frac{3}{7}$	$\frac{13}{7}$		$\frac{86}{7}$
(Ⅰ)	x_2		1	$\frac{2}{7}$	$\left(-\frac{3}{7}\right)$		$-\frac{1}{7}$
	x_1	1		$-\frac{1}{7}$	$\frac{5}{7}$		$\frac{18}{7}$
	s_3			$-\frac{2}{7}$	$-\frac{4}{7}$	1	$\frac{43}{7}$
	z		$\frac{13}{3}$	$\frac{3}{5}$			$\frac{35}{3}$
(Ⅱ)	s_2		$-\frac{7}{3}$	$-\frac{2}{3}$	1		$\frac{1}{3}$
	x_1	1	×	×			$\frac{7}{3}$
	s_3		×	×		1	$\frac{19}{3}$

若几种资源的拥有量同时发生变化，如何求出新的最优计划呢？此时的基本方法与前面相同，只不过形式要复杂一些，我们仍以例 2.1-1 说明之.

例 2.5-7 设例 2.1-1 中三个约束的右端都发生了变化，其改变量分别为 t_1,t_2 和 t_3. 试求新的基解及其对应的目标函数值.

解 类似于表 2.13 的做法，我们这次在原问题的初始表的"右端"中增加 t_1,t_2 和 t_3 三列，得新问题的初始表，如表 2.15（Ⅰ）所示. 易见在该表中 t_1 的列向量与 s_1 的列向量全同，t_2 的列向量与 s_2 的列向量全同，t_3 的列向量与 s_3 的列向量全同. 那么，如果我们对新初始表进行与原初始表到原最优表相同的那些变换，就可得一表如表 2.15（Ⅱ）所示.

表 2.15

		x_1	x_2	s_1	s_2	s_3	右端	t_1	t_2	t_3
（Ⅰ）	z	-5	-4							
	s_1	3	5	1			15	1		
	s_2	2	1		1		5		1	
	s_3	2	2			1	11			1
（Ⅱ）	z			$\frac{3}{7}$	$\frac{13}{7}$		$\frac{110}{7}+\frac{3}{7}t_1+\frac{13}{7}t_2$			
	x_2		1	$\frac{2}{7}$	$-\frac{3}{7}$		$\frac{15}{7}+\frac{2}{7}t_1-\frac{3}{7}t_2$			
	x_1	1		$-\frac{1}{7}$	$\frac{5}{7}$		$\frac{10}{7}-\frac{1}{7}t_1+\frac{5}{7}t_2$			
	s_3			$-\frac{2}{7}$	$-\frac{4}{7}$	1	$\frac{27}{7}-\frac{2}{7}t_1-\frac{4}{7}t_2+t_3$			

由此表立刻可知新的基解及其相应的目标函数值.

若给出的 t_1,t_2 和 t_3 的具体数值能使表 2.15 的右端列中第一行至第三行的各数都非负，则该表就是最优表，从而可求出新的最优解和最优 z 值；否则，需要用对偶单纯形法换基，求出新的最优解.

例 2.5-8 求例 2.1-1 中资源拥有量分别发生下述变化时的最优计划：

(1) 食糖的拥有量由 15 公斤减少至 13 公斤，巧克力的拥有量由 5 公斤增加至 6 公斤，劳动时间由 11 小时减少至 10 小时；

(2) 食糖的拥有量由 15 公斤增加至 16 公斤，巧克力的拥有量由 5 公斤减少至 3 公斤，劳动时间由 11 小时减少至 8 小时.

解 利用表 2.15 的右端列公式，我们可以很容易得到结果.

(1) 此时我们有 $t_1=-2$，$t_2=1$，$t_3=-1$. 将这些数据直接代入表2.15的右端列，得

$$z=\frac{110}{7}+\frac{3}{7}\times(-2)+\frac{13}{7}\times 1=\frac{117}{7},$$

$$x_2=\frac{15}{7}+\frac{2}{7}\times(-2)-\frac{3}{7}\times 1=\frac{8}{7},$$

$$x_1=\frac{10}{7}-\frac{1}{7}\times(-2)+\frac{5}{7}\times 1=\frac{17}{7},$$

$$s_3=\frac{27}{7}-\frac{2}{7}\times(-2)-\frac{4}{7}\times 1-1=\frac{34}{7}.$$

因为 $x_2, x_1, s_3\geqslant 0$，所以 $\{x_2, x_1, s_3\}$ 是可行基，从而也是最优基. 由此便可求出例 2.1-1 的新最优解和最优 z 值分别为

$$x_1^*=\frac{17}{7},\ x_2^*=\frac{8}{7};\quad z^*=\frac{117}{7}.$$

(2) $t_1=1$，$t_2=-2$，$t_3=-1$. 同样，由表 2.15 可得

$$z=\frac{87}{7},\ x_2=\frac{23}{7},\ x_1=-\frac{1}{7},\ s_3=\frac{26}{7}.$$

把这些数据代入表2.15的右端，便得表2.16（Ⅰ）. 因 $x_1<0$，故用对偶单纯形法换基. 换基后，得新基的单纯形表，如表2.16（Ⅱ）所示. 它已是最优表了. 由此可知，我们所求新问题的最优解和最优 z 值分别为

$$x_1^*=0,\ x_2^*=3;\quad z^*=12.$$

表 2.16

		x_1	x_2	s_1	s_2	s_3	右端
	z			$\frac{3}{7}$	$\frac{13}{7}$		$\frac{87}{7}$
（Ⅰ）	x_2		1	$\frac{2}{7}$	$-\frac{3}{7}$		$\frac{23}{7}$
	x_1	1		$-\frac{1}{7}$ (circled)	$\frac{5}{7}$		$-\frac{1}{7}$
	s_3			$-\frac{2}{7}$	$-\frac{4}{7}$	1	$\frac{26}{7}$
	z	3			4		12
（Ⅱ）	x_2	×	1	×	×		3
	s_1	−7		1	−5		1
	s_3	×		×	×		4

2.5.3 约束条件左端的系数发生变化

1. 非基变量系数的改变

设第 i 个约束方程中非基变量 x_j（相对于原最优基而言）的系数由 a_{ij} 改变为 $a_{ij}+\Delta a_{ij}$. 显然这时会使 $\boldsymbol{p}_j$ 随之改变，因而会影响到原最优解的最优性，但不会影响其可行性. 为了判断原有解是否仍为最优解，需要重新检查各个检验数. 原来的检验数为 $\bar{c}_j=\boldsymbol{c_B B}^{-1}\boldsymbol{p}_j-c_j$，变化后的检验数是

$$\bar{c}_j'=\bar{c}_j+t_i\Delta a_{ij},$$

其中 t_i 是 $\boldsymbol{c_B B}^{-1}$ 的第 i 个分量. 若有一切 $\bar{c}_j'\geqslant 0$，则原最优解仍为最优解；否则需要换基.

下面介绍一种不需求 $\boldsymbol{c_B B}^{-1}$ 而可计算出 $\bar{c}_j'$ 的方法. 设非基变量 x_j 的系数由 a_{ij} 变为 $a_{ij}+q$. 若对新问题的初始表施以与原初始表到原最优表同样的单纯形变换，则最后得一新表，它与原最优表只有 x_j- 列不同. 由于已设 x_j 是非基变量，故对新问题而言，也有 $x_j^*=0$. 由于新表中其余各列均与原最优表相同，故原最优解仍为新问题的可行解. 但它是否也是新问题的最优解呢？这就需要检查新表中 z- 行各数是否符合最优性条件. 下面我们通过具体例子来说明方法.

设(1.13) 中 s_1（它在最优基中是非基变量）的系数由 0 变成了 $0+q$. 注意，(1.13) 中的初始基变量是 s_2. 于是

$$2x_1+x_2+0\cdot s_1+s_2=5$$

变成了

$$2x_1+x_2+(0+1\cdot q)s_1+1\cdot s_2=5.$$

作出新问题的初始表，从中便可看到，q 与 s_2 所对应的列向量相同，即都是 $(0,0,1,0)^{\mathrm{T}}$. 因此，在以后的单纯形变换中，它们所对应的列向量也总是一样的. 对新初始表施以同样的单纯形变换后，可得一与原最优表 1.11 相应的表. 二者的唯一差别在于 s_1 所对应之列. 根据表 1.11 中 s_2 所对应的列向量的构造，便知新表中 s_1 所对应的检验数为 $\frac{3}{7}+\frac{13}{7}q$. 因此，若

$$\frac{3}{7}+\frac{13}{7}q\geqslant 0,$$

则原最优解仍为新问题的最优解. 若上述不等式不成立，则需换基：将 s_1 作为入基变量，出基变量的决定方法同以前一样.

2. 基变量系数的改变

基变量系数的变化不仅会影响到原最优解的最优性，而且会影响到其可

行性，因此常需重新计算 $c_B B^{-1} A - c$ 和 $B^{-1} b$. 因矩阵运算较复杂，也可用以下方法.

设(1.13)中 x_1(它在最优基中是基变量)的系数由2变为3，即该方程变为

$$2x_1 + 1 \cdot x_1 + x_2 + 1 \cdot s_2 = 5.$$

则对新问题的初始表经过同样一系列单纯形变换后，可得一与表1.11相应的表2.17.

表2.17

	x_1	x_2	s_1	s_2	s_3	右端
z	$\frac{13}{7}$		$\frac{3}{7}$	$\frac{13}{7}$		$\frac{110}{7}$
x_2	$-\frac{3}{7}$	1	$\frac{2}{7}$	$-\frac{3}{7}$		$\frac{15}{7}$
x_1	$1+\frac{5}{7}$		$-\frac{1}{7}$	$\frac{5}{7}$		$\frac{10}{7}$
s_3	$-\frac{4}{7}$		$-\frac{2}{7}$	$-\frac{4}{7}$	1	$\frac{27}{7}$

因 x_1 是第二个约束方程中的基变量，故需将 x_1-列变成 $(0,0,1,0)^T$，由此得表2.18.

由此可得新问题的最优解和最优 z 值分别为

$$x_1^* = \frac{5}{6},\ x_2^* = \frac{5}{2},\ s_1^* = s_2^* = 0,\ s_3^* = \frac{13}{3};\quad z^* = \frac{85}{6}.$$

表2.18

	x_1	x_2	s_1	s_2	s_3	右端
z			$\frac{7}{12}$	$\frac{13}{12}$		$\frac{85}{6}$
x_2		1	$\frac{1}{4}$	$-\frac{1}{4}$		$\frac{5}{2}$
x_1	1		$-\frac{1}{12}$	$\frac{5}{12}$		$\frac{5}{6}$
s_3			$-\frac{1}{3}$	$-\frac{1}{3}$	1	$\frac{13}{3}$

有时会遇到下述两种情况：

(1) 表2.18中的全部检验数均非负，而基变量的取值中有负数，即所得解满足最优性条件，但不满足可行性条件. 此时用对偶单纯形法进一步求解.

(2) 表 2.18 中的最优性条件不满足. 此时回溯至前面的一些表，从中找出一张满足最优性条件的表，并用对偶单纯形法继续求解. 假若找不到这样的表，则只好从头开始解新问题.

2.5.4　新变量的引入

现设东方食品厂除了生产 Ⅰ, Ⅱ 型饼干外，又试制了一种新产品，叫 Ⅲ 型饼干. 这种新饼干对食糖、巧克力和劳动工时三种资源的单位消耗分别为 2,3,5，它的售价是 7 百元 / 百公斤. 其他生产、资源等情况均同例 2.1-1 中的一样. 现该厂经理对于是否值得生产这一新产品，以及如果值得又应如何安排最优生产计划等问题，尚无把握. 他要求该厂的运筹分析人员对此进行研究.

运筹人员认为，此问题可以通过在例 2.1-1 中加入一个新变量的方法来解决. 设 x_3 表示该厂每天生产 Ⅲ 型饼干的数量，以百公斤为单位. 于是我们需要求解下述 LP 问题：

$$\begin{aligned}
\max\quad & z = 5x_1 + 4x_2 + 7x_3,\\
\text{s. t.}\quad & 3x_1 + 5x_2 + s_1 \qquad\qquad + 2x_3 = 15,\\
& 2x_1 + \ \ x_2 \qquad + s_2 \qquad + 3x_3 = 5,\\
& 2x_1 + 2x_2 \qquad\qquad + s_3 + 5x_3 = 11,\\
& \qquad\qquad x_1, x_2, s_1, s_2, s_3, x_3 \geqslant 0.
\end{aligned}$$

由于在例 2.1-1 中增加了新变量 x_3，显然原来的初始表 1.9 及经过一些迭代而获得的最优表 1.11 都会发生变化. 这种变化只是增加了 x_3 所对应的一列. 现在我们需要知道，经过这些迭代后，表 1.11 中 x_3 所对应的一列究竟是些怎样的数？此问题可以这样来解决：可以认为 x_3 原来就出现在例 2.1-1 中，只不过它在目标函数中及各约束条件中的系数均为零. 因此，我们可以利用前面已经获得的结果，而认为 x_3 的系数在各个约束方程中是一个一个地改变的，即第一次只是在第一个方程中由 0 变为 2，第二次只是在第二个方程中由 0 变为 3，第三次只是在第三个方程中由 0 变为 5. 于是得表 2.19 之(Ⅰ). 将 x_3-列的数据加以整理，得(Ⅱ). 再换一次基得(Ⅲ)，它已是最优表了. 最优解和最优 z 值分别为

$$x_2^* = 2\frac{9}{13},\ x_3^* = \frac{10}{13},\ s_3^* = 1\frac{10}{13},$$

$$x_1^* = s_1^* = s_2^* = 0;\quad z^* = 16\frac{2}{13}.$$

由此知，目标函数值有所增加. 这说明安排生产 Ⅲ 型饼干是合算的.

表 2.19

		x_1	x_2	s_1	s_2	s_3	x_3	右端
(Ⅰ)	z			$\frac{3}{7}$	$\frac{13}{7}$		$-7+\frac{3}{7}\times 2+\frac{13}{7}\times 3+0\times 5$	$\frac{110}{7}$
	x_2		1	$\frac{2}{7}$	$-\frac{3}{7}$		$\frac{2}{7}\times 2-\frac{3}{7}\times 3+0\times 5$	$\frac{15}{7}$
	x_1	1		$-\frac{1}{7}$	$\frac{5}{7}$		$-\frac{1}{7}\times 2+\frac{5}{7}\times 3+0\times 5$	$\frac{10}{7}$
	s_3			$-\frac{2}{7}$	$-\frac{4}{7}$	1	$-\frac{2}{7}\times 2-\frac{4}{7}\times 3+1\times 5$	$\frac{27}{7}$
(Ⅱ)	z			$\frac{3}{7}$	$\frac{13}{7}$		$-\frac{4}{7}$	$15\frac{5}{7}$
	x_2		1	$\frac{2}{7}$	$-\frac{3}{7}$		$-\frac{5}{7}$	$\frac{15}{7}$
	x_1	1		$-\frac{1}{7}$	$\frac{5}{7}$		$\frac{13}{7}$ (circled)	$\frac{10}{7}$
	s_3			$-\frac{2}{7}$	$-\frac{4}{7}$	1	$\frac{19}{7}$	$\frac{27}{7}$
(Ⅲ)	z	$\frac{4}{13}$		$\frac{35}{91}$	$\frac{189}{91}$			$16\frac{2}{13}$
	x_2	×	1	×	×			$2\frac{9}{13}$
	x_3	$\frac{7}{13}$		$-\frac{1}{13}$	$\frac{5}{13}$		1	$\frac{10}{13}$
	s_3	×		×	×	1		$1\frac{10}{13}$

2.5.5 新约束条件的引入

现在假设根据市场信息得知，最近饼干销售不畅，东方食品厂生产的饼干，每天最多只能卖出 3 百公斤. 问面临这一新形势，该厂应如何作出自己的最优生产安排?

上述市场需求限制相当于在例 2.1-1 中增加了一个新的约束：

$$x_1 + x_2 \leqslant 3.$$

我们要问：

(1) 原最优解还是不是可行解?

(2) 如果是，它是否也为最优解?

对于一个给定的LP问题，加上一个新的约束条件后，则可行解集有可能缩小，因而目标函数的最优值不可能有所改善. 所以，若原最优解仍是可行解，则它也必为新问题的最优解.

在现在的情况下，原最优解不满足新约束. 我们在其中引入一个松弛变量 s_4，得

$$x_1 + x_2 + s_4 = 3.$$

把此式加入表1.11，得表2.20（Ⅰ）. 再将基变量 x_1 和 x_2 对应的列向量都变为单位列向量，就得标准的单纯形表(Ⅱ). 由表(Ⅱ)可见，虽然 z- 行的全部检验数都非负，但因

$$s_4 = -\frac{4}{7} < 0,$$

故所得解已不再是可行解，此时需用对偶单纯形法求解. 易知 s_4 是出基变量，s_1 是入基变量. 换基后得新表(Ⅲ)，它已是最优表. 新问题的最优解为 $x_1^* = 2$，$x_2^* = 1$；新的最优值为14，比原最优值减少了.

表 2.20

		x_1	x_2	s_1	s_2	s_3	s_4	右端
(Ⅰ)	z			$\frac{3}{7}$	$\frac{13}{7}$			$\frac{110}{7}$
	x_2		1	$\frac{2}{7}$	$-\frac{3}{7}$			$\frac{15}{7}$
	x_1	1		$-\frac{1}{7}$	$\frac{5}{7}$			$\frac{10}{7}$
	s_3			$-\frac{2}{7}$	$-\frac{4}{7}$	1		$\frac{27}{7}$
	s_4	1	1				1	3
(Ⅱ)	z			$\frac{3}{7}$	$\frac{13}{7}$			$\frac{110}{7}$
	x_2		1	$\frac{2}{7}$	$-\frac{3}{7}$			$\frac{15}{7}$
	x_1	1		$-\frac{1}{7}$	$\frac{5}{7}$			$\frac{10}{7}$
	s_3			$-\frac{2}{7}$	$-\frac{4}{7}$	1		$\frac{27}{7}$
	s_4			$-\frac{1}{7}$ (circled)	$-\frac{2}{7}$		1	$-\frac{4}{7}$

续表

		x_1	x_2	s_1	s_2	s_3	s_4	右端
	z				1		3	14
(Ⅲ)	x_2		1		×		×	1
	x_1	1			×		×	2
	s_3				×	1	×	5
	s_1			1	2		−7	4

2.6 "≤"约束的影子价格

企业管理人员在企业发展中经常面临这样一些问题：为了扩大再生产，企业需要增加资源，那么哪些资源是值得增加的，哪些资源又是不值得增加的呢？在可以增加的资源中，因为资金有限，应该首先增加哪些资源呢？又比如，为了追加一单位的某种资源，企业最多愿意支付多少钱？这些问题的解决，当然可以借助灵敏度分析的计算结果得出结论．但是用计算机软件求解 LP 问题时，所给的结果中，并没有计算灵敏度分析的具体公式，而只给出了各种资源的影子价格或对偶价格．利用影子价格的概念可以回答上面所提出的那些问题．这里我们先讨论"≤"约束的影子价格(或资源的影子价格)，解释这个概念，并且说明它的应用．在 2.8 节再研究"≥"约束和"="约束的影子价格．

2.6.1 影子价格的概念

我们来研究规范 max 问题：

$$
\begin{aligned}
\max\quad & z = c_1x_1 + c_2x_2 + \cdots + c_nx_n,\\
\text{s.t.}\quad & a_{11}x_1 + a_{11}x_2 + \cdots + a_{1n}x_n \leqslant b_1,\\
& a_{21}x_1 + a_{22}x_2 + \cdots + a_{2n}x_n \leqslant b_2,\\
& \cdots,\\
& a_{m1}x_1 + a_{m2}x_2 + \cdots + a_{mn}x_n \leqslant b_m,\\
& \qquad\qquad x_1, x_2, \cdots, x_n \geqslant 0.
\end{aligned}
$$

它的每一个函数约束都是"≤"约束．这种模型常用来处理一个企业的资源分配问题，其中 z 代表企业获得的效益，b_i 代表第 i 种资源的拥有量．

现在我们关心的问题是，如果对资源的拥有量进行一定的调整时，会给企业的效益带来多大的影响. 为此，我们引进影子价格的概念. 我们定义：

第 i 个约束的影子价格是，这个约束的右端 b_i 增加 1 时，最优 z 值改变的量.

用规范 max 问题来研究资源分配问题时，它的函数约束常常表示资源约束. 因此，我们可以定义资源的影子价格.

第 i 种资源的影子价格是，这种资源的拥有量 b_i 增加 1 个单位时，最优 z 值改变的量.

设第 i 种资源的拥有量由 b_i 变为 b_i+1. 只要 b_i+1 仍在 b_i 的容许范围内，则原最优基仍保持其最优性. 此时利用对偶理论可以很容易求出各种资源的影子价格. 下面我们以例题进行说明.

例 2.6-1 求出例 2.1-1 中各种资源的影子价格.

解 该例中，$b_1=15$，$b_2=5$，$b_3=11$. 在第一章中我们已经求出了这个问题的最优基阵 $\boldsymbol{B}$ 和最优解. 在第二章中我们又求出了其对偶问题的最优解：

$$y_1^*=\frac{3}{7},\quad y_2^*=\frac{13}{7},\quad y_3^*=0.$$

根据对偶理论知，在最优解的情况下，最优 z 值 = 最优 w 值：

$$z^*=w^*=15y_1^*+5y_2^*+11y_3^*.$$

在灵敏度分析中，我们也求出了各个 b_i 的容许范围内. 在容许范围内，最优基保持不变，从而 $\boldsymbol{c_B B}^{-1}$ 保持不变. 这也就是说，对偶问题的最优解保持不变.

在例 2.5-5 中我们已经求出 b_1 的容许范围为 $\left[\frac{15}{2},25\right]$，$b_2$ 的容许范围为 $[3,10]$，b_3 的容许范围为 $\left[\frac{50}{7},M\right]$（$M$ 代表一个很大的正数，下同）.

现设 b_1 由 15 增加 1，变成 16. 因为 16 在 b_1 的容许范围内，故对偶问题的最优解不变，则新的目标函数最优值 z_1^* 为

$$z_1^*=(15+1)y_1^*+5y_2^*+11y_3^*.$$

于是，最优目标函数值的改变量为

$$z_1^*-z^*=y_1^*.$$

这说明第一种资源的影子价格就是 y_1^*，即 $\frac{3}{7}$.

同样，第二种资源的影子价格就是 y_2^*，即 $\frac{13}{7}$. 第三种资源的影子价格就

是 y_3^*，即 0.

由此可知，当用规范 max 模型研究资源分配问题时，只要第 i 种资源的拥有量 b_i 增加 1 仍在其容许范围内，则此资源的影子价格很容易求得：

第 i 种资源的影子价格 = 第 i 个对偶变量的最优值 y_i^*.

用更为一般的语言来表述，可以这样说：对于规范 max 问题，只要第 i 个约束右端 b_i 增加 1 仍在其容许范围内，则

第 i 个约束的影子价格 = 第 i 个对偶变量的最优值 y_i^*.

从上面的计算还可以看出，当 b_1 有个改变量 t_1 时，只要 b_1+t_1 在 b_1 的容许范围内，就可以按下述公式求出新的最优目标函数值 z_1^*：

$$z_1^* = (b_1+t_1)y_1^* + b_2y_2^* + b_3y_3^* = z^* + y_1^*t_1.$$

当 b_2 或 b_3 发生改变时，也有类似公式.

总之，当 b_i 变为 b_i+t_i 时，只要这一变化在 b_i 的容许范围内，就有

$$\text{新的最优 } z \text{ 值} = \text{旧的最优 } z \text{ 值} + \begin{pmatrix}\text{第 } i \text{ 种资源}\\ \text{的影子价格}\end{pmatrix} \cdot (b_i \text{ 的改变量}).$$

2.6.2 影子价格的解释和应用

例 2.6-2 解释上例中求出的影子价格并回答下述问题：

(1) 为了扩大再生产，东方食品厂现有的三种资源中，哪些是值得增加的，哪些是不值得增加的？

(2) 为追加 1 公斤食糖，该厂最多愿意支付多少钱？

(3) 如果 1 公斤食糖的市场价格为 45 元，该厂愿意买进食糖吗？如果这个价格降到 40 元呢？究竟在什么情况下，企业才愿意在买进外面的资源呢？

(4) 如果食糖的可用量为 20 公斤，在充分利用企业现有资源的条件下，试确定新的最优 z 值. 由此，你知道应当如何利用影子价格来计算新的最优 z 值的公式吗？

(5) 如果巧克力的可用量为 8 公斤，新的最优 z 值是多少？如果巧克力的可用量增加到 11 公斤，还可以用原来的影子价格来计算新的最优 z 值吗，为什么？

解 第一种资源(食糖)的影子价格为 $\frac{3}{7}$，说明每增加 1 公斤食糖，在现有资源的条件下，按最优计划组织生产，企业的收入将增加 $\frac{3}{7}$ 百元，约为 43 元. 同样，第二种资源(巧克力)的影子价格为 $\frac{13}{7}$，说明每增加 1 公斤巧克力，

在现有资源的条件下，按最优计划组织生产，企业的收入将增加$\frac{13}{7}$百元，约为186元. 同样，第三种资源(劳动时间)的影子价格为0，说明每增加1小时劳动时间，在现有资源的条件下，按最优计划组织生产，企业的收入不会增加. 为什么劳动时间增加了，而企业的收入不增加呢？因为在原来的最优计划中，劳动时间本来就有多的，还有$\frac{27}{7}$小时没有利用. 既然如此，再增加劳动时间又有什么用呢？

(1) 根据以上对东方食品厂三种资源的影子价格的计算和解释可知，该厂的劳动工时不值得再增加了，因为其影子价格为0. 这也是一个一般的规律，即凡是影子价格为0的资源都不值得增加. 所以该厂只有食糖和巧克力两种资源可以考虑增加.

(2) 该厂增加1公斤食糖以后，仍按最优计划去组织生产. 我们看到，食糖和巧克力仍然都全部用完，但劳动工时比原来要多消耗$\frac{2}{7}$小时(见约束右端的灵敏度分析公式). 可能还需要相应增加其他一些资源的消耗，最后才能使收入增加$\frac{3}{7}$百元，即约43元. 所以，为追加1公斤的食糖，东方食品厂最多愿意支付43元. 这也是一个一般的规律，即某种资源的影子价格，表示该企业为追加一个单位的该种资源最多愿意支付的款项，即最多愿意付多少钱.

(3) 由上一问题可知，东方食品厂为追加1公斤食糖，最多愿意付出43元. 而现在食糖的市场价格是每公斤45元，高于食糖的影子价格，该厂是绝对不会从市场买进食糖的.

如果食糖的市场价格为40元. 这个价格虽然比影子价格43元稍为低一点，但从东方食品厂来说，它除了购买1公斤食糖花费40元以外，还需要支付其他一些费用，才能使收入增加43元. 所以在这种情况下，该食品厂也不会买进食糖的.

由此可知，只有当一种资源的市场价格比该资源在本企业的影子价格低得比较多的时候，企业才考虑买进这种资源.

(4) 当$b_1 = 20$时，在b_1的容许范围内. 此时$t_1 = 5$. 故

$$\begin{aligned}\text{新的最优 } z \text{ 值} &= \text{旧的最优 } z \text{ 值} + (\text{第一种资源的影子价格}) \cdot t_1 \\ &= \frac{110}{7} + \frac{3}{7} \times 5 = \frac{125}{7}\ (\text{百元}).\end{aligned}$$

利用影子价格可以很容易计算出，当某种资源的拥有量发生改变时(改

变在其容许范围内）的新的最优 z 值，但欲想求出新的最优解，则仍然需要采用灵敏度分析的方法.

(5) 当 $b_2=8$ 时，$t_2=3$，在 t_2 的容许范围 $[-2,5]$ 内. 故

$$\begin{aligned}\text{新的最优 } z \text{ 值} &= \text{旧的最优 } z \text{ 值} + (\text{第二种资源的影子价格}) \cdot t_2 \\ &= \frac{110}{7} + \frac{13}{7} \times 3 = \frac{149}{7}\ (\text{百元}).\end{aligned}$$

当 $b_2=11$ 时，$t_2=6$，不在 t_2 的容许范围内，原最优基不再是最优基了，故不能用原有的影子价格来确定新的最优 z 值. 此时必须换基，求出新的最优基和新的影子价格，才能计算出新的最优 z 值.

2.7 非规范问题的灵敏度分析

在第 2.5 节，我们讨论了规范 max 问题的灵敏度分析. 那里的函数约束全部是"$\leqslant$"型时，分析、运算都比较容易. 现在我们需要研究非规范问题的灵敏度分析. 此时的分析和运算都比较麻烦. 我们还是通过例子来说明方法. 我们先用大 M 法解出一个非规范 LP 问题，然后再对它作灵敏度分析.

例 2.7-1 用大 M 法求解下述 LP 问题(P)：

$$\begin{aligned} \min \quad & z = 2x_1 + 3x_2, \\ \text{s.t.} \quad & 2x_1 + x_2 = 5, \\ & x_1 + 3x_2 \geqslant 6, \\ & x_1 + x_2 \leqslant 4, \\ & x_1, x_2 \geqslant 0. \end{aligned}$$

解 引入松弛变量和剩余变量，将所给问题化为标准形. 再引入人工变量，得修改后的问题为

$$\begin{aligned} \min \quad & z = 2x_1 + 3x_2 + Ma_1 + Ma_2, \\ \text{s.t.} \quad & 2x_1 + x_2 + a_1 = 5, \\ & x_1 + 3x_2 - e_2 + a_2 = 6, \\ & x_1 + x_2 + s_3 = 4, \\ & x_1, x_2, e_2, s_3, a_1, a_2 \geqslant 0. \end{aligned}$$

其求解过程如表 2.21 所示. 在表 2.21（Ⅰ）的目标函数行中有两列，第一列的数字是将 z 中各系数反号而得，用括号括起来了. 这一列不构成单纯形表的一部分，它是获得单纯形表第 0 行数据的基础；第二列的数字则是对第一列的数字根据单纯形法原理变换而来，它们真正成为单纯形表第 0 行中的各

数．此时表（Ⅰ）就是完全符合单纯形表要求的初始表了．接下去经过两次换基，就得到最优表如表（Ⅲ）所示．

表 2.21

		x_1	x_2	e_2	s_3	a_1	a_2	右端	比
		(-2	-3			$-M$	$-M$)		
	z	$-2+3M$	$-3+4M$	$-M$				$11M$	
（Ⅰ）	a_1	2	1			1		5	5
	a_2	1	③	-1			1	6	2
	s_3	1	1		1			4	4
	z	$-1+\frac{5}{3}M$		$-1+\frac{1}{3}M$			$1-\frac{4}{3}M$	$6+3M$	
（Ⅱ）	a_1	$(\frac{5}{3})$		$\frac{1}{3}$		1	$-\frac{1}{3}$	3	$\frac{9}{5}$
	x_2	$\frac{1}{3}$	1	$-\frac{1}{3}$			$\frac{1}{3}$	2	6
	s_3	$\frac{2}{3}$		$\frac{1}{3}$	1		$-\frac{1}{3}$	2	3
	z			$-\frac{4}{5}$		$\frac{3}{5}-M$	$\frac{4}{5}-M$	$\frac{39}{5}$	
（Ⅲ）	x_1	1		$\frac{1}{5}$		$\frac{3}{5}$	$-\frac{1}{5}$	$\frac{9}{5}$	
	x_2		1	$-\frac{2}{5}$		$-\frac{1}{5}$	$\frac{2}{5}$	$\frac{7}{5}$	
	s_3			$\frac{1}{5}$	1	$-\frac{2}{5}$	$-\frac{1}{5}$	$\frac{4}{5}$	

最优解和最优 z 值分别为

$$x_1^* = \frac{9}{5},\ x_2^* = \frac{7}{5},\ e_2^* = s_3^* = 0;\quad z^* = \frac{39}{5}.$$

2.7.1　目标函数系数发生变化

例 2.7-2　求出例 2.7-1 中各个目标函数系数的容许范围．

解　(1) c_1 的容许范围

设 c_1 由 2 变为 $2+p$．则新问题的初始表如表 2.22（Ⅰ）所示．如果我们对这新初始表也进行由原初始表到最优表的那些变换，则可得一表，如表

2.22（Ⅱ）所示. 由于在该表中 x_1 是基变量，故需将第 0 行中的 $-p$ 化成 0. 为此，将第一行的 p 倍加到第 0 行去即可. 这样就得到表 2.22（Ⅲ）.

表 2.22

		x_1	x_2	e_2	s_3	a_1	a_2	右端
		($-2-p$	-3			$-M$	$-M$)	
	z	$-2+3M-p$	$-3+4M$	$-M$				$11M$
（Ⅰ）	a_1	2	1			1		5
	a_2	1	3	-1			1	6
	s_3	1	1		1			4
	z	$-p$		$-\frac{4}{5}$		$\frac{3}{5}-M$	$\frac{4}{5}-M$	$\frac{39}{5}$
（Ⅱ）	x_1	1		$\frac{1}{5}$		$\frac{3}{5}$	$-\frac{1}{5}$	$\frac{9}{5}$
	x_2		1	$-\frac{2}{5}$		$-\frac{1}{5}$	$\frac{2}{5}$	$\frac{7}{5}$
	s_3			$\frac{1}{5}$	1	$-\frac{2}{5}$	$-\frac{1}{5}$	$\frac{4}{5}$
	z			$-\frac{4}{5}+\frac{1}{5}p$		$\frac{3}{5}+\frac{3}{5}p-M$	$\frac{4}{5}-\frac{1}{5}p-M$	$\frac{39}{5}+\frac{9}{5}p$
（Ⅲ）	x_1	1		$\frac{1}{5}$		$\frac{3}{5}$	$-\frac{1}{5}$	$\frac{9}{5}$
	x_2		1	$-\frac{2}{5}$		$-\frac{1}{5}$	$\frac{2}{5}$	$\frac{7}{5}$
	s_3			$\frac{1}{5}$	1	$-\frac{2}{5}$	$-\frac{1}{5}$	$\frac{4}{5}$

由此可知，只要

$$-\frac{4}{5}+\frac{1}{5}p \leqslant 0 \quad \text{或} \quad p \leqslant 4,$$

原最优基就仍是最优基，故 c_1 的容许范围为

$$c_1 \leqslant 2+4=6 \quad \text{或写为}[-M,6].$$

在这个容许范围内，原最优基和最优解都保持不变，但最优 z 值变为

$$\frac{39}{5}+\frac{9}{5}p.$$

若 c_1 的改变超出其容许范围，则原最优基不再是最优的了，需要用单纯形法换基，求出新的最优基，从而求出新的最优解和最优 z 值.

(2) c_2 的容许范围

设 c_2 由3变为 $3+q$. 则通过与上面类似的做法，可得一张与表2.22（Ⅱ）类似的表，只不过它的第0行中，x_1 的系数是0，而 x_2 的系数则为 $-q$. 同样因为 x_2 也是基变量，故需将 $-q$ 也变为0，这样，就得到一张与表2.10（Ⅲ）类似的表. 易知，只要

$$-\frac{4}{5}-\frac{2}{5}q\leqslant 0 \quad 或 \quad q\geqslant -2,$$

原最优基就仍是最优基，故 c_2 的容许范围为

$$c_2\geqslant 3-2=1 \quad 或写为[1,M].$$

在这个容许范围内，原最优基和最优解都保持不变，但最优 z 值变为

$$\frac{39}{5}+\frac{7}{5}q.$$

若 c_2 的改变超出其容许范围，则原最优基不再是最优的了，需要用单纯形法换基，求出新的最优基，从而求出新的最优解和最优 z 值.

(3) 两个系数同时发生变化

设 c_1 有个改变量 p，同时 c_2 有个改变量 q. 则通过与上面类似的做法，可得一张与表2.22（Ⅱ）类似的表，只不过它的第0行中，x_1 的系数是 $-p$，而 x_2 的系数则为 $-q$. 因为 x_1 和 x_2 都是基变量，故需将 $-p$ 和 $-q$ 都变为0，这样，就得到一张与表2.22（Ⅲ）类似的表. 易知，只要

$$-\frac{4}{5}+\frac{1}{5}p-\frac{2}{5}q\leqslant 0,$$

则原最优基和最优解都保持不变，但最优 z 值变为

$$\frac{39}{5}+\frac{9}{5}p+\frac{7}{5}q.$$

2.7.2　约束右端发生变化

例2.7-3　求出例2.7-1中各个约束右端的容许范围.

解　(1) b_1 的容许范围

设第一个约束的右端由5变为 $5+t_1$. 我们在原问题初始表的最右边加上一列，记为 t_1-列，如表2.23（Ⅰ）所示. 它是新问题的初始表. 当 b_1 由5变为 $5+1\cdot t_1$ 以后，在新初始表的 t_1-列中，第一个数不再是0，而是 M. 我们把它写成为 $0+M$，如表2.23（Ⅰ）最右边一列所示.

在新问题的初始表中，a_1-列的各数(从上到下)为

$$0,1,0,0.$$

而 t_1-列的各数向量为

$$M,1,0,0.$$

就是说，t_1-列除了第一个数多一个M外，与a_1-列完全相同. 那么，按照单纯形变换的原理在以后的单纯形表中，t_1-列除了第一个数多一个M外，将永远与a_1-列完全相同. 当我们对新初始表进行由原初始表到最优表的那些变换后，我们将得一表如表 2.23（Ⅱ）所示. 该表中a_1-列的第一个数为$\frac{3}{5}-M$，而t_1-列的第一个数比它多一个M，故为$\frac{3}{5}$. 再把变量t_1添加进去以后，整个右端列就如表所示.

表 2.23

		x_1	x_2	e_2	s_3	a_1	a_2	右端	t_1
	z	$-2+3M$	$-3+4M$	$-M$				$11M$	$0+M$
（Ⅰ）	a_1	2	1			1		5	1
	a_2	1	3	-1			1	6	
	s_3	1	1		1			4	
	z			$-\frac{4}{5}$		$\frac{3}{5}-M$	$\frac{4}{5}-M$	$\frac{39}{5}$	$+\ \frac{3}{5}t_1$
（Ⅱ）	x_1	1		$\frac{1}{5}$		$\frac{3}{5}$	$-\frac{1}{5}$	$\frac{9}{5}$	$+\ \frac{3}{5}t_1$
	x_2		1	$-\frac{2}{5}$		$-\frac{1}{5}$	$\frac{2}{5}$	$\frac{7}{5}$	$-\ \frac{1}{5}t_1$
	s_3			$\frac{1}{5}$	1	$-\frac{2}{5}$	$-\frac{1}{5}$	$\frac{4}{5}$	$-\ \frac{2}{5}t_1$

由于右端的变化不会影响到单纯形表的左端，故表 2.23（Ⅱ）的左边部分与表 2.21（Ⅲ）的左边部分完全相同，当然也仍有一切检验数非正.

所以，只要

$$\frac{9}{5}+\frac{3}{5}t_1 \geqslant 0,$$

$$\frac{7}{5}-\frac{1}{5}t_1 \geqslant 0,$$

$$\frac{4}{5}-\frac{2}{5}t_1 \geqslant 0,$$

原最优基就仍然是最优基. 解此不等式组，得

$$-3 \leqslant t_1 \leqslant 2,$$

这就是t_1的容许范围. 转到b_1，就有

$$-3+5\leqslant b_1\leqslant 2+5,\quad 即\ 2\leqslant b_1\leqslant 7,$$

这就是 b_1 的容许范围. 在这个容许范围内，原最优基保持其最优性.

(2) b_2 的容许范围

设 b_2 由 6 变为 $6+t_2$. 则新问题的初始表如表 2.24（Ⅰ）所示. 注意，在该表中 t_2-列与 e_2-列仅仅相差一个符号，因此在以后的单纯形变换中，这两列永远也仅仅相差一个符号. 所以当我们对新初始表进行由原初始表到最优表的那些变换后，我们将得一表如表 2.24（Ⅱ）所示. 其中 t_2-列与 e_2-列也仅仅相差一个符号. 这个结果也可通过比较表 2.24（Ⅰ）中的 t_2-列和 a_2-列而得出. 该表中 t_2-列除第一个数(M) 比 a_2-列第一个数(0) 多 M 外，这两列的其余各数完全相同. 因此，在以后的单纯形变换中，它们的关系依然如此.

表 2.24

		x_1	x_2	e_2	s_3	a_1	a_2	右端	t_2
	z	$-2+3M$	$-3+4M$	$-M$				$11M$	M
（Ⅰ）	a_1	2	1			1		5	
	a_2	1	3	-1			1	6	1
	s_3	1	1		1			4	
	z			$-\frac{4}{5}$		$\frac{3}{5}-M$	$\frac{4}{5}-M$	$\frac{39}{5}$	$+\ \frac{4}{5}t_2$
（Ⅱ）	x_1	1		$\frac{1}{5}$		$\frac{3}{5}$	$-\frac{1}{5}$	$\frac{9}{5}$	$-\ \frac{1}{5}t_2$
	x_2		1	$-\frac{2}{5}$		$-\frac{1}{5}$	$\frac{2}{5}$	$\frac{7}{5}$	$+\ \frac{2}{5}t_2$
	s_3			$\frac{1}{5}$	1	$-\frac{2}{5}$	$-\frac{1}{5}$	$\frac{4}{5}$	$-\ \frac{1}{5}t_2$

所以，只要

$$\frac{9}{5}-\frac{1}{5}t_2\geqslant 0,$$

$$\frac{7}{5}+\frac{2}{5}t_2\geqslant 0,$$

$$\frac{4}{5}-\frac{1}{5}t_2\geqslant 0,$$

原最优基就仍然是最优基. 解此不等式组，得

$$-3.5\leqslant t_2\leqslant 4,$$

这就是 t_1 的容许范围. 转到 b_2，就有

$$2.5 \leqslant b_2 \leqslant 10,$$

这就 b_2 的容许范围. 在这个容许范围内，原最优基保持其最优性.

(3) b_3 的容许范围

设 b_3 由 4 变为 $4+t_3$. 则新问题的初始表如表 2.25（Ⅰ）所示. 在该表中，t_3- 列与 s_3- 列完全相同.

那么，对新初始表进行由原初始表到最优表的那些变换后，则也可得一张如表 2.25（Ⅱ）所示.

表 2.25

		x_1	x_2	e_2	s_3	a_1	a_2	右端	t_3
	z	$-2+3M$	$-3+4M$	$-M$				$11M$	
（Ⅰ）	a_1	2	1			1		5	
	a_2	1	3	-1			1	6	
	s_3	1	1		1			4	1
	z			$-\frac{4}{5}$		$\frac{3}{5}-M$	$\frac{4}{5}-M$	$\frac{39}{5}$	
（Ⅱ）	x_1	1		$\frac{1}{5}$		$\frac{3}{5}$	$-\frac{1}{5}$	$\frac{9}{5}$	
	x_2		1	$-\frac{2}{5}$		$-\frac{1}{5}$	$\frac{2}{5}$	$\frac{7}{5}$	
	s_3			$\frac{1}{5}$	1	$-\frac{2}{5}$	$-\frac{1}{5}$	$\frac{4}{5}$	$+\ t_3$

所以，只要

$$\frac{4}{5}+t_3 \geqslant 0 \quad 或 \quad t_3 \geqslant -0.8,$$

原最优基就保持不变. 这就是 t_1 的容许范围. 转到 b_3，就有

$$b_3 \geqslant -0.8+4=3.2,$$

这就是 b_3 的容许范围. 在这个容许范围内，原最优基保持其最优性.

(4) 三个右端同时改变

设 b_1 由 5 变为 $5+t_1$，b_2 由 6 变为 $6+t_2$，b_3 由 4 变为 $4+t_3$. 则新问题的初始表与表 2.26（Ⅰ）所示. 对新初始表进行由原初始表到最优表的那些变换后，则也可得一张表如表 2.26（Ⅱ）所示.

表 2.26

		x_1	x_2	e_2	s_3	a_1	a_2	右端	t_1	t_2	t_3
	z	$-2+3M$	$-3+4M$	$-M$				$11M$	M	M	
(Ⅰ)	a_1	2	1			1		5	1		
	a_2	1	3	-1			1	6		1	
	s_3	1	1		1			4			1
	z			$-\frac{4}{5}$		$\frac{3}{5}-M$	$\frac{4}{5}-M$	$\frac{39}{5}+\frac{3}{5}t_1+\frac{4}{5}t_2$			
(Ⅱ)	x_1	1		$\frac{1}{5}$		$\frac{3}{5}$	$-\frac{1}{5}$	$\frac{9}{5}+\frac{3}{5}t_1-\frac{1}{5}t_2$			
	x_2		1	$-\frac{2}{5}$		$-\frac{1}{5}$	$\frac{2}{5}$	$\frac{7}{5}-\frac{1}{5}t_1+\frac{2}{5}t_2$			
	s_3			$\frac{1}{5}$	1	$-\frac{2}{5}$	$-\frac{1}{5}$	$\frac{4}{5}-\frac{2}{5}t_1-\frac{1}{5}t_2+t_3$			

所以，只要

$$\frac{9}{5}+\frac{3}{5}t_1-\frac{1}{5}t_2\geqslant 0,$$

$$\frac{7}{5}-\frac{1}{5}t_1+\frac{2}{5}t_2\geqslant 0,$$

$$\frac{4}{5}-\frac{2}{5}t_1-\frac{1}{5}t_2+t_3\geqslant 0,$$

原最优基就仍然是最优基. 当给出三个右端改变的具体数据后，我们将三个改变量代入这些不等式. 如果这三个不等式都成立，则原最优基就仍然是最优基. 否则，就需要用对偶单纯形法换基，以求出新的最优基和最优解.

2.8 “≥”和“=”约束的影子价格

在第 2.6 节，我们介绍了“≤”约束的影子价格. 现在我们要研究一般约束的影子价格概念.

无论是“≥”约束，或“≤”约束，或“=”约束，我们定义第 i 个约束的影子价格是这个约束的右端 b_i 增加 1 时，最优 z 值改变的量.

当 b_i+1 仍在 b_i 的容许范围内时，利用对偶理论很容易求出第 i 个约束的影子价格. 我们以例子来说明非规范问题影子价格的具体求法.

例 2.8-1　求下述 LP 问题(例 2.7-1) 中各个约束的影子价格：

$$\begin{aligned} \min \quad & z = 2x_1 + 3x_2, \\ \text{s.t.} \quad & 2x_1 + x_2 = 5, \\ & x_1 + 3x_2 \geqslant 6, \\ & x_1 + x_2 \leqslant 4, \\ & x_1, x_2 \geqslant 0. \end{aligned}$$

解 在对偶理论部分，我们已经指出，对于非规范问题，强对偶定理(定理2.4)仍然成立. 由该定理知，原问题和对偶问题中只要有一个有最优解，则另外一个也一定有最优解，并且二者的最优目标函数值相等.

在例2.7-1中我们已经求出了原问题的最优解，故其对偶问题也有最优解，设为 y_1^*，y_2^* 和 y_3^*. 于是根据强对偶定理，在最优解的情况下，最优 z 值 = 最优 w 值，即

$$z^* = w^* = 5y_1^* + 6y_2^* + 4y_3^*.$$

在上一节中我们已经求出 b_1 的容许范围为[2,7]，b_2 的容许范围为[2.5, 10]，b_3 的容许范围为[−0.8,M]. 只要 b_i 的变化在其容许范围内，则最优基保持不变，从而 $\boldsymbol{c_B B}^{-1}$ 保持不变. 这也就是说，对偶问题的最优解保持不变.

现设 b_1 由5增加1，变成6. 因为6在 b_1 的容许范围内，所以新的最优 z 值 z_1^* 仍可用原对偶问题的最优解表示出来，即有

$$z_1^* = (5+1)y_1^* + 6y_2^* + 4y_3^*.$$

于是，当 b_1 由5增加1时，

$$\begin{aligned} \text{最优 } z \text{ 值的改变量} &= \text{新最优 } z \text{ 值} - \text{旧最优 } z \text{ 值} \\ &= z_1^* - z^* = y_1^*. \end{aligned}$$

这说明第一个约束的影子价格就是 y_1^*.

当 b_2 由6增加1，变成7时，也在 b_2 的容许范围内. 根据与上面同样的推理可知，第二个约束的影子价格就是 y_2^*.

当 b_3 由4增加1，变成5时，也在 b_3 的容许范围内. 同样可知，第三个约束的影子价格就是 y_3^*.

总之，对于非规范问题，我们也证明了：只要第 i 个约束右端 b_i 增加1仍在其容许范围内，则

$$\text{第 } i \text{ 个约束的影子价格} = \text{第 } i \text{ 个对偶变量的最优值 } y_i^*.$$

剩下的问题就是如何求对偶问题的最优解了. 这个问题实际上我们在2.3.2段已经解决了. 在那里，我们举过一个非规范 min 问题求对偶问题最优解的例子，并且总结了一般的方法. 将那里讲的方法用于本例，就有

第一个约束是"="约束，所以 $y_1^* = a_1$ 的检验数 $+M = \dfrac{3}{5}$ (见表2.26)；

第二个约束是"≥"约束，所以 $y_2^* = -(e_2$ 的检验数$) = \frac{4}{5}$（见表 2.26）；

第三个约束是"≤"约束，所以 $y_3^* = s_3$ 的检验数 $= 0$（见表 2.26）.

这些结论也可从灵敏度分析的结果中得到验证. 从表 2.23（Ⅱ）知，当 $t_1 = 1$ 时，最优 z 值增加 $\frac{3}{5}$. 这也就说明第一个约束的影子价格就是 $\frac{3}{5}$，与上面算出的 y_1^* 值一致. 从表 2.24（Ⅱ）知，当 $t_2 = 1$ 时，最优 z 值增加 $\frac{4}{5}$. 这也就说明第二个约束的影子价格就是 $\frac{4}{5}$，与上面算出的 y_2^* 值一致. 从表 2.25（Ⅱ）知，当 $t_3 = 1$ 时，最优 z 值不增加. 这也就说明第三个约束的影子价格就是 0，与上面算出的 y_3^* 值一致.

当约束右端发生变化时，我们常常需要知道新的最优 z 值是什么. 只要 b_i 的改变仍在其容许范围内，则利用影子价格很容易确定新的最优 z 值. 仍讨论上述例子.

设 b_1 有个改变量 t_1，并且 $b_1 + t_1$ 仍然在其容许范围内. 这时，

$$\text{旧最优 } z \text{ 值} = b_1 y_1^* + b_2 y_2^* + b_3 y_3^*,$$

$$\text{新最优 } z \text{ 值} = (b_1 + t_1) y_1^* + b_2 y_2^* + b_3 y_3^*,$$

所以，

$$\text{新最优 } z \text{ 值} - \text{旧最优 } z \text{ 值} = y_1^* t_1.$$

由此

$$\begin{aligned}\text{新最优 } z \text{ 值} &= \text{旧最优 } z \text{ 值} + y_1^* t_1 \\ &= \text{旧最优 } z \text{ 值} + \begin{pmatrix}\text{第一个约束}\\ \text{的影子价格}\end{pmatrix} \cdot (b_1 \text{ 的改变量}).\end{aligned}$$

对于 b_2 和 b_3，也有类似的结果. 一般而言，当 b_i 发生改变时，只要这一改变仍在其容许范围内，我们就有

$$\text{新最优 } z \text{ 值} = \text{旧最优 } z \text{ 值} + \begin{pmatrix}\text{第 } i \text{ 个约束}\\ \text{的影子价格}\end{pmatrix} \cdot (b_i \text{ 的改变量}).$$

当约束右端发生改变以后，如果我们不仅想知道新的最优 z 值是多少，而且想知道新的最优解是什么，那就仍然必须进行灵敏度分析，如同表 2.23～表 2.26 所做的那样.

例 2.8-2 红星家电公司生产 4 种洗衣机，分别称为 Ⅰ 型、Ⅱ 型、Ⅲ 型和 Ⅳ 型洗衣机. 表 2.27 给出了生产 1 台洗衣机所需要的资源及洗衣机的售价. 公司现有原料 2 500 个单位和劳动时间 3 000 小时. 根据客户要求，该公司决定生产各种洗衣机 650 台（恰好满足需要），并且其中至少有 Ⅱ 型洗衣机

300 台. 试为该公司建立一个使销售收入最大化的 LP 模型，并求解之.

表 2.27

	资源消耗				资源拥有量
	Ⅰ型	Ⅱ型	Ⅲ型	Ⅳ型	
原料	4	3	8	5	2 500
劳动时间 / 小时	3	5	7	4	3 000
售价 / 千元	5	3	4	6	

解 设 x_j = 该公司生产 j 型洗衣机的台数($j = 1,2,3,4$). 则有

$$\max \quad z = 5x_1 + 3x_2 + 4x_3 + 6x_4,$$

$$\begin{aligned} \text{s.t.} \quad & x_1 + x_2 + x_3 + x_4 = 650, \\ & x_2 \geqslant 300, \\ & 4x_1 + 3x_2 + 8x_3 + 5x_4 \leqslant 2\,500, \\ & 3x_1 + 5x_2 + 7x_3 + 4x_4 \leqslant 3\,000, \\ & x_1, x_2, x_3, x_4 \geqslant 0, \text{为整数}. \end{aligned}$$

这是一个非规范 max 问题. 此题的变量个数和约束个数都比较多，用手工求解很麻烦. 现在有很多运筹学软件可用来求解各种运筹学问题. 我们用 QSB 软件解出的结果如下：

最优解为 $x_1^* = 150$, $x_2^* = 300$, $x_3^* = 0$, $x_4^* = 200$;

最优 z 值为 2 580(千元).

各个目标函数系数的容许范围

c_1：[4.5,6]　c_2：[$-M$,4]　c_3：[$-M$,9]　c_4：[5,7]

各个约束的有关数据

约束	松弛变量或剩余变量	影子价格	右端容许范围
约束 1	0	1	[620,700]
约束 2	0	−1	[100,375]
约束 3	0	1	[2 300,2 650]
约束 4	250	0	[2 750,M]

例 2.8-3 解释上例中的影子价格，并利用影子价格回答下述问题：

(1) 如果红星家电公司必须生产洗衣机 680 台，那么新的最优 z 值是多少？

(2) 如果客户要求红星家电公司必须生产 Ⅱ 型洗衣机 350 台，那么新的最优 z 值是多少？

(3) 如果红星家电公司可用的原料只有 2 400 个单位，那么新的最优 z 值是多少？如果可用的原料只有 2 200 个单位呢？

解　在解释影子价格的含义时，我们都假设约束右端的改变在其容许范围内. 约束 1 的影子价格为 1，意味着总需求量每增加 1 台将使销售收入增加 1 千元. 约束 2 的影子价格为 −1，意味着 Ⅱ 型洗衣机必须生产的量每增加 1 台将使销售收入减少 1 千元. 约束 3 的影子价格为 1，意味着每增加 1 个单位的原料将使销售收入增加 1 千元. 约束 4 的影子价格为 0，意味着增加劳动时间将不会使销售收入增加. 为什么劳动时间增加而收入却不增加呢？因为在原最优计划中，劳动时间本来就有 250 小时没有用完，再增加又有什么用呢？

(1) b_1 由 650 增加到 680，仍在 b_1 的容许范围内. 此时 $t_1 = 30$，

$$\text{新最优 } z \text{ 值} = \text{旧最优 } z \text{ 值} + \begin{pmatrix}\text{第一个约束}\\ \text{的影子价格}\end{pmatrix} \cdot (b_1 \text{ 的改变量})$$

$$= 2\,850 + 1 \times 30 = 2\,880\ (\text{千元}).$$

(2) b_2 由 300 增加到 350，仍在 b_2 的容许范围内. 此时 $t_2 = 50$，

$$\text{新最优 } z \text{ 值} = \text{旧最优 } z \text{ 值} + \begin{pmatrix}\text{第二个约束}\\ \text{的影子价格}\end{pmatrix} \cdot (b_2 \text{ 的改变量}).$$

$$= 2\,850 + (-1) \times 50 = 2\,800\ (\text{千元}).$$

(3) b_3 由 2 500 减少到 2 400，仍在 b_3 的容许范围内. 此时 $t_3 = -100$，

$$\text{新最优 } z \text{ 值} = \text{旧最优 } z \text{ 值} + \begin{pmatrix}\text{第三个约束}\\ \text{的影子价格}\end{pmatrix} \cdot (b_3 \text{ 的改变量})$$

$$= 2\,850 + 1 \times (-100) = 2\,750\ (\text{千元}).$$

如果 b_3 由 2 500 减少到 2 200，不在 b_3 的容许范围内，此时不能用现在的影子价格来计算新最优 z 值. 必须用对偶单纯形法换基，直至求出新的最优基、最优解和最优 z 值.

例 2.8-4　中华家电公司接到客户的订单，要求生产电冰箱 700 台，以恰好满足客户需要. 该公司有 F_1，F_2，F_3 和 F_4 共 4 家工厂可以生产电冰箱. 表 2.28 给出了生产 1 台电冰箱所需要的资源及生产成本. 公司现有原料 3 500 个单位和劳动时间 3 100 小时. 根据各工厂的实际情况，该公司决定 F_3 厂必须至少生产电冰箱 200 台. 试为该公司建立一个使生产成本最小化的 LP 模型，并求解之.

表 2.28

	资源消耗				资源拥有量
	F_1	F_2	F_3	F_4	
原料	4	5	6	7	3 500
劳动时间 / 小时	3	4	7	8	3 100
成本 / 千元	12	8	7	6	

解 设 x_j = 工厂 F_j 生产电冰箱的台数($j=1,2,3,4$). 则有

$$\min \quad z = 12x_1 + 8x_2 + 7x_3 + 6x_4,$$
$$\text{s.t.} \quad \begin{cases} x_1 + x_2 + x_3 + x_4 = 700, \\ x_3 \geqslant 200, \\ 4x_1 + 5x_2 + 6x_3 + 7x_4 \leqslant 3\,500, \\ 3x_1 + 4x_2 + 7x_3 + 8x_4 \leqslant 3\,100, \\ x_1, x_2, x_3, x_4 \geqslant 0, \text{为整数}. \end{cases}$$

这是一个非规范 min 问题. 我们用运筹学软件 QSB 解出的结果如下:
最优解为 $x_1^* = 300$, $x_2^* = 200$, $x_3^* = 200$, $x_4^* = 0$.
最优 z 值为 6 600 (千元).

各个目标函数系数的容许范围

c_1: [8.5, M]　　c_2: [$-M$, 10.75]　　c_3: [-4, M]　　c_4: [-8, M]

各个约束的有关数据

约束	松弛变量或剩余变量	影子价格	右端容许范围
约束 1	0	24	[625, 766.67]
约束 2	0	11	[150, 250]
约束 3	100	0	[3 400, M]
约束 4	0	−4	[2 900, 3 200]

例 2.8-5 解释上例中的影子价格, 并利用影子价格回答下述问题:

(1) 如果中华家电公司必须生产电冰箱 750 台, 那么新的最优 z 值是多少?

(2) 如果中华家电公司决定工厂 3 必须生产电冰箱 230 台, 试确定新的最优 z 值.

(3) 如果中华家电公司可用的劳动时间增加到 3 200 个小时，那么新的最优 z 值是多少？如果劳动时间减少到 3 000 小时呢？

解 在解释影子价格的含义时，我们都假设约束右端的改变在其容许范围内. 约束 1 的影子价格为 24，意味着总需求量每增加 1 台将使成本增加 24 千元. 约束 2 的影子价格为 11，意味着工厂 3 必须生产的量每增加 1 台将使成本增加 11 千元. 约束 3 的影子价格为 0，意味着增加原料不会使成本减少，因为原料本来就有 100 个单位没有用完. 约束 4 的影子价格为 -4，意味着劳动时间每增加 1 小时将使成本减少 4 千元.

(1) b_1 由 700 增加到 750，仍在 b_1 的容许范围内. 此时 $t_1 = 50$，

$$\text{新最优 } z \text{ 值} = \text{旧最优 } z \text{ 值} + \begin{pmatrix}\text{第一个约束}\\ \text{的影子价格}\end{pmatrix} \cdot (b_1 \text{ 的改变量})$$
$$= 6\,600 + 24 \times 50 = 7\,880\ (\text{千元}).$$

(2) b_2 由 200 增加到 230，仍在 b_2 的容许范围内. 此时 $t_2 = 30$，

$$\text{新最优 } z \text{ 值} = \text{旧最优 } z \text{ 值} + \begin{pmatrix}\text{第二个约束}\\ \text{的影子价格}\end{pmatrix} \cdot (b_2 \text{ 的改变量})$$
$$= 6\,600 + 11 \times 30 = 6\,930\ (\text{千元}).$$

(3) b_4 由 3 100 增加到 3 200，仍在 b_4 的容许范围内. 此时 $t_4 = 100$，

$$\text{新最优 } z \text{ 值} = \text{旧最优 } z \text{ 值} + \begin{pmatrix}\text{第三个约束}\\ \text{的影子价格}\end{pmatrix} \cdot (b_3 \text{ 的改变量})$$
$$= 6\,600 + (-4) \times 100 = 6\,200\ (\text{千元}).$$

如果 b_4 由 3 100 减少到 3 000，仍在 b_4 的容许范围内，此时 $t_4 = -100$，

$$\text{新最优 } z \text{ 值} = 6\,600 + (-4) \times (-100) = 7\,000\ (\text{千元}).$$

我们看到，当增加劳动时间时，成本降低了，当减少劳动时间时，成本反而提高了.

2.9　$b_i + 1$ 超出其容许范围时的影子价格

在 2.6 节和 2.8 节，我们已经看到，当 $b_i + 1$ 在 b_i 的容许范围内时，第 i 个约束的影子价格很容易求出，它就等于第 i 个对偶变量的最优值 y_i^*. 但若 $b_i + 1$ 超出 b_i 的容许范围时，影子价格怎么求呢？它还表示 $b_i + 1$ 时最优 z 值的改变量吗？我们确实可能碰到 $b_i + 1$ 超出 b_i 容许范围情况，试看下例.

例 2.9-1　已知 LP 问题

$$\max \quad z = 5x_1 + 4x_2,$$
$$\text{s.t.} \quad 3x_1 + 4x_2 \leqslant 16,$$
$$3x_1 + 3x_2 \leqslant 12,$$
$$4x_1 + 2x_2 \leqslant 10,$$
$$x_1, x_2 \geqslant 0$$

的最优表如表 2.29 所示. 试利用灵敏度分析方法求出第二个约束的容许范围，并且研究其影子价格.

表 2.29

	x_1	x_2	s_1	s_2	s_3	右 端
z				1	$\frac{1}{2}$	17
s_1			1	$-\frac{5}{3}$	$\frac{1}{2}$	1
x_2		1		$\frac{2}{3}$	$-\frac{1}{2}$	3
x_1	1			$-\frac{1}{3}$	$\frac{1}{2}$	1

解 设 b_2 由 12 变成 $12 + t_2$，则根据表 2.29 可得一表，如表 2.30 所示.

表 2.30

	x_1	x_2	s_1	s_2	s_3	右 端
z				1	$\frac{1}{2}$	$17+t_2$
s_1			1	$-\frac{5}{3}$	$\frac{1}{2}$	$1-\frac{5}{3}t_2$
x_2		1		$\frac{2}{3}$	$-\frac{1}{2}$	$3+\frac{2}{3}t_2$
x_1	1			$-\frac{1}{3}$	$\frac{1}{2}$	$1-\frac{1}{3}t_2$

解不等式组

$$1 - \frac{5}{3}t_2 \geqslant 0, \quad 3 + \frac{2}{3}t_2 \geqslant 0, \quad 1 - \frac{1}{3}t_2 \geqslant 0,$$

得

$$-4.5 \leqslant t_2 \leqslant 0.6.$$

由此得 b_2 的容许范围为[7.5,12.6].

由表 2.30 第 0 行知，$y_2^* = 1$，新的最优 z 值 $= 17 + t_2$. 如果 $t_2 = 1$ 在其容许范围内，则当 b_2 由 12 增加 1 时，即当 $t_2 = 1$ 时，最优 z 值将增加 1. 但现在的问题是，t_2 的最大容许取值只能到 0.6，不能达到 1. 所以，只有当 b_2 在[7.5,12.6] 内变化时，才能以影子价格为 1 去计算新的最优 z 值. 比如当 b_2 由 12 增加 0.5 时，即当 $t_2 = 0.5$ 时，新的最优 z 值将等于

$$17 + 1 \times 0.5 = 17.5.$$

如果我们要问，当 b_2 由 12 增加 1 时，即当 $t_2 = 1$ 时，新的最优 z 值等于多少呢？由表 2.30 第一行知，此时，$s_1 = -\dfrac{2}{3}$，原最优基已经不再是最优基了，需要用对偶单纯形法换基.

换基后，我们求出新的最优解和最优 z 值分别为

$$x_1^* = 0.8,\ x_2^* = 3.4;\quad z^* = 17.6.$$

我们看到，当 b_2 由 12 增加 1 时，新的最优 z 值不能用原来那个为 1 的影子价格去计算，它并没有增加 1，而只增加了 0.6.

习　　题

1. 写出下列 LP 问题的对偶问题：

(1) $\max\ z = 2x_1 + 3x_2 + x_3,$

$$\text{s.t.}\quad \begin{aligned} x_1 + 2x_2 + x_3 &\leqslant 6, \\ 3x_1 + 5x_2 - x_3 &\leqslant 12, \\ x_1, x_2, x_3 &\geqslant 0; \end{aligned}$$

(2) $\min\ z = x_1 + 2x_2 + 5x_3,$

$$\text{s.t.}\quad \begin{aligned} x_1 - 2x_2 + 5x_3 &\leqslant 8, \\ 2x_1 + 3x_2 + x_3 &= 3, \\ 4x_1 - x_2 + 2x_3 &\leqslant 6, \\ x_1, x_2, x_3 &\geqslant 0; \end{aligned}$$

(3) $\max\ z = x_1 + 2x_2 + 3x_3,$

$$\text{s.t.}\quad \begin{aligned} 3x_1 - 2x_2 + 4x_3 &= 10, \\ x_1 - x_2 + 2x_3 &= 7, \end{aligned}$$

$x_1 \geqslant 0$，x_2, x_3 无符号限制；

(4) $\max\ z = 2x_1 + x_2 - 4x_3,$

$$\text{s.t.}\quad x_1 - x_2 + 2x_3 - x_4 \geqslant 3,$$

$$
\begin{aligned}
&2x_1 + 3x_2 - \ \ x_3 + 4x_4 = 6, \\
&5x_1 - x_2 + \ \ x_3 - 2x_4 \leqslant 9, \\
&x_1, x_2 \geqslant 0, \quad x_3, x_4 \text{ 无符号限制}.
\end{aligned}
$$

2. 某酒厂利用 A,B,C 三种原料生产 E_1,E_2 两种酒. 每生产 1 升 E_1 酒，需要 A,B,C 的数量分别为 3,4,2 kg，而生产 1 升 E_2 的相应数量为 4,2,1 kg. 已知每生产 1 升 E_1,E_2 分别能获利 5 元、4 元. 现有 A,B,C 三种原料的数量分别为 14,8,6 kg. 问该厂应如何安排 E_1 和 E_2 的生产量，以便充分利用现有原料，使获利最大？

要求：对原始问题作出对偶问题，并求解. 然后分析对偶问题的最优表，找出原问题的最优解.

3. 试应用对偶理论证明下述两个 LP 问题均无最优解：

(1)
$$
\begin{aligned}
\max \quad & z = x_1 + x_2, \\
\text{s.t.} \quad & -x_1 + x_2 + x_3 \leqslant 2, \\
& -2x_1 + x_2 - x_3 \leqslant 1, \\
& x_1, x_2, x_3 \geqslant 0;
\end{aligned}
$$

(2)
$$
\begin{aligned}
\max \quad & z = x_1 - x_2 + x_3, \\
\text{s.t.} \quad & x_1 \qquad\ - x_3 \geqslant 4, \\
& x_1 - x_2 + 2x_3 \geqslant 3, \\
& x_1, x_2, x_3 \geqslant 0.
\end{aligned}
$$

4. 已知 LP 问题：

$$
\begin{aligned}
\max \quad & z = x_1 + 2x_2 + 3x_3 + 4x_4, \\
\text{s.t.} \quad & x_1 + 2x_2 + 2x_3 + 3x_4 \leqslant 20, \\
& 2x_1 + x_2 + 3x_3 + 2x_4 \leqslant 20, \\
& x_1, x_2, x_3, x_4 \geqslant 0
\end{aligned}
$$

的最优解为 $(0,0,4,4)^{\mathrm{T}}$，$z^* = 28$. 用互补松弛定理计算其对偶问题的最优解.

5. 用对偶单纯形法解下述问题：

(1)
$$
\begin{aligned}
\min \quad & 4x_1 + 12x_2 + 18x_3, \\
\text{s.t.} \quad & x_1 \qquad\quad + 3x_3 \geqslant 3, \\
& 2x_1 + 2x_2 \qquad \geqslant 5, \\
& x_1, x_2, x_3 \geqslant 0;
\end{aligned}
$$

(2)
$$
\begin{aligned}
\min \quad & 5x_1 + 2x_2 + 4x_3, \\
\text{s.t.} \quad & 3x_1 + x_2 + 2x_3 \geqslant 4, \\
& 6x_1 + 3x_2 + 5x_3 \geqslant 10, \\
& x_1, x_2, x_3 \geqslant 0;
\end{aligned}
$$

(3) $\min \quad x_1+2x_2+3x_3,$

$$\begin{aligned}\text{s.t.}\quad 2x_1-x_2+x_3&\geqslant 4,\\ x_1+x_2+2x_3&\leqslant 8,\\ x_2-x_3&\geqslant 2,\\ x_1,x_2,x_3&\geqslant 0.\end{aligned}$$

6. 已知 LP 问题

$$\begin{aligned}\max\quad z&=4x_1+3x_2,\\ \text{s.t.}\quad 3x_1+4x_2&\leqslant 12,\\ 3x_1+3x_2&\leqslant 10,\\ 4x_1+2x_2&\leqslant 8,\\ x_1,x_2&\geqslant 0\end{aligned}$$

的最优表如下所示：

	x_1	x_2	x_3	x_4	x_5	右端
z_1			$-\frac{2}{5}$		$-\frac{7}{10}$	$-\frac{52}{5}$
x_2		1	$\frac{2}{5}$		$-\frac{3}{10}$	$\frac{12}{5}$
x_4			$-\frac{3}{5}$	1	$-\frac{3}{10}$	$\frac{2}{5}$
x_1	1		$-\frac{1}{5}$		$\frac{2}{5}$	$\frac{4}{5}$

其中，$z_1=-z$；x_3,x_4,x_5 分别是三个函数约束的松弛变量. 试利用灵敏度分析法求解下述问题：

(1) 问 z 中 x_1 的系数在什么范围内变化时，原最优解仍是最优解？

(2) 试求出当 z 中 x_1 的系数分别发生下述变化时的最优解(和最优值)：(a) 由 4 变成 6，(b) 由 4 变成 7.

(3) 问 z 中 x_2 的系数在什么范围内变化时，原最优解仍是最优解？

(4) 试求出当 z 中 x_2 的系数分别发生下述变化时的最优解：(a) 由 3 变成 5，(b) 由 3 变成 6.

(5)* 试求出当 z 中 x_1 的系数由 4 变成 6，x_2 的系数由 3 变成 2 时的最优解.

7. 仍考虑上题中的模型.

(1) 试分别求出三个函数约束右端变化的容许范围(即能保持原最优基

不变的范围).

(2) 求第一个约束右端分别发生下述变化时的最优解：(a) 由 12 变成 10，(b)* 由 12 变成 13.

(3) 求第三个约束右端分别发生下述变化时的最优解：(a) 由 8 变成 6，(b) 由 8 变成 10.

(4) 求第一个约束右端由 12 变成 9、第二个约束右端由 10 变成 11、第三个约束右端由 8 变成 10 时的最优解.

8. 现在假设题 6 中的目标函数和约束右端都发生了变化，整个问题变成了下述形式：

$$
\begin{aligned}
\max \quad & z = 5x_1 + 4x_2, \\
\text{s.t.} \quad & 3x_1 + 4x_2 \leqslant 16, \\
& 3x_1 + 3x_2 \leqslant 12, \\
& 4x_1 + 2x_2 \leqslant 10, \\
& x_1, x_2 \geqslant 0.
\end{aligned}
$$

试根据习题 6 中给出的最优表，利用灵敏度分析的方法，求解这个新的 LP 问题.

9. 设有 LP 问题：

$$
\begin{aligned}
\max \quad & 7.5x_1 + 15x_2 + 10x_3, \\
\text{s.t.} \quad & 2x_1 + 2x_3 \leqslant 8, \\
& \frac{1}{2}x_1 + 2x_2 + x_3 \leqslant 3, \\
& x_1 + x_2 + 2x_3 \leqslant 6, \\
& x_1, x_2, x_3 \geqslant 0.
\end{aligned}
$$

(1) 求出最优解.

(2) 计算 c_1 的最优化范围.

(3) 若 c_1 增加 2.5 单位(从 7.5 到 10)，对原最优解有何影响？新的最优解是什么？

(4) 计算 c_3 的最优化范围，并求出当 c_3 由 10 变为 15 时的最优解.

10. 仍考虑上题中的 LP 问题. 利用影子价格，分别求出下述各种情况下目标函数值的变化：

(1) b_1 由 8 变成 9；

(2) b_2 由 3 变成 4；

(3) b_3 由 6 变成 7.

11*. 设有 LP 问题：

$$
\begin{aligned}
\max \quad & 5x_1 + 12x_2 + 4x_3, \\
\text{s.t.} \quad & x_1 + 2x_2 + x_3 \leqslant 5, \\
& 2x_1 - x_2 + 3x_3 = 2, \\
& x_1, x_2, x_3 \geqslant 0,
\end{aligned}
$$

其辅助问题的最优表的下半部分为

x_1	x_2	x_3	S_1	R_2	右端
	1	$-\frac{1}{5}$	$\frac{2}{5}$	$-\frac{1}{5}$	$\frac{8}{5}$
1		$\frac{7}{5}$	$\frac{1}{5}$	$\frac{2}{5}$	$\frac{9}{5}$

其中，S_1 是第一个约束方程中的松弛变量，R_2 是第二个约束方程中的人工变量. 现问当原问题约束条件的右端由$(5,2)^{\mathrm{T}}$ 变为$(3,10)^{\mathrm{T}}$ 时，新的最优解是什么？

第三章　运 输 问 题

这一章研究一类特殊的线性规划问题，即运输问题. 它最早是从物资调运工作中提出来的，但后来某些其他问题的模型也可归结为运输问题的形式. 虽然运输问题也是线性规划问题，但若用单纯形法去解却十分麻烦. 人们根据这种模型的特殊结构，已建立起专解此类问题的特殊算法，其中之一就是本章将要讲的表上作业法. 限于篇幅，本章中对若干定理只作了叙述，其证明可从专门讲解线性规划的书中找到.

3.1　运 输 模 型

运输问题的一般提法是：设要将 m 个地点(称为**发点**或**产地**) $A_1,A_2,\cdots,A_m$ 的某种物资调运至 n 个地点(称为**收点**或**销地**) $B_1,B_2,\cdots,B_n$. 各个发点的发量(需要调出的物资量) 分别为 $a_1,a_2,\cdots,a_m$ 个单位，各个收点的收量(需要调进的物资量) 分别为 $b_1,b_2,\cdots,b_n$. 已知每个发点 A_i 到每个收点 B_j 的单位运价为 c_{ij}. 现问应该怎样进行物资调运，才能使总的运费最少？

我们先讨论收发平衡的运输问题，即设总的发量等于总的收量：$\sum_{i=1}^{m}a_i=\sum_{j=1}^{n}b_j$. 设由发点 A_i 运给收点 B_j 的物资数量为 x_{ij} 个单位. 为了分析问题的方便，可把发点、收点、发量、收量、单位运价(简称运价) 以及物资调运量统统排在一张表上，如表 3.1 所示. 平衡运输问题的模型如下：

$$\left.\begin{aligned}&\min\ z=\sum_{i=1}^{m}\sum_{j=1}^{n}c_{ij}x_{ij},\\&\text{s.t.}\quad \sum_{j=1}^{n}x_{ij}=a_i\quad(i=1,2,\cdots,m),\\&\qquad\ \ \sum_{i=1}^{m}x_{ij}=b_j\quad(j=1,2,\cdots,n),\\&\qquad\qquad x_{ij}\geqslant 0\quad\Big(\sum_{i=1}^{m}a_i=\sum_{j=1}^{n}b_j\Big).\end{aligned}\right\}\tag{3.1}$$

表 3.1

运价、运量 收点 / 发点	B_1	B_2	$\cdots$	B_n	发量
A_1	x_{11} c_{11}	x_{12} c_{12}	$\cdots$	x_{1n} c_{1n}	a_1
A_2	x_{21} c_{21}	x_{22} c_{22}	$\cdots$	x_{2n} c_{2n}	a_2
$\vdots$	$\vdots$	$\vdots$		$\vdots$	$\vdots$
A_m	x_{m1} c_{m1}	x_{m2} c_{m2}	$\cdots$	x_{mn} c_{mn}	a_m
收量	b_1	b_2	$\cdots$	b_n	

运输问题(3.1)含有 mn 个未知量、$m+n$ 个约束方程. 例如，当 $m=30$，$n=50$ 时，(3.1)含有 1 500 个未知量、80 个约束方程. 若用一般单纯形法来求解，计算量是很大的. 下面介绍一种可解此类问题的特殊而又简便的方法，通常称它为**表上作业法**，因为对于 m,n 较小的问题，此方法可在表上进行.

运输问题既然也是线性规划问题，我们当然可根据求解 LP 问题的一般原理去寻找其特殊解法. 那些原理告诉我们，最优解若存在的话，必能在基可行解中找到. 而基可行解是由基所决定的，因此需要研究运输问题的基究竟有何特征.

为此，首先就要知道(3.1)中约束方程组的系数矩阵 $\boldsymbol{A}$ 的秩 $\mathrm{r}(\boldsymbol{A})$ 是多少. (3.1)中约束方程组的增广矩阵为

$$\begin{array}{ccccccccccccc} x_{11} & x_{12} & \cdots & x_{1n} & x_{21} & x_{22} & \cdots & x_{2n} & \cdots & x_{m1} & x_{m2} & \cdots & x_{mn} \end{array}$$

$$\overline{\boldsymbol{A}}=\begin{pmatrix}
1 & 1 & \cdots & 1 & & & & & & & & & & a_1\\
 & & & & 1 & 1 & \cdots & 1 & & & & & & a_2\\
 & & & & & & & & \ddots & & & & & \vdots\\
 & & & & & & & & & 1 & 1 & \cdots & 1 & a_m\\
1 & & & & 1 & & & & & 1 & & & & b_1\\
 & 1 & & & & 1 & & & & & 1 & & & b_2\\
 & & \ddots & & & & \ddots & & & & & \ddots & & \vdots\\
 & & & 1 & & & & 1 & & & & & 1 & b_n
\end{pmatrix}.$$

注意，若将$\overline{\mathbf{A}}$的前m行的和减去后n行的和，则得一个零向量，这说明$\overline{\mathbf{A}}$的行线性相关，因此，$\mathrm{r}(\overline{\mathbf{A}}) \leqslant m+n-1$. 由于$\mathbf{A}$是$\overline{\mathbf{A}}$的子矩阵，则更有

$$\mathrm{r}(\mathbf{A}) \leqslant m+n-1. \tag{3.2}$$

另一方面，在$\mathbf{A}$中去掉第1行而取出第2、第3……第$m+n$行，又取出与x_{11}，x_{12}，…，x_{1n}，x_{21}，x_{31}，…，x_{m1}所对应的列，则由这些取出的行和列相交处的元素构成$\mathbf{A}$的一个$m+n-1$级子式D：

$$D=\left|\begin{array}{cccc|cccc} & & & & 1 & & & \\ & & & & & 1 & & \\ & & & & & & \ddots & \\ & & & & & & & 1 \\ \hline 1 & & & & 1 & 1 & \cdots & 1 \\ & 1 & & & & & & \\ & & \ddots & & & & & \\ & & & 1 & & & & \end{array}\right|.$$

因为$D \neq 0$，所以$\mathrm{r}(\mathbf{A}) \geqslant m+n-1$. 再注意到(3.2)，就有

$$\mathrm{r}(\mathbf{A}) = m+n-1.$$

这说明运输模型的$m+n$个方程中只有$m+n-1$个是独立的，有一个多余方程. 划去任何一个方程后，其余的$m+n-1$个方程都是独立的.

于是我们有下述定理：

定理 3.1 运输问题(3.1)的任何一个基都由$m+n-1$个变量组成.

为了判断运输问题中怎样的$m+n-1$个变量构成一个基，我们已有一个简便的办法，其中需要用到一个所谓闭回路的概念.

设有变量序列(点列)：

$$x_{12}, x_{14}, x_{34}, x_{33}, x_{23}, x_{22}. \tag{3.3}$$

我们画出一个$m=3$，$n=4$的格子网，并在各格子中标出点x_{ij}. 然后将相邻两点用线段连接起来，终点x_{22}与始点x_{12}也用线段连接起来，如图3.1所示. 从图形来看，这些点与线段合在一起，就构成一条**闭回路**，其中的x_{12}，x_{14}，x_{34}，x_{33}，x_{23}，x_{22}称为此闭回路的**顶点**，那些连接两点的线段称为此闭回路的**边**. 显然，闭回路完全是由顶点及其排列次序所决定的. 因此，为指明一闭回路，我们只写出按一定次序排列的各个顶点. 例如在此例中，我们就说$\{x_{12}, x_{14}, x_{34}, x_{33}, x_{23}, x_{22}\}$形成一条闭回路.

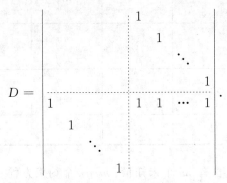

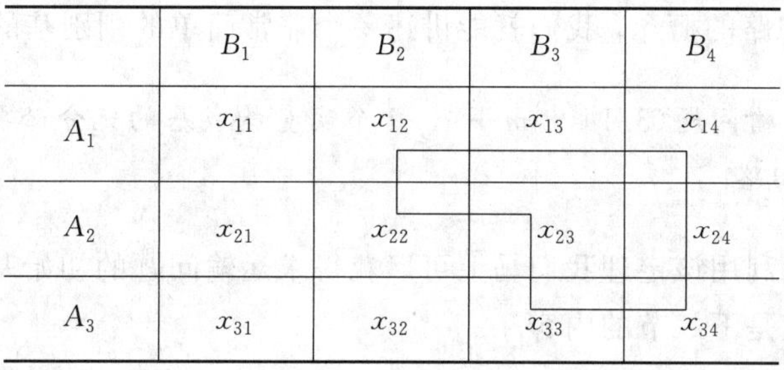
B_1
B_2
B_3
B_4
A_1
x_{11}
x_{12}
x_{13}
x_{14}
A_2
x_{21}
x_{22}
x_{23}
x_{24}
A_3
x_{31}
x_{32}
x_{33}
x_{34}

图 3.1

又如$\{x_{11},x_{13},x_{33},x_{34},x_{24},x_{21}\}$也形成一条闭回路，其图形如图 3.2 所示.

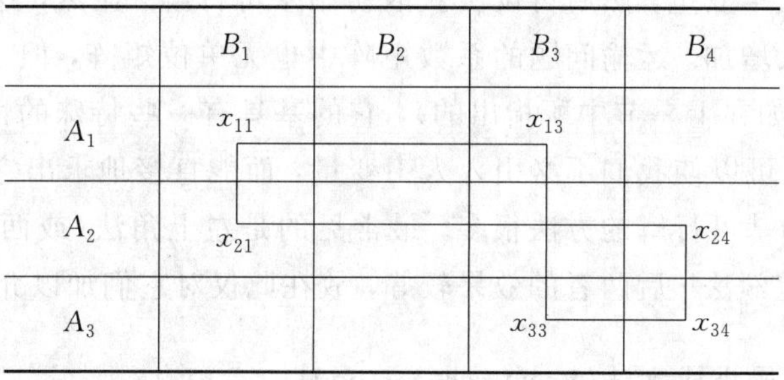
B_1
B_2
B_3
B_4
A_1
x_{11}
x_{13}
A_2
x_{21}
x_{24}
A_3
x_{33}
x_{34}

图 3.2

如果从变量组中能够挑选出一部分变量来，经过适当排列后，这部分变量可以构成一闭回路，则称该变量组**包含闭回路**，否则，就称**不包含闭回路**.

例如，由(3.3) 的各变量再加上任何一个变量所成的变量组是包含闭回路的，而变量组$\{x_{12},x_{14},x_{21},x_{24},x_{32},x_{33}\}$是不包含闭回路的，如图 3.3 所示.

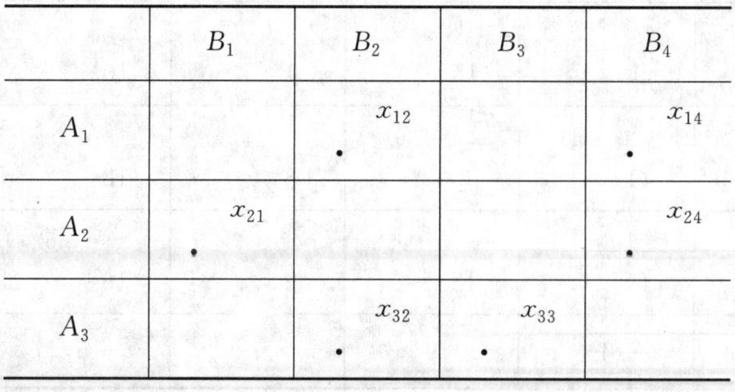
B_1
B_2
B_3
B_4
A_1
x_{12}
x_{14}
A_2
x_{21}
x_{24}
A_3
x_{32}
x_{33}

图 3.3

有了闭回路的概念，我们就能讲述一个非常简单的判别基的方法了.

定理3.2 运输问题(3.1)中$m+n-1$个变量构成基的充分必要条件是它不包含闭回路.

证明略. 利用该定理我们马上可以获得求运输问题的初始基可行解的简便方法，这正是下一节的内容.

3.2 初始基可行解的求法

我们知道，对于一般的LP问题，当系数矩阵中没有现成的单位矩阵时，通常要引进人工变量，然后再设法获取初始基可行解. 显然，这样做会使计算工作量大大增加. 运输问题的系数矩阵中也无单位矩阵，但是，由于它的特殊结构(正如在上一节中所指出的)，它的基具有一些特殊的性质. 善于利用这些特性，可以使我们不必引入人工变量，而能直接地求出它的初始基可行解. 求初始基可行解的方法很多，最常见的是左上角法(或西北角法)、最小成本法和差额法. 后两者的效果较好，故在此仅对它们加以介绍.

3.2.1 最小成本法(Least cost method)

最小成本法的基本思想是：运价最便宜的优先调运，或说就近供应. 现通过例子来说明.

例3.2-1 研究一运输问题，其有关数据如表3.2所示.

表3.2

运价、运量 收点 / 发点	B_1	B_2	B_3	B_4	发量
A_1	9 ②	18 ×	1 ⑦	10 ×	9
A_2	11 ①	6 ⑨	8 ×	18 ×	10
A_3	14 ①	12 ×	2 ×	16 ⑤	6
收量	4	9	7	5	

由表 3.2 知，

$$\text{总的收量} = \text{总的发量},$$

故收发是平衡的. 现从 c_{ij} 取最小值的格子开始填数(若有几个 c_{ij} 同为最小，则可任取其中一个). 在本例中，$c_{13}=1$ 最小. 这说明，将 A_1 的物资调给 B_3 是最便宜的，故应给 c_{13} 所对应的变量 x_{13} 以尽可能大的数值. 显然应取

$$x_{13}=\min\{9,7\}=7.$$

在 x_{13} 处填上 7，并画上圈. 由于 B_3 的需求已经得到满足(或说：B_3 列已被满足)，故 x_{23}，x_{33} 应为 0，我们在 x_{23}，x_{33} 处打上 ×，表示这些变量的值为 0. 由于第三列中各变量 x_{ij} 的值都已确定，故可以认为该列已从表 3.2 中划掉. 但需注意，这时 A_1 的发量只有 2 了.

现在，在所有未划去的方格中，最小的 c_{ij} 为 $c_{22}=6$. 那么应取

$$x_{22}=\min\{10,9\}=9,$$

在 x_{22} 处写上 ⑨，并在第二列的其他空格(即 x_{12}，x_{32})处打×，于是，第二列又被划去，而 A_2 的发量只有 1 了.

接下去的做法是：在 x_{11} 处填上 ②，此时，A_1 的发量已分配完毕(我们说：A_1 行被满足)，故应在第一行的其他空格处(实际上只有 x_{14} 了)打上 ×，划去第一行. 在 x_{21} 处填上 ①，在第二行的其他空格处(实际上只有 x_{24} 了)打上 ×，划去第二行. 在 x_{31} 处填上 ①，在第一列的其他空格处(实际上已没有空格了)打上 ×，划去第一列. 在 x_{34} 处填上 ⑤，在第四列(或第三行)的其他空格处(实际上已无空格了)打上 ×，划去第四列(或第三行).

至此，所有方格都已填上数或打上 ×. 总共填了 $3+4-1=6$ 个画圈的数(其个数等于基变量的个数)，其余方格均已打 ×. 每填一数就划去了一行或一列，总共划去的行列数也是 6 (只余下第三行(或第四列) 未划去). 由直接验算知，表 3.2 中各个 x_{ij} 之值(× 代表 0) 是一个可行解，它对应的目标函数值为

$$z=9\times2+1\times7+11\times1+6\times9+14\times1+16\times5=184.$$

在运用最小成本法时，还需注意两点：

(1) 当在表中某一变量处填入一数后，可能使该变量所在的行和列同时被满足. 此时，我们规定，只能划去一行或一列，而不能将两者同时划去.

(2) 当表中只剩下一行(或一列) 还有空格时，我们规定，在空格中只能填数(可填 0)，不能打 ×.

上述两点规定都是为保证画圈的数恰好共有 $m+n-1$ 个，即等于基变量的个数.

例 3.2-2 设有一运输问题如表 3.3 所示，试用最小成本法给出一初始解.

表 3.3

	B_1	B_2	B_3	
A_1	⓪ 3	③ 1	× 6	3
A_2	⑤ 2	× 4	× 3	5
A_3	⓪ 6	× 5	⑦ 5	7
	5	3	7	

解 令 $x_{12}=3$，此时 A_1 行和 B_2 列均被满足，按规定或在行上打×，或在列上打×，但不能同时在行与列上打×，例如在列上打×，即在 x_{22}，x_{32} 处打×. 然后应令 $x_{21}=5$，在 x_{23} 处打×. 再令 $x_{11}=0$，在x_{13} 处打×. 现在，表中只剩下第三行还有空格了，且最小的 c_{ij} 为 $c_{33}=5$，故应令 $x_{33}=7$，但在 x_{31} 处只能填数，不能打×，故需在 x_{31} 处填上 ⓪. x_{31} 虽取值为0，但它是基变量，故必须画上圈.

由上可见，最小成本法的基本步骤是：

(1) 从所有未划去的行列中找出最小成本(若有几个成本同为最小，则可任取其一)，在该成本所对应的变量处填上尽可能大的数，并画上圈.

(2) 在已被满足的行或列的空格中打×，若有一行和一列同时被满足，则只能或在行上打×，或在列上打×，而不可同时在行与列上都打×.

(3) 重复上述步骤，直至所有方格都已填数或打×为止.

对于用最小成本法所得到的初始方案，我们有下述论断：

定理3.3 由最小成本法得到的各 x_{ij} 值是运输问题(3.1)的一个基可行解，而所有画圈处的 x_{ij} 正好构成一个基.

最小成本法每次填数时从单个成本的角度注意到了成本因素，但是没有考虑到各个成本之间的相互影响，所以有时候得到的结果很差. 试看下例.

已给一个运输问题如表 3.4 所示，用最小成本法求出的初始解也填在该表中. 开始时最小成本为 $c_{11}=4$，我们在 x_{11} 处填了个 ⑨，此时，c_{12} 和 c_{13} 虽然都比较小，但已经不能填数了. 这样就迫使我们在 c_{22} 和 c_{23} 这些高额运费处不得不填数，结果，总的运费 $z=406$.

表 3.4

	B_1	B_2	B_3	
A_1	⑨ 4	5	6	9
A_2	④ 20	③ 30	⑤ 40	12
	13	3	5	

用我们要讲的 Vogel 近似法求出的初始解填在表 3.5 中，它比上面的结果要好得多，总运费 $z = 244$.

表 3.5

	B_1	B_2	B_3	
A_1	① 4	③ 5	⑤ 6	9
A_2	⑫ 20	30	40	12
	13	3	5	

3.3.2 Vogel 近似法(Vogel's approximation method，简记为 VAM)

Vogel 近似法的计算量虽比最小成本法稍大，但常能得到较好的初始解，甚至得到最优解. 这两种方法的主要区别在于确定基变量的方法不同：最小成本法每次是以具有最小成本的变量为基变量，而 VAM 每次是首先算出各行各列中次小(第二个最小的)成本与最小成本之差，然后在具有最大差额的行或列中以具有最小成本的变量为基变量.

现通过例题来介绍 Vogel 近似法. 仍讨论本节例 3.2-1 (见表 3.6). 首先算出每行每列中次小成本与最小成本的差额. 第一行的差额为 $9-1=8$，第二行的差额为 $8-6=2$，第三行的差额为 $12-2=10$. 行(列)的差额简称为**行(列)差**. 将行差写于初始数据表的右边. 同样可以算出各列的列差，并将列差写于表的下面. 然后，从行差和列差中找出差额最大的. 在现在的例中，最大差额为第三行的行差 10，在它上面画个圈. 于是，便在第三行中的最小成本处填数，即在 x_{33} 处填上 ⑥，而在 x_{31}, x_{32}, x_{34} 处打 ×. 至此，第一次填数的工作就算完成. 第二次填数又重复上述做法，但第一次已经划去的行或列便不再考虑了.

表 3.6

	B_1	B_2	B_3	B_4		行差			
A_1	③ 9	× 18	① 1	⑤ 10	9	8	8	8	⑧
A_2	① 11	⑨ 6	× 8	× 18	10	2	2	3	3
A_3	× 14	× 12	⑥ 2	× 16	6	⑩	—	—	—
	4	9	7	5					
	2	6	1	6					
列	2	⑫	7	8					
差	2	—	7	⑧					
	2	—	7	—					

所举例题的详细计算结果已在表 3.6 中给出. 该解所对应的

$$z = 9\times 3 + 1\times 1 + 10\times 5 + 11\times 1 + 6\times 9 + 2\times 6 = 155.$$

其结果确实比最小成本法($z = 184$)要好，而且碰巧用VAM得到的初始解就是最优解(见后文).

由上可见，VAM 的基本步骤有三：

(1) 算出各行各列中次小成本和最小成本的差额，并圈出最大的差额(若有几个差额同为最大，则可任取其一).

(2) 在具有最大差额的行或列中的最小成本处填上尽可能大的数，在已满足的行或列上打×.

(3) 对未划去的行及列重复上述步骤，直至得到一个初始解.

关于最小成本法的两点注意，在此同样有效. 也可证明，用 Vogel 近似法所求得的初始解确实是基可行解，而所有画圈处的变量正好构成一个基.

因为对任何运输问题，都可使用最小成本法去求出一个初始基可行解，故可知：任何运输问题都有基可行解. 进一步，我们还可以证明：任何运输问题都有最优解.

3.3 最优解的获得

当运输问题的初始基可行解求出以后，我们就应该对它进行判断，看它是不是最优解. 如同处理一般的线性规划问题一样，我们的判断准则仍然只有一个，即：若全部检验数都 $\leqslant 0$，则此基可行解就是最优解；若有正检验数，则需进行调整. 为此，首先仍然必须求出运输问题的检验数(检验数的含义同前).

根据运输问题的特殊情况，已经产生了一种专求此类问题的检验数的特殊方法，即所谓**位势法**. 下面仍然通过例题来对位势法进行介绍.

在表 3.2 中已经给出了例 3.2-1 的一个初始解. 基变量为 $x_{11}, x_{13}, x_{21}, x_{22}, x_{31}, x_{34}$. 现在对于每个发点(或说它对应的供应方程)和每个收点(或说它对应的需求方程)我们分别引进一个变量. 设对于发点 A_1, A_2 和 A_3，分别引进变量 u_1, u_2 和 u_3，对于收点 B_1, B_2, B_3 和 B_4，分别引进变量 v_1, v_2, v_3 和 v_4. 然后，对应于每个基变量 x_{ij}，建立一个方程

$$u_i + v_j = c_{ij}.$$

比如对基变量 x_{11}，建立一个方程

$$u_1 + v_1 = c_{11} = 9.$$

对其他 5 个基变量也照此办理，于是我们得到如下的方程组：

$$\begin{cases} u_1 + v_1 = c_{11} = 9, \\ u_1 + v_3 = c_{13} = 1, \\ u_2 + v_1 = c_{21} = 11, \\ u_2 + v_2 = c_{22} = 6, \\ u_3 + v_1 = c_{31} = 14, \\ u_3 + v_4 = c_{34} = 16, \end{cases} \tag{3.4}$$

其中的 $u_1, u_2, u_3, v_1, v_2, v_3, v_4$ 为未知量. 我们称方程组(3.4)的任意一组解为**位势**，而将(3.4)本身称为**位势方程组**. 它含有 7 个未知量，但只有 6 个方程式，故有一个自由未知量. 在一般情况下，位势方程组含有 $m+n$ 个未知量，即 $u_1, u_2, \cdots, u_m, v_1, v_2, \cdots, v_n$，但只有 $m+n-1$ 个方程式，含有一个自由未知量.

下面将会看到，用位势法来求检验数是非常方便的. 为此，首先需会求位势. 位势方程组有一种特别的、简单的形式，我们只需记住，要求一组数 $u_1, u_2, \cdots, u_m$ 与 $v_1, v_2, \cdots, v_n$，使得对于每一个有画圈的数的格子，等式

$c_{ij} = u_i + v_j$ 成立即可. 开始时，可从 $u_1, u_2, \cdots, u_m, v_1, v_2, \cdots, v_n$ 中任意取定一个未知量的值.

仍研究例3.2-1. 在表3.2中已给出了初始基可行解，我们将该表稍加修改(非基变量处的×不再写上了)，成为表3.7. 在此例中需要求 u_1, u_2, u_3 和 v_1, v_2, v_3, v_4. 求出的 u_i 的值写在A_i 的左下角处，v_j 的值则写在B_j 的左下角处，它们将与某些 c_{ij} 进行运算(故以前将 c_{ij} 写在格子的左下角处). 现取 $u_1 = 0$, 在 A_1 的左下角处写上 0，由(3.4) 式即得

$$v_1 = 9,\ v_3 = 1,\ u_2 = 2,\ u_3 = 5,\ v_2 = 4,\ v_4 = 11.$$

将所得的这些数都填在表中，就得到表 3.7. 今后为了求出这些 u_i 和 v_j，实际上可以不必写出方程组(3.4)，而就在表 3.7 上直接进行计算，只需记住，对应每个基变量 x_{ij}，有

$$u_i + v_j = c_{ij}.$$

表 3.7

	B_1	B_2	B_3	B_4	
	9	4	1	11	
0 A_1	9 ②	18	1 ⑦	10	9
2 A_2	11 ①	6 ⑨	8	18	10
5 A_3	14 ①	12	2	16 ⑤	6
	4	9	7	5	

有了位势以后，怎样求检验数呢?

设对应某组基可行解的位势为 $u_1, u_2, \cdots, u_m, v_1, v_2 \cdots, v_n$，则每一个非基变量 x_{ij} 对应的**检验数** $\bar{c}_{ij}$ 可用下式算出：

$$\bar{c}_{ij} = u_i + v_j - c_{ij}. \tag{3.5}$$

应当注意：用这个公式求出的检验数就是我们在单纯形法中所谈到的检验数. 公式(3.5) 就是公式 $\bar{c}_j = \boldsymbol{c_B B}^{-1} \boldsymbol{p}_j - c_j$ 在运输问题具体条件下的特殊形式，它们表示的意义完全相同.

现在利用公式(3.5)来求上例中的检验数. 在表3.7中，x_{12} 是非基变量. 按公式(3.5) 有

$$\bar{c}_{12} = u_1 + v_2 - c_{12} = 0 + 4 - 18 = -14.$$

又如

$$\bar{c}_{14}=u_1+v_4-c_{14}=0+11-10=1,$$

等等. 将表 3.7 中的检验数全部求出来，并填在相应格子的右上角处，便得表 3.8. 今后检验数的计算也可直接在表上进行. 注意每个格子右上角处的数字：画了圈的是基变量之值，未画圈的是检验数.

表 3.8

	B_1	B_2	B_3	B_4	
	9	4	1	11	
A_1	② 9	−14 18	⑦ 1	1 10	9
A_2	① 11	⑨ 6	−5 8	−5 18	10
A_3	① 14	−3 12	4 2	⑤ 16	6
	4	9	7	5	

因表 3.8 中有正检验数，故需进行调整. 调整的步骤仍如以前的一样，即首先要决定入基变量和出基变量，然后进行换基并求出新的基可行解以及新的检验数. 根据过去的做法，入基变量应选一个检验数为正的非基变量，若有几个同为正，则一般取检验数最大的那个非基变量. 在现在的例子中，正检验数有两个：4 和 1，其中 4 是 x_{33} 对应的检验数，故选 x_{33} 为入基变量.

现在来决定出基变量. 我们从入基变量出发，沿着水平(或垂直) 方向前进，遇到适当的基变量就转弯，沿着垂直(或水平) 方向前进，遇到适当的基变量又转弯，如此继续行走，直到最后回到出发点. 这时，所走过的路线就形成一条闭回路，记为 L. 此处所谓“适当”的意思是指：要使所走路线能形成一条闭回路，即能回到出发点. 回到上例. 我们从 x_{33} 出发，沿着水平方向前进，遇到基变量 x_{31}，于是转弯，沿着垂直方向前进. 首先遇到基变量 x_{21}，但它是“不适当”的，故不能在此转弯，还是继续前进. 接着遇到基变量 x_{11}，转弯沿水平方向前进. 遇到基变量 x_{13}，转弯再前进，便回到了 x_{33}. 于是，我们得到闭回路 $\{x_{33},x_{31},x_{11},x_{13}\}$. 如表 3.9 中虚线所示.

我们给闭回路的各个顶点进行编号：称入基变量 x_{33} 为第一个顶点，x_{31}

表 3.9

	B_1	B_2	B_3	B_4	
A_1	②		⑦		9
A_2	①	⑨			10
A_3	①		4	⑤	6
	4	9	7	5	

为第二个顶点，等等. 让 x_{33} 的值从 0 增加到 $\theta\,(\geqslant 0)$ 以后，为了保持解的可行性，显然 x_{31} 应减去 θ，而后 x_{11} 又增加 θ，x_{13} 再减去 θ. 一般情况下，就是奇数号顶点的变量值加 θ，偶数号顶点的变量值减 θ. θ 称为**调整量**. 为了使目标函数值获得最大改善，当然希望 x_{33} 的值尽可能地增大，也即尽量使 θ 大些. 但因每个偶数号顶点的变量值都要减去 θ，而在减去 θ 后，这些变量值还需非负，那么可将 θ 确定为偶数号顶点的变量值中最小者，而将取值最小的变量作为出基变量. 在我们的例子中，偶数号顶点的变量为 x_{31} 和 x_{13}（不管闭回路是按顺时针方向或是按逆时针方向），其值分别为 1 和 7，$x_{31} = 1$ 最小，故 x_{31} 为出基变量，$\theta = 1$.

现在对由表 3.9 给出的基可行解进行调整：对闭回路 L 的奇数号顶点上的变量 x_{33}, x_{11} 之值都加上 1（θ 的值），而对偶数号顶点上的变量 x_{31}, x_{13} 之值都减去 1；其余 x_{ij} 的值不变. 于是得新解（见表 3.10）：

$$x_{11} = 3,\ x_{13} = 6,\ x_{21} = 1,\ x_{22} = 9,\ x_{33} = 1,\ x_{34} = 5,$$

其余的 $x_{ij} = 0$. 此基可行解对应的目标函数值为

$$z = 9 \times 3 + 1 \times 6 + 11 \times 1 + 6 \times 9 + 2 \times 1 + 16 \times 5 = 180.$$

比由表 3.2 给出的初始解（$z = 184$）有所改善.

为了判断新解的最优性，又需求出新的位势和检验数. 这些数据也已填在表 3.10 中. 由于 x_{14} 处的检验数为正，故还需调整. 显然，入基变量就是 x_{14}. 作出闭回路 $\{x_{14}, x_{34}, x_{33}, x_{13}\}$（见表 3.10）. 因 $x_{34} = 5$，$x_{13} = 6$，故选 x_{34} 为出基变量，而 $\theta = 5$. 照上述方法进行调整，便得新表 3.11. 此表中全部检验数都已非正，故已得最优解. 此解为

$$x_{11}^* = 3,\ x_{13}^* = 1,\ x_{14}^* = 5,\ x_{21}^* = 1,\ x_{22}^* = 9,\ x_{33}^* = 6,$$

其余的 $x_{ij}^* = 0$，而最优值为 $z^* = 155$（与 Vogel 近似法所得到的结果相同）.

表 3.10

		B_1	B_2	B_3	B_4	
		9	4	1	15	
0	A_1	③ 9	−14 18	⑥ 1	5 10	9
2	A_2	① 11	⑨ 6	−5 8	−1 18	10
1	A_3	−4 14	−7 12	① 2	⑤ 16	6
		4	9	7	5	

表 3.11

		B_1	B_2	B_3	B_4	
		9	4	1	10	
0	A_1	③ 9	−14 18	① 1	⑤ 10	9
2	A_2	① 11	⑨ 6	−5 8	−6 18	10
1	A_3	−4 14	−7 12	⑥ 2	−5 16	6
		4	9	7	5	

现在把运输问题的整个解法小结如下：

(1) 用最小成本法或 Vogel 近似法求出一个初始基可行解 $\boldsymbol{x}^{(1)}$.

(2) 求出与 $\boldsymbol{x}^{(1)}$ 相应的位势，并根据位势求出各个非基变量的检验数 $\bar{c}_{ij}$.

(3) 若全部 $\bar{c}_{ij} \leqslant 0$，则 $\boldsymbol{x}^{(1)}$ 已是最优解；若有正检验数，则需进行调整(相当于以前说的换基)，转下一步.

(4) 调整方法：

① 将具有最大正检验数的变量作为入基变量；

② 由入基变量出发，找出一条闭回路 L，在 L 的偶数号顶点(入基变量的编号为1)中，取值最小的变量为出基变量，出基变量的值即为调整量 θ 之值；

③ 对 $\boldsymbol{x}^{(1)}$ 进行调整：将 L 的所有奇数号顶点上的变量值都加上 θ，而将所有偶数号顶点上的变量值都减去 θ；其余的变量值一律不变. 这样就得到了新的可行解 $\boldsymbol{x}^{(2)}$，回到(2).

最后，关于寻找运输问题最优解的方法有三点需加以说明：

第一，我们是通过位势来求检验数的. 但位势方程组中含有一个自由未知量，它可以任意取值. 给这个自由未知量以不同的数值，就会得到不同的位势. 那么，会不会得出不同的检验数呢?答案是不会. 虽然 u_i, v_j 的具体数值可以不同，但可证明 $u_i + v_j$ 却是唯一确定的，而求检验数时正好只用到这个和的值(参见公式(3.5))，故检验数也是唯一确定的.

第二，在确定出基变量时，我们需要从入基变量所在位置出发，经过适当的基变量，作出一条闭回路. 现在要问，此种闭回路是否一定能够作得出来? 因为我们知道，所有基变量组成的变量组是不包含闭回路的. 对此，下述定理作了明确保证.

定理3.4 在全体基变量中加入一个非基变量后，就一定存在一条，且只有唯一的一条闭回路.

第三，在单纯形法的换基中，我们是把具有正检验数的变量作为入基变量，然后按最小比值法则确定出基变量，并将最小比值记为 θ. 在用表上作业法解运输问题时，我们也是选具有正检验数的变量为入基变量. 但为决定出基变量，我们以入基变量为起点，作一条闭回路，将闭回路的偶数号顶点中取值最小的变量定为出基变量，且将其值作为调整量 θ 之值. 可以证明，表上作业法这种确定出基变量的做法实际上与单纯形法中的做法相同，而其调整量 θ 实际上也就是单纯形法中的最小比值 θ，不过这些证明较为繁琐，在此处从略.

既然二者换基的做法实质上是相同的，因此用表上换基后所得到的新解仍是基可行解.

在本节最后，我们指出运输问题还有一个非常重要的性质. 从前面的例题中我们看到，当运输问题的所有发量和所有收量都是整数时，我们用表上作业法求得的基可行解中所有基变量都取整数值，而调整后得到的新基可行解直至最后获得的最优解，其全部基变量的值也都是整数. 这一事实并非个别现象，而是普遍成立的. 由运输问题系数矩阵所具有的特性，我们可以证明如下的定理.

定理3.5 如果一个运输问题中的所有发量和所有收量都是整数，那么它的每一个基可行解中的所有变量也都取整数值.

定理 3.5 所表达的运输问题的这一重要特性通常称为“运输问题基可行

解的整数性”性质.

上面已经说到，用表上作业法解运输问题时，每次调整后得到的新解(包括最后得到的最优解)都是基可行解，因此由定理 3.5 立刻可得出下述推论.

推论 如果一个运输问题中的所有发量和所有收量都是整数，那么用表上作业法求得它的最优解中，所有变量也都取整数值.

定理3.5及其推论是重要的，在3.5节的指派问题的求解中就要用到它们.

有关上述各个结论的详细证明，读者可以从专门讲述线性规划或数学规划的书籍中找到.

3.4 不平衡运输问题

在前几节的讨论中，我们总假定总发量 $\sum_{i=1}^{m} a_i$ 等于总收量 $\sum_{j=1}^{n} b_j$，此种问题称为**平衡运输问题**(指收发平衡). 但在实际中也常遇到 $\sum_{i=1}^{m} a_i \neq \sum_{j=1}^{n} b_j$ 的情况，有时收大于发，有时发大于收，此种问题则称为**不平衡运输问题**. 这种问题很容易化为我们已经讨论过的平衡运输问题.

3.4.1 总发量大于总收量

当总的发量超过总的收量时，所有收点的需求都能得到满足，但有些发点的物资就不能发运出去，仍停留在发点处. 我们虚设一个收点来“接收”这些没有发出的物资，其“收量”就正好等于总发量和总收量之差，这样就把一个不平衡运输问题化成了一个平衡运输问题. 那些停留在发点的物资没有运动，当然不会产生运费. 但如果发点对停留物资要收取存储费，则可将这种存储费视为运费一样看待.

例 3.4-1 设有 3 个发点 A_1, A_2, A_3，其发量分别为 7,5,8；又有 4 个收点 B_1, B_2, B_3, B_4，其收量分别为 3,6,4,2. 单位运价如表 3.12 所示，如果发点不收存储费，问应如何调运使总运费最省？如果发点要收存储费，例如设发点 A_1, A_2 和 A_3 的单位存储成本分别为 2,3 和 4，那又该如何组织调运呢？

解 总发量为 20，总收量为 15，发大于收，二者之差为 5. 在此情况下，我们增加一个虚拟的收点 B_5，其收量就为 5. 这样，收发就平衡了，也就转

表 3.12

	B_1	B_2	B_3	B_4	发量
A_1	4	6	2	8	7
A_2	5	3	4	6	5
A_3	7	9	6	4	8
收量	3	6	4	2	

化成了平衡的运输问题. 由于 B_5 是个虚设的收点，因此当我们说从 A_1 调 3 吨物资给 B_5 时，这 3 吨物资实际上并未运走，仍留在 A_1 处，所以这些物资不产生运费，如果发点也不收存储费，则有运价 $c_{15}=0$. 同样可知，$c_{25}=c_{35}=0$. 于是，我们只需求解如表 3.13 所给出的运输问题. 在求出的最优解中，$x_{15}^*,x_{25}^*,x_{35}^*$ 的数值表示实际上并未从 A_1,A_2,A_3 调出而仍留在这三个发点的物资量.

表 3.13

	B_1	B_2	B_3	B_4	B_5	发量
A_1	4	6	2	8	0	7
A_2	5	3	4	6	0	5
A_3	7	9	6	4	0	8
收量	3	6	4	2	5	20

如果发点对没有发出的物资要收取存储费，且已知 A_1,A_2 和 A_3 的单位存储成本分别为 2,3 和 4，则要在表 3.13 中，令 $c_{15}=2$，$c_{25}=3$，$c_{35}=4$. 这样就得到一个如表 3.14 所示的平衡运输问题.

表 3.14

	B_1	B_2	B_3	B_4	B_5	发量
A_1	4	6	2	8	2	7
A_2	5	3	4	6	3	5
A_3	7	9	6	4	4	8
收量	3	6	4	2	5	20

3.4.2 总发量小于总收量

当总的发量小于总的收量时，必然会使有些收点的需求得不到满足，也就是说，我们得不到这个问题的可行解. 我们虚设一个发点来“发送”这些短缺的物资，其“发量”就正好等于总发量和总收量之差，这样也就把一个不平衡运输问题化成了一个平衡运输问题. 此时如果所有收点对未满足的需求不提出任何意见，认为物资不够就算了，则这些短缺物资不会产生任何成本. 但如果收点对于未满足的需求要计算短缺成本，比如说要罚款，则可将这些短缺成本视为运费对待.

例 3.4-2 求解由表 3.15 所给出的运输问题. 其中总的发量小于总的收量. 如果收点不计短缺成本，问应如何调运使总的运输成本最小？如果收点对短缺物资要进行罚款，且已知 B_1, B_2, B_3 和 B_4 的单位罚款分别为 3,4,5 和 6，问又该怎样组织调运呢？

表 3.15

	B_1	B_2	B_3	B_4	发 量
A_1	6	5	7	3	6
A_2	2	4	5	6	5
A_3	8	5	7	4	5
收 量	4	7	3	6	

解 因总发量 16 小于总收量 20，故增加一虚拟发点 A_4，其发量 $a_4 = 20 - 16 = 4$，当不计短缺成本时，就令所有 $c_{4j} = 0$，便得表 3.16 所示的平衡问题.

表 3.16

	B_1	B_2	B_3	B_4	发 量
A_1	6	5	7	3	6
A_2	2	4	5	6	5
A_3	8	5	7	4	5
A_4	0	0	0	0	4
收 量	4	7	3	6	20

注意，在求得的最优解中，x_{4j} ($j = 1,2,3,4$) 表示的货物量实际上无货

可运. 例如，假设最优表第二列中各变量的取值为3,0,2,2，则实际上应调给 B_2 的运量为 $7-2=5$，也即 $3+0+2$.

如果收点的需求得不到满足要罚款，并且 B_1,B_2,B_3 和 B_4 的单位罚款分别为3,4,5和6，则要在表3.16中，令 $c_{41}=3$，$c_{42}=4$，$c_{43}=5$，$c_{44}=6$. 这样就得到一个如表3.17所示的平衡运输问题.

表3.17

	B_1	B_2	B_3	B_4	发量
A_1	6	5	7	3	6
A_2	2	4	5	6	5
A_3	8	5	7	4	5
A_4	3	4	5	6	4
收量	4	7	3	6	20

3.4.3 收量有一定的伸缩性

在有些运输问题中，各个收点的收量不是一个常数，而允许有一定的变化范围. 在这种情形下应如何组织调运呢?

例3.4-3 惠农化肥公司有三个工厂 A_1,A_2 和 A_3 生产化肥，其产量分别为12吨、13吨和15吨. 这些化肥供应给4个县城 B_1,B_2,B_3 和 B_4. 这4个县城对化肥的需求不都是常数，而有一定的伸缩性. B_1 的最低需求是10吨，其最高需求是15吨；B_2 的需求就是12吨，没有伸缩性；B_3 自己有一个化肥厂可满足需要，但它表示，愿意向惠农公司最多购买6吨化肥；B_4 的最低需求量为8吨，最高需求量不限. 由于 A_2 到 B_4 的交通不方便，故 A_2 不供应 B_4 化肥. 每个工厂到每个县城的单位运价(百元/吨)如表3.18所示.

表3.18

	B_1	B_2	B_3	B_4	产量
A_1	4	7	8	3	12
A_2	7	2	10	—	13
A_3	5	9	6	5	15
最低需求	10	12	0	8	
最高需求	15	12	6	不限	

化肥的生产和运输都由惠农公司负责. 现问该公司应如何组织调运，才能使总的运费最省?

解 虽然县城B_4自己提出，最高需求不受限制，但根据三个工厂所能提供的实际产量，我们可以确定其可能的最高需求量. 因为三个工厂的总产量只有

$$12+13+15=40\text{ (吨)},$$

而B_1,B_2和B_3三个县城的最低需求量为

$$10+12+0=22\text{ (吨)},$$

这个最低需求量是必须满足的，所以B_4最多只能得到

$$40-22=18\text{ (吨)}.$$

于是4个县城总的最高需求量为

$$15+12+6+18=51\text{ (吨)}.$$

而总产量只有40吨，总产量小于总需求量，故虚设一个产地A_4，其产量为

$$51-40=11\text{ (吨)}.$$

这样就得到了一个产销平衡的运输问题.

由于每个县城对化肥的需求有最低需求和最高需求之分，故按此将每个县城的需求分为两部分：一部分为最低需求量，另一部分为机动需求量，即为最高需求与最低需求之差额. 于是B_1分成B_1'和B_1''，其需求量分别为10和5，B_4也分成B_4'和B_4''，其需求量分别为8和10. 由此可以得到一个如表3.19所示的平衡运输问题，它有4个发点和6个收点. 在该表中由于A_4是一个虚设的产地，所以在确定该点到各个需求点的运价时，凡是必须满足的需求，其运价都为M(一个很大的正数).

表3.19

	B_1'	B_1''	B_2	B_3	B_4'	B_4''	
A_1	4	4	7	8	⑧ 3	④ 3	12
A_2	① 7	⓪ 7	⑫ 2	10	M	M	13
A_3	⑨ 5	5	9	6	5	⑥ 5	15
A_4	M	⑤ 0	M	⑥ 0	M	0	11
	10	5	12	6	8	10	

我们用 VAM 求出了这个运输问题的初始解，也填在表 3.19 中. 计算出各个检验数后，知此解已经是最优解. 最优调运方案为：A_1 调 12 吨给 B_4，A_2 调 1 吨给 B_1，调 12 吨给 B_2，A_3 调 9 吨给 B_1，调 6 吨给 B_4. 总的运费为

$$z = 3\times 12 + 7\times 1 + 2\times 12 + 5\times 9 + 5\times 6 = 142\text{(百元)}.$$

3.5 指派问题

3.5.1 指派问题的提法

为了说明什么是指派问题，我们从具体例子入手.

例 3.5-1 某市计划在今年内修建 4 座厂房：发电厂、化肥厂、机械厂、食品厂，分别记为 B_1,B_2,B_3,B_4. 该市有 4 个大的建筑队 A_1,A_2,A_3,A_4 都可以承担这些厂房的建造任务. 但由于各个建筑队的技术水平、管理水平等不同，它们完成每座厂房所需要的费用也不一样. 为计算简单，设有关数据如表 3.20 所示. 又因希望尽早把这 4 座厂房都建造好，故需把这 4 个建筑队都动用起来，也即每个队都分配一项任务. 市政府经费紧张，于是提出研究下述问题：究竟应该指派哪个队修建哪个厂，才能使建造 4 座厂房所花的总费用最少？

表 3.20

费用/万元 厂名 队名	B_1	B_2	B_3	B_4
A_1	3	4	5	2
A_2	8	5	7	6
A_3	9	6	4	5
A_4	5	3	6	6

如果例 3.5-1 中 4 个队修建每座厂房的费用大致相同，而所需工期却相隔很远，那么市政府考虑的问题是：怎样给各队分派任务，才能使建造 4 座厂房所需的总工期最短？

类似的问题在管理工作中经常可以遇到. 现叙述指派问题的一般提法：设有 n 个人(或机器等)$A_1,A_2,\cdots,A_n$，要分派去做 n 件事 $B_1,B_2,\cdots,B_n$，要求每一件事都必须有一个人去做，而且不同的事由不同的人去做. 已知每个人(A_i) 做每件事(B_j) 的效率(如劳动工时，或生产成本，或创造的价值等)

为 c_{ij}，问应如何进行指派(哪个人做哪件事)，才能使总的工作效益最好(如工时最少，或成本最低，或创造的价值最大等)？(见表 3.21)

表 3.21

事 效率 人		B_j		
A_i		x_{ij} c_{ij}		

由 c_{ij} 组成的方阵$\boldsymbol{C}=(c_{ij})_{n\times n}$ 称为**效率矩阵**，这里所有 $c_{ij}\geqslant 0$. 显然，只要给定了效率矩阵 $\boldsymbol{C}$，指派问题也就确定了.

先考虑最小化问题. 现定义 n^2 个变量如下：

$$x_{ij}=\begin{cases}1, & \text{如果 } A_i \text{ 做 } B_j, \\ 0, & \text{否则}\end{cases} \quad (i,j=1,2,\cdots,n),$$

则指派问题的数学模型为

$$\min \quad z=\sum_{i=1}^{n}\sum_{j=1}^{n}c_{ij}x_{ij} \quad (c_{ij}\geqslant 0), \tag{3.6}$$

$$\text{s.t.} \quad \left.\begin{aligned}\sum_{j=1}^{n}x_{ij}=1, \quad i=1,2,\cdots,n, \\ \sum_{i=1}^{n}x_{ij}=1, \quad j=1,2,\cdots,n,\end{aligned}\right\} \tag{3.7}$$

$$x_{ij}=0 \text{ 或 } 1, \text{ 对一切 } i,j. \tag{3.8}$$

由(3.8)知，$x_{ij}\geqslant 0$；再加上考虑(3.7)，则还有 $x_{ij}\leqslant 1$. 总之，上述指派问题中的 x_{ij} 满足 $0\leqslant x_{ij}\leqslant 1$.

由此不难证明，上述指派问题实际上与下述问题等价：

$$\min \quad z=\sum_{i=1}^{n}\sum_{j=1}^{n}c_{ij}x_{ij} \quad (c_{ij}\geqslant 0), \tag{3.9}$$

$$\text{s.t.} \quad \left.\begin{aligned}\sum_{j=1}^{n}x_{ij}=1, \quad i=1,2,\cdots,n, \\ \sum_{i=1}^{n}x_{ij}=1, \quad j=1,2,\cdots,n,\end{aligned}\right\} \tag{3.10}$$

$$x_{ij}\geqslant 0, \text{且为整数, 对一切 } i,j. \tag{3.11}$$

我们看到，与一般的 LP 模型相比，这里多了一个“变量须取整数”的条件. 加了此条件的线性规划问题叫**整数线性规划问题**，它的求解比线性规划问题的求解要困难得多.

显然，若能去掉“变量须为整数”的要求，则问题(3.9)～(3.11)就是一个特殊的运输问题，其中

$$\text{所有的发量 } a_i = \text{所有的收量 } b_j = 1,$$

这问题也就比较容易求解.

幸运的是，根据3.3节中的定理3.5及其推论，问题(3.9)～(3.11)中的“变量须为整数”的这一限制真的可以去掉. 因为在解该问题时，我们先不考虑(3.11)中的整数约束. 这时，它就成为一个运输问题. 由(3.10)知，该问题的所有发量和所有收量都是整数(都是1)，所以根据定理3.5的推论，用表上作业法求得的它的最优解中，一切 x_{ij} 之值都是整数，也就是说，这样求出的最优解自然地满足整数性条件. 又因为这个最优解是在允许变量取连续值时求得的，所以它更是变量只许取整数值时的最优解.

模型(3.9)～(3.11)中的整数性条件实际上可以去掉. 这就是为什么指派问题出现在运输问题这一章而不出现在整数规划那一章的原因.

去掉对变量为整数的要求后，指派问题就是一个特殊的运输问题：其发点个数和收点个数都是 n，所有发量 = 所有收量 = 1. 但若用表上作业法来求解指派问题，则运算效率很低，因它是一个“高度退化的”运输问题：在它的 $2n-1$ 个基变量中，除 n 个为1外，其余近一半皆为0. 这样，用迭代法求解时，就可能出现迭代数次，而目标函数值却并无改进的情况，故需另找他法.

3.5.2 解指派问题的匈牙利法

为寻找指派问题的最优解，我们先研究其可行解. 指派问题的任何一个可行解 $\boldsymbol{x}$ 由 n^2 个满足(3.6)～(3.8)的数 x_{ij} 所组成. 由约束条件知，这些 x_{ij} 中，有 n 个为1，其余的都是0，而且这 n 个1必须位于表3.21中不同行不同列上. 由这 n 个 $x_{ij}=1$ 确定了 n 个相应的 c_{ij}，它们也位于不同行不同列上. 相应于可行解 $\boldsymbol{x}$ 的目标函数值显然就是这 n 个 c_{ij} 之和.

我们先来看一个特例，在该例中，最优解是很容易找到的.

定理3.6 设 $\boldsymbol{C}=(c_{ij})_{n\times n}$ 是一个效率矩阵，若可行解 $\boldsymbol{x}^*$ 的 n 个1所对应的 n 个 c_{ij} 都等于0，则 $\boldsymbol{x}^*$ 是最优解.

证 因为 $z(\boldsymbol{x}^*)=0$，而对任何其他可行解 $\boldsymbol{x}$，由于所有 $c_{ij}\geqslant 0$，$\boldsymbol{x}\geqslant \boldsymbol{0}$，

故恒有 $z(\boldsymbol{x}) \geqslant 0$. 所以 $\boldsymbol{x}^*$ 是最优解. ∎

由定理3.6可知，若能找出效率矩阵$\boldsymbol{C}$中n个位于不同行不同列上的0元素，则最优解便可获得. 但一般说来，这样的0元素并不是马上可以找到的，甚至所给的$\boldsymbol{C}$中根本没有0元素. 这时需设法对所给矩阵$\boldsymbol{C}$进行变形. 下述定理为这一问题的解决开辟了途径.

定理3.7 设给定了以$\boldsymbol{C}=(c_{ij})$为效率矩阵的指派问题G. 现将$\boldsymbol{C}$的元素c_{ij}改变为

$$c_{ij}' = c_{ij} - \alpha_i - \beta_j, \quad \text{其中 } \alpha_i, \beta_j \text{ 为常数},$$

则以$\boldsymbol{C}'=(c_{ij}')$为效率矩阵的指派问题$G'$与$G$有相同的最优解.

证 用z和z'分别记问题G与G'的目标函数值，则

$$\begin{aligned} z' &= \sum_i \sum_j c_{ij}' x_{ij} = \sum_i \sum_j (c_{ij} - \alpha_i - \beta_j) x_{ij} \\ &= \sum_i \sum_j c_{ij} x_{ij} - \sum_i \alpha_i \sum_j x_{ij} - \sum_j \beta_j \sum_i x_{ij}. \end{aligned}$$

注意到(3.6),(3.7)，可知$z' = z - \sum_i \alpha_i - \sum_j \beta_j$(在上述各和式中，$i$和$j$均从1变到$n$)，即$z'$与$z$只相差一个常数，故它们有相同的最优解. ∎

定理3.7的意思是说，若$\boldsymbol{C}$的各行或各列都减去一个常数后而得$\boldsymbol{C}'$，则$\boldsymbol{C}'$对应的指派问题与$\boldsymbol{C}$对应的指派问题有相同的最优解. 于是对$\boldsymbol{C}$可作如下改变：将$\boldsymbol{C}$的每一行都减去该行的最小数，得矩阵$\boldsymbol{C}'$，则$\boldsymbol{C}'$的每一行中都至少有一个0元素，且所有$c_{ij}' \geqslant 0$(如果$\boldsymbol{C}$的某行中已有0，则不必作此运算)；同样，对$\boldsymbol{C}$的列也可施此运算. 总之，我们完全可以从原效率矩阵$\boldsymbol{C}$出发，得到一个新的效率矩阵$\boldsymbol{C}'$，使$\boldsymbol{C}'$的每行每列中都至少有一个0，而根据定理3.7，效率矩阵的这一变化并不改变所给问题的最优解.

仍研究例3.5-1中的效率矩阵(见表3.22).

表3.22

3	4	5	2
8	5	7	6
9	6	4	5
5	3	6	6

表3.23

1	2	3	0
3	0	2	1
5	2	0	1
2	0	3	3

先将表3.22中各行减去该行的最小元素，得表3.23. 此表的第1列仍无0，故将该列减去其最小元素，得表3.24. 该表中每行、每列都有0了. 但这时能否找到$n=4$个位于不同行、不同列上的0呢？答案是不行(请读者自行试试).

表 3.24

①	⓪	2	3	0
	2	⓪	2	1
②	4	2	⓪	1
	1	0	3	3
		③		

为了判断一个矩阵究竟含有多少个位于不同行不同列上的 0 元素，匈牙利数学家 König 证明了一个基本定理，现在我们只叙述它的特殊形式：

定理3.8 设矩阵 $\boldsymbol{C}$ 中一部分元素为 0，另一部分元素不为 0，则划去 $\boldsymbol{C}$ 中所有 0 元素所需的最少直线数等于 $\boldsymbol{C}$ 中不同行不同列上 0 元素的个数.

如何获得这最少数的直线呢？下述经验方法很有效：

(1) 找出矩阵 $\boldsymbol{C}$ 中含有 0 元素最少的一行(或一列)，从该行(或该列)中圈出一个 0，再通过这个 0 作一竖(横)线划去此 0 所在之列(或行).

(2) 对 $\boldsymbol{C}$ 中余下的各行各列重复步骤 1)，但已圈数的行和列不再圈数.

现在看表 3.24 中的矩阵 $\boldsymbol{C}$. 第一列的 $c_{11}=0$，圈出这个 0，并通过它作一横线 ①. 第三列的 $c_{33}=0$，又圈出此 0，并通过它作一横线 ②. 第二行的 $c_{22}=0$，再圈出此 0，并通过它作一竖线 ③. 用 ①,②,③ 这 3 条直线就划去了矩阵 $\boldsymbol{C}$ 中所有的 0 元素.

我们要求最少数直线有 4 条($n=4$). 为此，应设法在那些未画直线的地方产生一些 0 元素. 这可用下法实现：

(1) 在所有未划去的数中找出最小的，设为 d.

(2) 将所有未划去的数都减去 d，而对位于两直线交点处的数则加上 d.

这样做的依据还是定理 3.7 (见表 3.27— 表 3.28). 现按此法变换表 3.24 中的矩阵. 划去 3 条直线后余下各数中最小的为 1，于是将未划去的各数都减 1，而对位于两直线交点处的 $c_{12}=2$ 和 $c_{32}=2$ 则加 1. 变化后，表 3.24 变为表 3.25. 第三列有一个 0，故作横线 ①. 除去第三行和第三列外，其余每行每列都有两个 0. 这时可任取其中的一行或一列来圈 0. 我们在第一列圈出 $c_{11}=0$，作横线 ②. 此时第四列只有一个 0 了，即 $c_{24}=0$ (c_{14} 虽为 0，但已被直线 ② 划去)，故圈出此 0，并作横线 ③. 最后，第二列只有 $c_{42}=0$，故圈出此 0，并作横线 ④. 这样，我们找到了为数最少的 4 条直线，划去了所有的 0，并同时找到了 4 个位于不同行不同列上的 0. 回到原来的指派问题，我们得到最优解为

$$x_{11} = x_{24} = x_{33} = x_{42} = 1,\quad 其余的\ x_{ij} = 0.$$

表 3.25

	B_1	B_2	B_3	B_4	
A_1	⓪	3	3	0	②
A_2	1	0	1	⓪	③
A_3	4	3	⓪	1	①
A_4	0	⓪	2	2	④

也即最优指派方案为：A_1 队修 B_1 厂，A_2 队修 B_4 厂，A_3 队修 B_3 厂，A_4 队修 B_2 厂. 此时，总费用为

$$z = c_{11} + c_{24} + c_{33} + c_{42} = 3 + 6 + 4 + 3 = 16\ (万元).$$

最优解不一定只有一个，因为对表 3.25 中的矩阵还可用另外的方法圈数画线，例如表 3.26 所示就又为一种. 表 3.26 对应的最优解为

$$x_{14} = x_{22} = x_{33} = x_{41} = 1,\quad 其余的\ x_{ij} = 0,$$

目标函数值为 $z = 2 + 5 + 4 + 5 = 16$ (万元)，与前面求得的最优 z 值一样.

表 3.26

	B_1	B_2	B_3	B_4	
A_1	0	3	3	⓪	
A_2	1	⓪	1	0	
A_3	4	3	⓪	1	①
A_4	⓪	0	2	2	
	③	②		④	

现在把指派问题的解法总结一下，设效率矩阵为 $\boldsymbol{C}$：

第一步 把 $\boldsymbol{C}$ 的每一行减去该行的最小数，得矩阵 $\boldsymbol{C}'$，如有必要，再把 $\boldsymbol{C}'$ 的每一列减去该列的最小数，得矩阵 $\boldsymbol{C}''$.

第二步 按前面指出的规则圈数画线. 若所画直线数等于 n，则问题已解决，否则转下一步.

第三步 在未划去的各数中找出最小的一个，设为 d，然后将未划去的

各数都减去 d，而对位于两直线交叉处的各数则都加上 d. 这样，又得一新矩阵. 对此新矩阵再重复第二步做法.

注意，第三步的做法实际上是根据定理 3.7 而得来的，故最优解不会改变. 现以上面的例子为例说明如下：

表 3.27

$$\begin{matrix} 0 & 2 & 3 & 0 \\ 2 & 0 & 2 & 1 \\ 4 & 2 & 0 & 1 \\ 1 & 0 & 3 & 3 \end{matrix} \xrightarrow{\text{第二、第四行减 1}} \begin{matrix} 0 & 2 & 3 & 0 \\ 1 & -1 & 1 & 0 \\ 4 & 2 & 0 & 1 \\ 0 & -1 & 2 & 2 \end{matrix}$$

表 3.28

$$\xrightarrow{\text{第二列加 1}} \begin{matrix} 0 & 3 & 3 & 0 \\ 1 & 0 & 1 & 0 \\ 4 & 3 & 0 & 1 \\ 0 & 0 & 2 & 2 \end{matrix}$$

所得结果与表 3.25 相同.

若所给问题是求目标函数的最大值，而其效率矩阵为(c_{ij})，则我们可先取一个比所有 c_{ij} 都大的常数 c_0，再令

$$c_{ij}' = c_0 - c_{ij}, \quad \text{对所有的 } i, j.$$

那么解以(c_{ij}')为效率矩阵的最小化问题就等于解以(c_{ij})为效率矩阵的最大化问题.

习　题

1. 分别用最小成本法和 VAM 求下述运输问题的初始解：

(1)

	B_1	B_2	B_3	B_4	
A_1	3	10	4	11	6
A_2	1	6	2	7	8
A_3	7	3	9	5	8
	4	6	5	7	

(2)

	B_1	B_2	B_3	B_4	
A_1	1	9	5	4	10
A_2	6	8	2	7	6
A_3	5	6	3	8	11
	4	8	9	6	

2. 求解如下的运输问题：

	B_1	B_2	B_3	
A_1	5	1	0	20
A_2	3	2	4	10
A_3	7	5	2	15
A_4	9	6	0	15
	5	10	15	

要求收点 B_1 的需求必须由发点 A_1 满足.

3. 求解如下的运输问题：

	B_1	B_2	B_3	
A_1	5	2	3	100
A_2	8	4	3	300
A_3	9	7	5	300
	300	200	200	

4. 如果考虑一项劳动纠纷，上题中暂时取消了由 A_2 到 B_2 的路线和 A_3 到 B_1 的路线，问应如何制定运输方案以使总运费最小？(可在上题中令 $c_{22} = c_{31} = M$，此处是一个较大的正数.) 取消这两条路线给总运费带来什么影响？

5. 已给一个运输问题的初始表如下表所示：

	B_1	B_2	B_3	B_4	
A_1	③ 3	③ 9	③ 3	11	9
A_2	4	8	④ 2	6	4
A_3	7	③ 4	10	⑥ 5	9
	3	6	7	6	

试由它出发，求出此问题的最优解.

6. 在下面的运输问题中，总需求量超过总供应量. 假定 B_1, B_2, B_3 的需求未被满足时，其单位惩罚成本分别是 5,3 和 2. 求最优解.

	B_1	B_2	B_3	
A_1	5	1	7	10
A_2	6	4	6	80
A_3	3	2	5	15
	75	20	50	

7. 中华电力公司有3个发电厂 A_1, A_2 和 A_3，负责向4个城市 B_1, B_2, B_3 和 B_4 供应电力. 各个发电厂的供电能力如下：A_1 为 1 300 万 kW·h（千瓦小时），A_2 为 1 000 万 kW·h，A_3 为 1 200 万 kW·h. 4个城市对电力的需求不都是常数，而是有一定容许范围：B_1 的最低需求为 800 万 kW·h，最高需求为 1 200 万 kW·h，B_2 的需求量就是 1 300 万 kW·h，B_3 自己有一个发电厂，可满足要求，但它表示愿意最多购买 800 万 kW·h，B_4 的最低需求为 600 万 kW·h，最高需求不限. 因为 A_3 到 B_4 没有输电线路，故 A_3 不供应 B_4 电力. 从每个发电厂输送 100 万 kW·h 电力到每个城市的费用如下表所示：

	B_1	B_2	B_3	B_4	
A_1	8	4	10	5	13
A_2	5	3	7	10	10
A_3	9	12	5	—	12
最低需求	8	13	0	6	
最高需求	12	13	6	不限	

问中华电力公司应如何组织电力输送，才能使总运输费用最少？

8*. 在一个 3×3 的运输问题中，已知供应量 $a_1=15$，$a_2=30$，$a_3=85$；而需求量 $b_1=20$，$b_2=30$，$b_3=80$. 假定由西北角法(做法是：每次总在运价表西北角即左上角那个格子内填数，打 × 的方法与最小成本法相同) 得到的初始解就是最优解. 又设各位势为

$$u_1=-2,\ u_2=3,\ u_3=5,\ v_1=2,\ v_2=5,\ v_3=10.$$

现问：

(1) 最优总运费是多少？

(2) 在保持上面的解最优的条件下，各个非基变量的 c_{ij} 的最小值是什么？

9. 现用 4 台机床来加工 4 种零件. 但第三台机床不能加工第一种零件, 第四台机床不能加工第三种零件. 加工费用(以元计)如下表所示:

零件 \ 机床	1	2	3	4
1	5	5	—	2
2	7	4	2	3
3	9	3	5	—
4	7	2	6	7

求最优安排及最低总费用.

10. 求解由下述效率矩阵决定的指派问题:

(1) $\begin{pmatrix} 2 & 8 & 9 & 6 \\ 13 & 4 & 12 & 6 \\ 15 & 12 & 15 & 11 \\ 4 & 13 & 11 & 8 \end{pmatrix}$;

(2) $\begin{pmatrix} 4 & 8 & 7 & 15 & 12 \\ 7 & 9 & 17 & 14 & 10 \\ 6 & 9 & 12 & 8 & 7 \\ 6 & 7 & 14 & 6 & 10 \\ 6 & 9 & 12 & 10 & 6 \end{pmatrix}$.

第四章　线性规划在管理中的应用

任何一个经济系统，为了进行自己的经济活动，都拥有一定的资源，如人力、物资、设备、资金、工时等. 管理工作的根本任务就在于科学地组织各项经济活动，以使这些资源得到最充分的利用，从而取得最大的经济效益. 经济活动所涉及的范围很广，如经营规划的制定，生产任务的安排，原材料的利用，配料比的选取，人员的分配，物资的调运，作物的布局，场地的选择，投资的安排，库存的控制，等等. 在所有这些活动中，都存在一个如何做到精打细算，合理使用资源，以提高经济效益的问题，也即我们所说的管理优化问题. 通常，这一问题的表现形式有两个方面：一是在现有资源条件下，当生产任务具有一定的灵活性时，问如何合理安排，既能保证生产任务的完成，又能最大限度地实现某一预期目的(如产值最大或利润最高等)？二是为完成一定的任务，问怎样进行组织，才能使资源的消耗最少？下面将会看到，此类问题中有许多可用线性规划的方法解决.

本章所举的例子只是带有启发性的，目的是帮助读者了解线性规划应用之广泛以及建立此类模型的方法. 至于真正的实际 LP 问题，它所含的变量个数和约束条件个数通常很多，有关的数据也十分复杂，但只要掌握了下面介绍的建模方法，解决现实的 LP 问题也就不那么困难了.

本章有些例题还要求决策变量为整数，这一点下面不再一一申明. 当最优解的数值很大时，按最优解执行的风险是很小的(见 1.1.1 段末尾).

4.1　生产管理

例 4.1-1 (任务安排)　某厂计划在下月内生产 4 种产品 B_1,B_2,B_3,B_4. 每种产品都可用三条流水作业线 A_1,A_2,A_3 中的任何一条加工出来. 每条流水线(A_i) 加工每件产品(B_j) 所需的工时数($i=1,2,3$；$j=1,2,3,4$)、每条流水线在下月内可供利用的工时数及各种产品的需求量均列于表 4.1 中. 又 A_1,A_2,A_3 三条流水线的生产成本分别为每小时 7,8,9 元. 问应如何安排各条流水线在下月的生产任务，才能使总的生产成本最少？

表 4.1

每件产品耗时数 / 产品 / 流水线	B_1	B_2	B_3	B_4	可用工时数
A_1	2	1	3	2	1 500
A_2	3	2	4	4	1 800
A_3	1	2	1	2	2 000
需求量 / 件	200	150	250	300	

解　设下月内流水线 A_i 加工产品 B_j 的件数为x_{ij}（$i=1,2,3$；$j=1,2,3,4$），则有 LP 问题：

$$\begin{aligned}
\min\quad & z = 2\cdot 7x_{11} + 1\cdot 7x_{12} + 3\cdot 7x_{13} + \cdots + 2\cdot 9x_{34}, \\
\text{s.t.}\quad & x_{11} + x_{21} + x_{31} \geqslant 200, \\
& x_{12} + x_{22} + x_{32} \geqslant 150, \\
& x_{13} + x_{23} + x_{33} \geqslant 250, \\
& x_{14} + x_{24} + x_{34} \geqslant 300, \\
& 2x_{11} + x_{12} + 3x_{13} + 2x_{14} \leqslant 1\,500, \\
& 3x_{21} + 2x_{22} + 4x_{23} + 4x_{24} \leqslant 1\,800, \\
& x_{31} + 2x_{32} + x_{33} + 2x_{34} \leqslant 2\,000, \\
& x_{ij} \geqslant 0 \quad (i=1,2,3;\ j=1,2,3,4).
\end{aligned}$$

例 4.1-2（外购合同）　某公司下月需要 B_1,B_2,B_3,B_4 四种型号的钢板分别为 1 000 吨、1 200 吨、1 500 吨、2 000 吨. 它准备向生产这些钢板的 A_1，A_2，A_3 三家工厂订货. 该公司掌握了这三家工厂生产各种钢板的效率(吨 / 小时)及下月的生产能力(小时)，如表 4.2 所示，而它们销售各种型号钢板的

表 4.2

生产率 /(吨 / 小时) / 钢板型号 / 钢厂名称	B_1	B_2	B_3	B_4	下月生产能力 / 小时
A_1	12	10	15	8	200
A_2	9		11	13	230
A_3		14	12	7	210
钢板需求量 / 吨	1 000	1 200	1 500	2 000	

价格如表 4.3 所示. 该公司当然希望能以最少的代价得到自己所需要的各种钢板. 那么，它应该向各钢厂订购每种钢板各多少吨？

表 4.3

单位价格/(百元/吨) 钢板型号 / 钢厂名称	B_1	B_2	B_3	B_4
A_1	51	54	50	48
A_2	36		40	52
A_3		62	48	53

解 设该公司应向钢厂 A_i 订购 B_j 型钢板 x_{ij} 吨，则需解如下 LP 问题：

$$
\begin{aligned}
\min\quad z = & 51x_{11}+54x_{12}+50x_{13}+48x_{14}+36x_{21}\\
& +40x_{23}+52x_{24}+62x_{32}+48x_{33}+53x_{34},\\
\text{s.t.}\quad & x_{11}+x_{21}=1\,000,\\
& x_{12}+x_{32}=1\,200,\\
& x_{13}+x_{23}+x_{33}=1\,500,\\
& x_{14}+x_{24}+x_{34}=2\,000,\\
& \frac{x_{11}}{12}+\frac{x_{12}}{10}+\frac{x_{13}}{15}+\frac{x_{14}}{8}\leqslant 200,\\
& \frac{x_{21}}{9}+\frac{x_{23}}{11}+\frac{x_{24}}{13}\leqslant 230,\\
& \frac{x_{32}}{14}+\frac{x_{33}}{12}+\frac{x_{34}}{7}\leqslant 210,\\
& x_{ij}\geqslant 0\quad (i=1,2,3;\ j=1,2,3,4).
\end{aligned}
$$

例 4.1-3（切割损失） 某造纸厂接到一份订货单，要求供应三种规格的卷纸：0.7 m 宽的 200 m，0.8 m 宽的 300 m，0.9 m 宽的 400 m. 该厂只生产 1.5 m 宽和 2 m 宽两种标准宽度的卷纸，现需将它们按订单要求的大小切开. 对标准纸的长度没有限制，因为可以按实际需要把有限长度的卷纸连接起来，达到所需要的长度. 现问应如何进行切割，才能既满足用户需要，又使切割损失(余下的边角料)最小？

解 首先，把各种可能的切割方式列举出来，如表 4.4 所示. 对于 1.5 m 宽的卷纸有 3 种切割方式，对于 2 m 宽的卷纸有 5 种切割方式，余料宽度大于 0.7 m 的切割方式显然是不可取的，故未列入表中.

其次，开始建模. 设 x_{ij} 是第 i 种卷纸($i=1$ 对应于 1.5 m 宽，$i=2$ 对应于 2 m 宽) 按第 j 种方式切割的长度，以 m 为单位. 按照题意，可得各种可能的切割方式如表 4.4 所示. 余料宽度 ≥ 0.7 m 的切割方式显然是不可取的，故未列入表中.

表 4.4

宽度 /m	$i=1$ (1.5 m)			$i=2$ (2 m)						需求量 /m
	x_{11}	x_{12}	x_{13}	x_{21}	x_{22}	x_{23}	x_{24}	x_{25}	x_{26}	
0.7	2	1	0	2	1	1	0	0	0	200
0.8	0	1	0	0	1	0	2	1	0	300
0.9	0	0	1	0	0	1	0	1	2	400
余料 /m	0.1	0	0.6	0.6	0.5	0.4	0.4	0.3	0.2	

按照题意，可得我们的问题为

$$\begin{aligned} \min \quad & z = 0.1x_{11} + 0.6x_{13} + 0.6x_{21} + \cdots + 0.2x_{26}, \\ \text{s.t.} \quad & 2x_{11} + x_{12} + 2x_{21} + x_{22} + x_{23} \geqslant 200, \\ & x_{12} + x_{22} + 2x_{24} + x_{25} \geqslant 300, \\ & x_{13} + x_{23} + x_{25} + 2x_{26} \geqslant 400, \\ & \text{一切 } x_{ij} \geqslant 0. \end{aligned}$$

例 4.1-4（生产计划）　东风仪表厂生产 B_1，B_2 两种产品. 现有一家商场向该厂订货，要求该厂今年第二季度供应这两种产品，商场各月的需求量如表 4.5 所示. 该厂的一般资源都很充裕，但有一种关键性设备 A_1 的工时和一种技术性很强的劳动力 A_2（以小时为单位）受到限制. 另外，库存容量 A_3 当然也是有限的. 具体数据如表 4.6 所示. 库存费按月计算，每件 B_1 为 0.1 元，每件 B_2 为 0.15 元. 从技术部门获得的每件产品对资源的消耗量也填写在表 4.6 中. 会计部门根据过去的经验，计算出各月的生产成本如表 4.7 所示. 该厂面临的决策问题是：根据现有资源情况和技术条件，应如何安排今年第二季度各月的生产计划，才能既满足外面的需求，又使总的费用最小？

表 4.5

需求量 / 件　月份 产品	四月	五月	六月
B_1	2 000	4 000	6 000
B_2	1 000	800	3 000

解　从生产管理部门的角度来讲，希望做到均衡生产，即每月的生产水

表 4.6

每件产品消耗资源 \ 产品 / 资源	B_1	B_2	资源拥有量		
			四月	五月	六月
A_1 / 小时	0.4	0.5	500	600	550
A_2 / 小时	0.3	0.2	400	350	300
A_3 / 米^3	0.06	0.07	1 000	1 000	1 000

表 4.7

生产成本 /(元 / 件) 月份 / 产品	四月	五月	六月
B_1	7	8	9
B_2	11	12	13

平相同. 比如每月生产 B_1 的件数为 4 000，B_2 的件数为 1 600. 按此计划组织生产，可以满足每月的需求. 但这一方案会导致很高的库存量：

B_1 的库存量：4 月底 2 000 件，5 月底 2 000 件；

B_2 的库存量：4 月底 600 件，5 月底 1 400 件.

高库存需要支付大笔库存费，占用较多的流动资金，故从降低成本的观点看，上述方案不理想. 若完全按每月需求组织生产，就会出现大幅度波动，增加附加成本(如招聘费、解雇费等). 故最优生产计划是寻求生产费用、库存费用和生产改变引起的费用这三者之间的总平衡. 为简化起见，此处只考虑前面两项费用. 下面我们就来构造这个问题的数学模型.

设 x_{ij} 表示产品 B_i 在第 j 个月的生产量，$i=1,2$；$j=1,2,3$. $j=1,2,3$ 分别表示四月、五月、六月. 由表 4.7 知，总的生产费用为

$$7x_{11}+8x_{12}+9x_{13}+11x_{21}+12x_{22}+13x_{23}.$$

为了计算库存费，通常将每月月底的库存量作为全月平均库存量的近似值. 设 s_{ij} 表示 B_i 在第 j 个月底的库存量. 则第二季度的库存费用为

$$0.1(s_{11}+s_{12}+s_{13})+0.15(s_{21}+s_{22}+s_{23}).$$

将上述两项费用相加，就得到目标函数 z：

$$z=7x_{11}+8x_{12}+\cdots+13x_{23}+0.1s_{11}+\cdots+0.15s_{23}.$$

我们的目标当然是希望实现 z 的最小化.

下面研究约束条件. 首先必须保证每月的生产计划能够满足当月的需求. 关于库存量、生产量和需求量，我们有如下的基本公式：

$$\begin{pmatrix}\text{上月底结转}\\\text{的库存量}\end{pmatrix}+\begin{pmatrix}\text{本月的}\\\text{生产量}\end{pmatrix}-\begin{pmatrix}\text{本月底的}\\\text{库存量}\end{pmatrix}=\begin{pmatrix}\text{本月的}\\\text{需求量}\end{pmatrix}.$$

假设今年第二季度开始时（即三月底）B_1,B_2 的库存量分别为 200 件和 100 件，则四月的需求约束是

$$200+x_{11}-s_{11}=2\,000,\quad 100+x_{21}-s_{21}=1\,000.$$

即

$$x_{11}-s_{11}=1\,800,\quad x_{21}-s_{21}=900,$$

同理可得五月、六月的需求约束：

$$\begin{aligned}s_{11}+x_{12}-s_{12}&=4\,000,\\ s_{21}+x_{22}-s_{22}&=800,\\ s_{12}+x_{13}-s_{13}&=6\,000,\\ s_{22}+x_{23}-s_{23}&=3\,000.\end{aligned}$$

在最优生产计划中，通常规定期末存货为零. 此处即规定

$$s_{13}=s_{23}=0.$$

其次是关于生产能力的约束. 由表 4.6 有

$$\left.\begin{aligned}0.4x_{11}+0.5x_{21}&\leqslant 500,\\ 0.4x_{12}+0.5x_{22}&\leqslant 600,\\ 0.4x_{13}+0.5x_{23}&\leqslant 550;\end{aligned}\right\}\text{机器生产能力}$$

$$\left.\begin{aligned}0.3x_{11}+0.2x_{21}&\leqslant 400,\\ 0.3x_{12}+0.2x_{22}&\leqslant 350,\\ 0.3x_{13}+0.2x_{23}&\leqslant 300.\end{aligned}\right\}\text{劳动力生产能力}$$

第三组约束是关于库存容量限制的：

$$\left.\begin{aligned}0.06s_{11}+0.07s_{21}&\leqslant 1\,000,\\ 0.06s_{12}+0.07s_{22}&\leqslant 1\,000,\\ 0.06s_{13}+0.07s_{23}&\leqslant 1\,000.\end{aligned}\right\}\text{库存能力}$$

以上我们把两种产品三个月的最优生产计划问题归结为一个具有 12 个变量 15 个约束条件的 LP 问题. 我们的问题只涉及一种机器设备、一种劳动工时和一种库存容量. 而在实际问题中则会碰到多种类型的机器工序、劳动工时和库存条件，所得到的 LP 问题要复杂得多.

在上例的讨论中，我们还没有将生产水平的变化引起的费用考虑进去. 若把这种费用也包括在目标函数内，则得到一个非线性问题. 通过适当的方法可将这一问题线性化. ①

---

① 例如参看[1]，p. 27.

4.2 市场销售

例 4.2-1（广告方式的选择） 中华家电公司最近生产了一种新型洗衣机. 为了推销这种新产品，该公司销售部决定利用多种广告宣传形式来使顾客了解新洗衣机的优点. 经过调查研究，销售部经理提出了 5 种可供选择的宣传方式. 销售部门收集了许多数据，如每项广告的费用，每种宣传方式在一个月内可利用的最高次数以及每种广告宣传方式每进行一次所期望得到的效果等. 这种期望效果以一种特定的相对价值来度量，是根据长期的经验判断出来的. 上述有关数据见表 4.8.

表 4.8

广告方式	每次广告费用 / 元	每月可用的最高次数	期望的宣传效果 / 单位
电视台 A/（白天，1 分钟）	500	16	50
电视台 B/（晚上，30 秒钟）	1 000	10	80
每日晨报 /（半版）	100	24	30
星期日报 /（半版）	300	4	40
广播电台 /（1 分钟）	80	25	15

中华家电公司拨了 20 000 元给销售部作为第一个月的广告预算费，同时提出，月内至少得有 8 个电视商业节目，15 条报纸广告，且整个电视广告费不得超过 12 000 元，电台广播至少隔日有一次. 现问该公司销售部应当采用怎样的广告宣传计划，才能取得最好的效果？

解 设 x_1,x_2,x_3,x_4,x_5 分别是第一个月内电视台 A、电视台 B、每日晨报、星期日报、广播电台进行广告宣传的次数，则所求问题归结为下述 LP 模型：

$$\max \quad 50x_1+80x_2+30x_3+40x_4+15x_5,$$

$$\begin{aligned}
\text{s.t.}\quad & 500x_1+1\,000x_2+100x_3+300x_4+80x_5\leqslant 20\,000,\\
& x_1+x_2\geqslant 8,\\
& x_3+x_4\geqslant 15,\\
& 500x_1+1\,000x_2\leqslant 12\,000,\\
& x_5\geqslant 15,\\
& x_1\leqslant 16,\ x_2\leqslant 10,\ x_3\leqslant 24,\ x_4\leqslant 4,\ x_5\leqslant 25,\\
& x_1,x_2,\cdots,x_5\geqslant 0.
\end{aligned}$$

上述模型只是一种近似的描述，许多问题我们并未考虑进去，比如方式的重复使用会降低宣传效果，方式重复使用时有费用折扣等．若考虑这些因素，就需进行更细致的研究．此外，期望效果最好不等于利润最大．若能直接衡量出广告对利润的影响，就可把总利润的最大化作为目标(某些情况下可以做到，见例 4.2-2)．

虽然 LP 模型与客观实际会有一些差距，但常可用其解来获得最优决策的近似值．将管理人员的经验数据和 LP 模型的解结合起来，就可能作出比较科学的决策．

例 4.2-2　长城家电公司最近研制了一种新型电视机，准备在三种类型的商场(即一家航空商场、一家铁路商场和一家水上商场)进行销售．由于三家商场的类型不同，它们的批发价和推销费都不同，因而产品的利润也不同．此外，公司根据过去的经验，对这三家商场所需的广告费和推销人员的工时作了估计．这些数据都概括在表 4.9 中．由于这种电视机的性能良好，各家商场都纷纷争购，但公司的生产能力有限，每月只能生产 1 000 台，故公司规定了如下的销售方针：铁路商场至少经销 300 台，水上商场至少经销 200 台，航空商场至少经销 100 台，至多 200 台．公司计划在一个月内的广告预算费为 8 000 元，推销人员最高可用工时数为 1 500．同时，公司只根据经销数进行生产，即生产台数 = 销售台数．

表 4.9

经销商场	每销售一台的利润 / 元	每销售一台的广告费 / 元	每销售一台需要的推销工时 / 小时
航空商场	50	12	2
铁路商场	80	7	3
水上商场	70	8	4

公司现在要确定下个月的市场对策，具体说来，就是要对下面三个问题作出决策：

(1)　应为各家商场生产多少台电视机？

(2)　用于各家商场的广告费是多少？

(3)　为三家商场各安排多少推销人员的工时？

解　设 x_1, x_2, x_3 分别是为航空、铁路、水上三家商场生产的电视机台数，则有如下的 LP 问题：

$$
\begin{aligned}
\max \quad & z = 50x_1 + 80x_2 + 70x_3, \\
\text{s.t.} \quad & 12x_1 + 7x_2 + 8x_3 \leqslant 8\,000, \\
& 2x_1 + 3x_2 + 4x_3 \leqslant 1\,500, \\
& x_1 + x_2 + x_3 \leqslant 1\,000, \\
& x_1 \geqslant 100, \\
& x_1 \leqslant 200, \\
& x_2 \geqslant 300, \\
& x_3 \geqslant 200, \\
& x_1, x_2, x_3 \geqslant 0.
\end{aligned}
$$

4.3 金融与投资

例 4.3-1（有价证券的选择） 长城汽车有限公司决定将自己拥有的100万元用于对外投资，以便在明年年底获得较多的资金. 公司经理部人员经过调查分析后，决定将这笔款项投资于电力工业、化学工业和购买国库券. 他们已了解到有两家电力公司、两家化学公司欢迎他们投资，数量不限. 会计部门也已得知了向这些公司投资的年利润率. 有关数据见表 4.10.

表 4.10

序　号	投资项目	年利润率
1	振兴电力公司	6.2%
2	中南电力公司	7.1%
3	光明化工公司	9.8%
4	华夏化工公司	7.2%
5	购买国库券	4.7%

长城公司对这笔投资规定了下列方针：

(1) 电力工业的投资至少要等于化学工业投资的两倍，但每种工业投资不得超过投资总额的50%.

(2) 购买国库券至少应占整个工业投资的10%.

(3) 对利润较高但风险也较大的光明化工公司的投资最多只能占化学工业投资的65%.

试问长城公司明年应给每个投资项目分配多少有价证券，才能使年获利最大?

解　设给第 i 个项目投资 x_i 万元，$i=1,2,\cdots,5$，则有下列模型：

$$\max \quad z=0.062x_1+0.071x_2+0.098x_3+0.072x_4+0.047x_5,$$

$$\text{s.t.} \begin{cases} x_1+x_2-2x_3-2x_4 \geqslant 0, \\ x_1+x_2 \leqslant 50, \\ x_3+x_4 \leqslant 50, \\ -0.1x_1-0.1x_2-0.1x_3-0.1x_4+x_5 \geqslant 0 \\ 0.35x_3-0.65x_4 \leqslant 0, \\ x_1,x_2,\cdots,x_5 \geqslant 0. \end{cases}$$

上述 LP 问题的解可以为长城公司的投资计划提供很好的建议. 但在具体执行时不一定能完全按模型的最优解的准确数字进行投资，因为该公司向一些公司投资购买股票时，股票数必须是整数. 例如，若按最优解的数额，我们应向中南电力公司购买 352.6 股，则实际上我们购买 352 股即可. 这样既不会超出投资总额，又非常接近最优解.

例 4.3-2（连续投资）　某厂现有资金 100 万元，准备投资若干项目. 据了解，在今后 5 年内，已有下列 4 个项目欢迎该厂投资：

Ⅰ：第一年年初投资，到次年末可收回本金的 70%，第三年年末除收回全部本金外，还可获利 25%；第三年年初投资，第四年年末可收回本利 116%.

Ⅱ：第二年年初投资，第四年年末可回收本金 80%，第五年年末，除收回全部本金外，还可获得利润 35%；第四年年初投资，第五年年末可收回本利 118%.

Ⅲ：第三年年初投资，第五年年末可回收本利 135%.

Ⅳ：每年年初在银行进行定期储蓄，当年年末取出，年利 5%.

现问该厂应如何安排每年给各个项目的投资额，以便到第五年年末能拥有最多的资金?

解　设第 i 个项目在第 j 年年初应投资 x_{ij} 万元. 根据所给数据，列出表 4.11.

为了充分发挥资金的作用，显然每年年初都应把手中所有的资金全部投放出去. 由表 4.11 可知，第一年年初有 Ⅰ,Ⅳ 项可投资，总共金额为现有资本 100 万元，故

$$x_{11}+x_{41}=100.$$

第一年年末，只有定期储蓄 x_{41} 可收回本利 $x_{41}(1+5\%)=1.05x_{41}$. 这些资金在第二年年初可投放给项目 Ⅱ,Ⅳ，故

$$x_{22}+x_{42}=1.05x_{41}.$$

表 4.11

每年年初投资额/万元 \ 年度 \ 项目	一	二	三	四	五	项目对投资的要求/万元
Ⅰ	x_{11}		x_{13}			$\geqslant 10$
Ⅱ		x_{22}		x_{24}		$20 \sim 40$
Ⅲ			x_{33}			$15 \sim 30$
Ⅳ	x_{41}	x_{42}	x_{43}	x_{44}	x_{45}	

第二年年末的收入有：① 项目 Ⅰ 在第一年年初投资 x_{11}，到第二年年末，可收回 $0.7x_{11}$；② 第二年年初储蓄的 x_{42}，到当年年底可收回 $1.05x_{42}$. 这些资金在第三年年初可投放给项目 Ⅰ,Ⅲ,Ⅳ. 故

$$x_{13} + x_{33} + x_{43} = 0.7x_{11} + 1.05x_{42}.$$

第三年年末的收入有存款 x_{43} 的本利 $1.05x_{43}$，加上第一年年初投资 x_{11} 的剩余本金 $0.3x_{11}$ 及利息 $0.25x_{11}$. 第四年年初的投资项目有 Ⅱ 和 Ⅳ，故

$$x_{24} + x_{44} = 0.55x_{11} + 1.05x_{43}.$$

第四年年末的收入有：① 项目 Ⅰ 在第三年年初的投资 x_{13}，这时可收回 $1.16x_{13}$；② 项目 Ⅱ 在第二年年初的投资 x_{22}，这时可收回 $0.8x_{22}$；③ 第四年年初的存款 x_{44}，这时可收回 $1.05x_{44}$. 这些资金在第五年年初可全部存入银行，故

$$x_{45} = 1.16x_{13} + 0.8x_{22} + 1.05x_{44}.$$

第五年年末的收入为：① 项目 Ⅱ 收回本金余额 $0.2x_{22}$，加上利润 $0.35x_{22}$；② 项目 Ⅱ 第四年年初的投资 x_{24} 可收回本利 $1.18x_{24}$；③ 项目 Ⅲ 在第三年年初的投资 x_{33}，这时可收回 $1.35x_{33}$；④ 第五年年初的存款 x_{45}，这时有本利 $1.05x_{45}$. 总共收入为

$$0.55x_{22} + 1.18x_{24} + 1.35x_{33} + 1.05x_{45}.$$

于是，可得下述 LP 问题：

$$\begin{aligned}
\max \quad & z = 0.55x_{22} + 1.18x_{24} + 1.35x_{33} + 1.05x_{45}, \\
\text{s.t.} \quad & x_{11} + x_{41} = 100, \\
& x_{22} + x_{42} - 1.05x_{41} = 0, \\
& 0.7x_{11} - x_{13} - x_{33} + 1.05x_{42} - x_{43} = 0, \\
& 0.55x_{11} - x_{24} + 1.05x_{43} - x_{44} = 0, \\
& 1.16x_{13} + 0.8x_{22} + 1.05x_{44} - x_{45} = 0, \\
& \text{全部 } x_{ij} \geqslant 0.
\end{aligned}$$

4.4 配料选取

例 4.4-1（饲料问题） 在现代大型畜牧业中经常使用工业生产的饲料喂养动物. 现在我们来研究红星养鸡场的饲料配方问题. 该鸡场养了一些鸡以供出售. 饲养人员提供的信息说，在这些鸡的生长过程中，蛋白质、维生素和脂肪三种营养成分特别重要. 这批鸡每天至少需要蛋白质 80 g、维生素 20 g 和脂肪 10 g. 红星养鸡场准备购买大米、燕麦等 4 种饲料以帮助满足这些需要. 已知每种饲料每公斤中所含的营养成分和饲料的单价如表 4.12 所示.

表 4.12

饲料	单价 / 元	蛋白质 /g	维生素 /g	脂肪 /g
1	3	0.4	0.06	0.5
2	7	1.5	0.2	0.3
3	5	1.0	0.1	0.4
4	6	0.7	0.9	0.6
最低需求量 /g		80	20	10

该鸡场因条件所限，只能每周去买一次饲料. 由于库存容积有限，故希望每天的饲料总量不超过 200 kg. 现问该鸡场应如何确定既能满足鸡每天的营养需要又使成本最低的饲料配方？也即每天应买 4 种饲料各若干斤？总共买饲料多少斤？每天最低成本是多少？

解 设鸡场每天应购买第 i 种饲料 x_i 斤，$i=1,2,3,4$. 则有如下的LP问题：

$$
\begin{aligned}
\min \quad & z = 3x_1 + 7x_2 + 5x_3 + 6x_4, \\
\text{s.t.} \quad & 0.4x_1 + 1.5x_2 + 1.0x_3 + 0.7x_4 \geqslant 80, \\
& 0.06x_1 + 0.2x_2 + 0.1x_3 + 0.9x_4 \geqslant 20, \\
& 0.5x_1 + 0.3x_2 + 0.4x_3 + 0.6x_4 \geqslant 10, \\
& x_1 + x_2 + x_3 + x_4 \leqslant 200, \\
& x_1, x_2, x_3, x_4 \geqslant 0.
\end{aligned}
$$

以上的营养问题是配料问题中的一种. 现在，配料问题在工农业生产中时常遇到. 比如在石油工业中需将原油提炼成若干中间产品，然后将各种中间产品按一定比例混合成为航空油、燃料油，等等，以适应不同用途的需要.

这些比例应如何选择才能使经费最节省？又如，在化工行业中也经常要为各类反应塔配料，也存在配料问题.

4.5 任务指派

例 4.5-1（会计工作） 立强会计师事务所的工作非常繁忙，经常有许多单位来委托该所进行财务核算，所以人力的利用成为一个关键问题. 最近又来了三位新委托人，要求事务所为他们进行核算. 主管经理分析了各人的工作情况以后，初步确定派 4 名高级会计师去掌管三位新委托人的核算工作. 由于高级会计师们的工作都很忙，所以每名高级会计师最多只能负责一位委托人的工作. 又因为各位高级会计师的知识、经验等不完全一样，所以他们完成同一件任务所需要的时间也不同. 主管经理在对各高级会计师以往的工作情况进行了调查研究之后，提出了会计师们完成不同委托任务的时间估计（见表 4.13）. 现在的问题是：会计师事务所应当如何按最有效的方式来安排委托人的任务，也即哪项委托任务指派给哪位高级会计师，才能使得完成这三项委托核算任务所花的总时间最少？

表 4.13

委托任务 / 单位时耗 c_{ij} / 高级会计师	B_1	B_2	B_3
A_1	250	190	140
A_2	230	150	180
A_3	200	170	120
A_4	240	160	130

解 因为任务数比人数少 1，故增设一个虚拟的任务 B_4，且令

$$c_{14}=c_{24}=c_{34}=c_{44}=0,$$

则变为一个 4 人做 4 件事的指派问题，用匈牙利法求解即可.

例 4.5-2（体育比赛） 设有由 4 名运动员 A_1, A_2, A_3, A_4 组成的一个游泳队准备参加 4×100 m 的混合接力赛（由爬泳、蝶泳、仰泳、蛙泳各 100 m 组成）. 这 4 名运动员的 100 m 爬泳、蝶泳、仰泳、蛙泳成绩如表 4.14 所示. 现问应决定每人各游什么姿势，才能使总成绩最好？

解 这是一个标准的指派问题，可按匈牙利法求解.

表 4.14

	B_1（爬泳）	B_2（蝶泳）	B_3（仰泳）	B_4（蛙泳）
A_1	57″3	63″	64″	77″
A_2	56″	60″2	62″	63″5
A_3	56″4	61″	63″	71″
A_4	58″	64″	65″	68″7

4.6　环境保护

这里我们介绍 D. R. Anderson 在[2] 中所举的一个例子(见该书 p. 209). 某化学公司在用两种原料 A 和 B 生产一种主要产品的过程中，也产生出一种液体废料和一种固体废料. 具体说来，该公司的输入为：1 磅原料 A 和 2 磅原料 B，共 3 磅. 输出也是 3 磅：1 磅主要产品，1 磅固体废料和 1 磅废液. 固体废料已被一家化肥厂利用，而废液则倒入河中.

最近环保部门制定了控制污染条例，禁止将废液倒入河中. 为此，公司科研部门提出了如下三种方案：

(1)　在每磅废液中加入 1 磅原料 A，制成副产品 K.

(2)　在每磅废液中加入 1 磅原料 B，制成副产品 M.

(3)　对废液进行专门处理，使之符合不污染标准之后，再排入河中.

会计部门核算了售价及成本后，估计出各种产品的利润，如表 4.15 所示，而专门处理废液的费用是每磅 0.25 美元. 现问该公司的废液应如何处理(采取何种方案)，才能既符合环保要求，又能维持尽可能高的利润？

表 4.15

产　品	主要产品	副产品 K	副产品 M
利润 /(美元 / 磅)	2.10	−0.10	0.15

解　由于在这个问题中，废液处理与产品生产过程有关，因此需将二者结合起来作为一个完整的系统来考虑. 生产需要原料. 假设在计划期间，A 和 B 两种原料的最大拥有量分别为 5 000 磅和 7 000 磅. 又设每种产品生产 1 磅时所需要的配料如表 4.16 所示.

表 4.16

配料成分	主要产品	产品 K	产品 M
原料 A	1	0.5	0.0
原料 B	2	0.0	0.5
废　液	0	0.5	0.5

设 x_1 为主要产品的磅数，x_2 为副产品 K 的磅数，x_3 为副产品 M 的磅数，x_4 为专门处理的废液磅数. 考虑到各产品的盈亏情况及处理废液的成本，可得 LP 模型如下：

$$\begin{aligned} \max \quad & z = 2.10x_1 - 0.10x_2 + 0.15x_3 - 0.25x_4, \\ \text{s.t.} \quad & x_1 + 0.5x_2 \leqslant 5\,000, \\ & 2x_1 + 0.5x_3 \leqslant 7\,000, \\ & -x_1 + 0.5x_2 + 0.5x_3 + x_4 = 0, \\ & x_1, x_2, x_3, x_4 \geqslant 0, \end{aligned}$$

其中第三个约束条件是这样得来的：生产产品 K 所需的废液、生产产品 M 所需的废液及专门处理的废液数量三者之和应等于可利用的废液总量，而由系统的输入、输出结构知，废液总量 = 主要产品的产量 x_1，故有

$$0.5x_2 + 0.5x_3 + x_4 = x_1,$$

移项即得上述约束条件.

习　题

（以下各题均只建立模型，不求解.）

1. 某厂利用原材料 A 和 B 制造三种型号的产品（Ⅰ，Ⅱ和Ⅲ）. 每件产品对资源的消耗量、现有资源量、利润和需求量的情况如下表所示：

单位料耗 \ 产品 / 原材料	Ⅰ	Ⅱ	Ⅲ	资源拥有量 / 单位
A	2	3	5	4 000
B	4	2	7	6 000
利润 /（元 / 件）	30	20	50	
最低需求量 / 件	200	200	150	

由于产品是配套使用，故要求三种型号件数之比为3∶2∶5. 问应如何安排生产计划才能使获利最大？列出LP模型.

2. 某企业准备将100万元投资于项目A和B. 项目A保证每1元投资一年后可获利0.7元. 项目B保证每1元投资两年后可获利2元，但投资时期必须是两年的倍数. 该企业希望第三年年底收入最多. 问应怎样投资？试建立这一问题的LP模型.

3. 某公司生产的订书机由三个主要部件组成：底座、夹头、把手. 以前这些部件全由公司自己制造. 现在因预测到下一季度市场需求5 000台订书机，该公司对是否有生产能力全部自制这么多部件尚无把握，准备向当地另一家公司购买部分部件. 该公司自制每种部件的工时消耗及下季度可用工时量如下表所示：

部门	底座/小时	夹头/小时	把手/小时	部门可用工时数/小时
A	0.03	0.02	0.05	400
B	0.04	0.02	0.04	400
C	0.02	0.03	0.01	400

会计部门考虑了公司的杂项开支、材料费和劳动成本后，确定了各部件的制造费用. 另一家公司也报来了部件的购买价格. 这些数据如下表所示：

部件	自制价格/(元/件)	购买价格/(元/件)
底座	0.75	0.95
夹头	0.40	0.55
把手	1.10	1.40

现问：

(1) 如何确定以最低成本满足5 000台需求量的自制或外购决策？每种部件应自制多少？外购多少？

(2) 哪些部门限制了生产量？如果加班费为每小时3元，那么哪些部门应安排加班？为什么？

(3) 假设部门A的加班时间最多为80小时，你的建议如何？

4. 某医药公司生产的胶囊药物需要检验员用肉眼进行检查，看有没有破裂的或未装满的胶囊．该公司有三个检验员 A,B 和 C．他们检验的速度不完全相同，从而公司付给他们的工资也略有差别．有关数据见下表：

检验员	速度/(单位/小时)	精　度	工资/(元/小时)
A	300	98%	2.95
B	200	99%	2.60
C	350	96%	2.75

公司每天在 8 小时工作中，至少要求检验 2 000 个胶囊，检验差错不得超过 2%．同时由于检验工作对眼力消耗大，每人每天最多能工作 4 小时．现问：如果希望检验成本最小，那么每个检验员在 8 小时工作日中应工作多少小时？公司每天应检验多少胶囊？总费用多少？

5. 有个农场有耕田 100 亩，劳力 1 500 个工时，资金 15 000 元．他准备种植绿豆、黄豆等作物．各种作物每亩的工时消耗和费用见下表：

农作物	劳力/小时	农机/小时	其他费用/元	毛收入/元
绿豆	50	15	100	280
黄豆	30	30	90	310
玉米	10	5	40	90
扁豆	40	15	100	325
大麦	30	20	50	200

表中的其他费用包括肥料、农药、种子等的开支．又各种农机的费用为每小时 3 元，劳力的费用为每小时 2 元．假定不种庄稼的土地要种上绿肥，其费用为每亩 50 元．试作出一线性规划，以确定计划期内的最优种植方案．

6. 某厂接到一份订货单，要求七、八、九三个月供应产品的数量分别为 1 200，3 600，2 400 件．该厂每月的正常生产能力是 1 920 件，加班生产能力是 1 320 件．前者的成本是每件 4.8 元，后者是每件 6.0 元．每月的存储费为每件 2.4 元．假定开始时没有库存，希望在九月末也无库存．试建立使三个月内生产费用和存储费用总和为最小的 LP 模型．

7. 某制造公司有五个工厂 A_1,A_2,A_3,A_4,A_5，都可以生产四种产品 B_1，B_2,B_3,B_4．有关的生产数据及获利情况如下表所示：

产品	所需工时 / 小时					利润 /(元 / 件)
	A_1	A_2	A_3	A_4	A_5	
B_1	3	6	4	—	4	20
B_2	7	4	5	—	7	15
B_3	5	3	4	9	—	17
B_4	9	—	6	5	5	12
可用工时 / 小时	1 500	1 800	1 100	1 400	1 300	

该公司销售部根据市场需求情况规定：B_1 的产量不能多于 200 件；B_2 的产量最多为 650 件；B_3 的产量最少为 300 件，最多为 700 件；B_4 的产量最少为 500 件，无论生产多少都可卖出. 试作一线性规划，以求得使总利润最大的生产计划.

第五章　目标规划

我们在前面几章中所讨论的都是单目标的决策问题，也就是说，一个组织把自己所追求的各种目标最后都归结到一个单一的目标，如实现利润的最大化或成本的最小化．但在现实世界中，这种做法并非在一切情况下都是可行的或令人满意的．比如一个企业可能同时有许多目标：保持比较稳定的价格和利润，提高自己的产品在市场上的占有率，增加产品的品种，维持比较稳定的职工队伍并提高他们的工作积极性等．这些目标就很难集中到一个目标上，而且各个目标并非都相互协调，有些目标之间甚至还可能是相互矛盾的．对于这样的问题，线性规划就无能为力了，而目标规划(Goal Programming，简记为 GP) 则提供了一种力求同时满足各个目标的方法．

由于目标之间的不协调性和矛盾性，要想同时实现每一个目标，显然是不可能的，因此只能寻求一种折中的方案．目标规划就是寻找最优折中方案的办法．

目标规划的基本思想是：首先对于管理部门提出的每一个目标(objective)，由决策者确定一个具体的数量目标(numeric goal，也叫管理目标)，并对每一个目标建立目标函数(objective function)，然后寻求一个使目标函数和对应目标(goal) 之间的偏差(赋权) 之和达到最小的解．

目标规划的概念最早可能是由 A. Charnes 和 W. W. Cooper 于 1961 年在《管理模型和线性规划的工业应用》一书中提出的．其后，Y. Ijiri 和 V. Jaaskelainen 在这方面都做了许多工作．S. M. Lee 提出了优先级别的目标规划，这一思想大大推进了目标规划的发展．20 世纪 70 年代，J. P. Ignizio 在整数目标规划和非线性目标规划的算法和应用方面都取得了重要成果．

目标规划中的目标函数和约束条件可以是线性的，也可以是非线性的，变量可以是连续的，也可以是离散的．本书中我们只研究具有连续变量的线性目标规划，简称目标规划．

5.1　目标规划的模型

本节中我们将引进一些简单的例子来说明目标规划的基本概念及其建模的方法. 第一个例子中的各个目标，决策者认为是同等重要的，即各个目标都具有相等的级. 第二个例子中的各个目标其重要程度是不一样的，有些目标是最重要的，称为第一级目标；有些目标是第二位重要的，称为第二级目标 …… 第三个例子则更进一步，同一级别的各目标中，其重要性又有差别，这种差别可以用权来反映.

5.1.1　相同等级的目标

为了了解线性规划和目标规划的联系和区别，我们先来看一个简单的LP问题.

东风电视机厂(以下简称东风厂)生产 Ⅰ 型和 Ⅱ 型两种电视机. 这两种电视机在市场上都很畅销，生产多少就可以卖出多少. 但该厂的生产受到两种关键资源的限制，这些资源就是需要从另外某厂购进两种原材料 A 和 B. 生产 1 台电视机对资源的消耗定额及每天可利用的资源数量如表 5.1 所示，单位产品所能获得的利润也反映在该表中.

表 5.1

单位消耗 \ 产品 / 资源	Ⅰ	Ⅱ	现有资源
原材料 A/kg	2	3	100
原材料 B/kg	4	2	80
利润 /(百元 / 台)	4	5	

假设东风电视机厂需要解决的问题是：每天应如何安排两种电视机的产量，才能使所获利润最大？则这一问题可以表述为一个 LP 模型：

$$\begin{aligned}\max \quad & z = 4x_1 + 5x_2, \\ \text{s.t.} \quad & 2x_1 + 3x_2 \leqslant 100, \\ & 4x_1 + 2x_2 \leqslant 80, \\ & x_1, x_2 \geqslant 0,\end{aligned}$$

其中 x_1, x_2 分别表示 Ⅰ, Ⅱ 型电视机每天的产量(以台为单位)，z 表示每天生

产 x_1 台 Ⅰ 型电视机和 x_2 台 Ⅱ 型电视机所获得的利润(以百元为单位).

很容易求得这个问题的最优解为

$$x_1^* = 5,\ x_2^* = 30;\quad z^* = 170.$$

东风厂按此计划生产数日后，市场形势突然发生了变化：向该厂供应原材料 A 的那个厂家提出，由于它们在生产上遇到某些困难，每天给东风厂提供的原材料 A 不得不减少 10 kg. 另外，在过去的数日里，每天来购买 Ⅰ 型电视机的顾客很多，但由于原来此种电视机的生产量太少，远不能满足需求. 长此以往，可能失去这种产品的市场，故 x_1 的数值必须提高. 由于原材料供应的减少，又想增加利润较低的 Ⅰ 型电视机的日产量，故总的利润势必下降.

东风厂的管理部门经过认真分析后，对下一阶段的生产经营提出了 3 个目标：

(1) 原材料 A 的每日用量控制在 90 kg 以内；

(2) Ⅰ 型电视机的日产量在 15 台以上；

(3) 日利润超过 140 百元.

应当注意，这 3 个条件不同于线性规划中的约束条件，它们在问题中不是必须满足的，而是管理部门希望能实现的目标. 通常，管理部门提出的目标不可能全部实现，因为有些目标之间本来就相互矛盾.

现在看看如何用目标规划的方法来描述和解决上述问题. 我们仍用 x_1，x_2 分别表示 Ⅰ，Ⅱ 型电视机的日产量(单位是台).

东风厂对原材料的日用量提出了一个最高限额 90 kg，即希望

$$2x_1 + 3x_2 \leqslant 90,$$

这里的 90 是管理部门提出的一个目标值，但实际上原材料 A 的每天用量可能小于 90，也可能等于 90，也可能大于 90. 也就是说，原材料 A 的实际取值(每日实际用量)与目标值之间可能有一个偏差.

为了反映这一事实，我们对原材料 A 的实际日用量引进两个偏差变量 d_1^- 和 d_1^+：d_1^- 表示原材料 A 的实际日用量未达到目标值的部分；d_1^+ 表示 A 的实际日用量超过目标值的部分.

偏差变量都是非负变量. 由于 A 的实际日用量不可能既未达到目标值，又超过目标值，故 d_1^- 和 d_1^+ 中不可能两个都为正数，即其中至少有一个为 0. 于是，关于东风厂的第一个目标(关于原料 A 的)可用下式表示：

$$2x_1 + 3x_2 - d_1^+ + d_1^- = 90.$$

这种约束称为**目标约束**.

东风厂对第一个目标的具体要求是：希望 A 的日用量不要超过 90 kg，

或者说，超过部分要尽量小，即希望有 $\min d_1^+$.

关于第二个目标（Ⅰ型电视机的日产量目标）可同样地处理. 我们用d_2^-和d_2^+分别表示Ⅰ型电视机的日产量未达到和超过目标值的部分，则第二个目标约束为

$$x_1 - d_2^+ + d_2^- = 15.$$

该厂对这一目标的具体要求是：希望尽量有 $x_1 \geqslant 15$，或者说，要尽量避免达不到目标值，即希望 $\min d_2^-$.

为了表达第三个目标约束，我们用 d_3^- 和 d_3^+ 分别表示日利润未达到和超过目标值的部分，则有

$$4x_1 + 5x_2 - d_3^+ + d_3^- = 140.$$

该厂希望尽量避免达不到目标值的情况，即希望 $\min d_3^-$.

东风厂的管理部门认为，上述三个目标对于该厂来说，是同等重要的.

现在我们把上面的分析加以综合，就得到一个完整的目标规划模型(GP问题 1)：

$$\begin{aligned}
\min\quad & z = d_1^+ + d_2^- + d_3^-, \\
\text{s.t.}\quad & 2x_1 + 3x_2 \qquad - d_1^+ + d_1^- = 90, \\
& 4x_1 + 2x_2 + s_2 \qquad\qquad = 80, \\
& x_1 \qquad\qquad\quad - d_2^+ + d_2^- = 15, \\
& 4x_1 + 5x_2 \qquad - d_3^+ + d_3^- = 140, \\
& x_1, x_2, s_2, d_1^+, d_1^-, d_2^+, d_2^-, d_3^+, d_3^- \geqslant 0.
\end{aligned}$$

5.1.2　有优先等级的目标

现在假设东风厂的决策者认为，上例中的 3 个目标并非同等重要，它们有主次之分. 其中保证Ⅰ型电视机的日产量在 15 台以上是最重要的目标，争取利润达到 140 百元是次级重要目标，而原材料 A 的日用量不超过 90 kg 是第三重要的目标. 在目标规划中，对于最重要的目标，赋予优先因子 P_1，对于第二重要的目标，赋予优先因子 P_2，以此类推. 决策者在实现其各目标时，首先要保证 P_1 级目标的实现，即首先不考虑其他目标，而寻求 P_1 级目标的最优值. 再在不退化这个目标的最优值的前提下，求出 P_2 级目标的最优值，如此逐步求解. 各个优先因子是一些特殊的正常数，它们之间有如下关系：

$$P_1 \gg P_2 \gg P_3 \gg \cdots,$$

这里的符号"≫"表示"远远大于"，说明 P_i 与 P_{i+1} 不是同一级别的数量.

根据东风厂对于3个目标的具体分级情况，我们可以写出下述的目标规划问题(GP 问题2)：

$$\begin{aligned} \min \quad & z = P_1 d_2^- + P_2 d_3^- + P_3 d_1^+, \\ \text{s.t.} \quad & 2x_1 + 3x_2 - d_1^+ + d_1^- = 90, \\ & 4x_1 + 2x_2 + s_2 = 80, \\ & x_1 - d_2^+ + d_2^- = 15, \\ & 4x_1 + 5x_2 - d_3^+ + d_3^- = 140, \\ & x_1, x_2, s_2, d_1^+, d_1^-, d_2^+, d_2^-, d_3^+, d_3^- \geqslant 0. \end{aligned}$$

5.1.3 有赋权的优先等级的目标

假设东风厂现在面临的市场形势比较严峻，两种重要原材料的供应量都大幅度下降：原材料 A 每天只能供应 70 kg，而原材料 B 每天只有 40 kg 了. 面对这一新的形势，东风厂的决策者调整了自己的管理目标. 他认为，首先应保证原材料的日用量不要超过供应厂家所能提供的数量；其次，日利润要达到一定的标准；第三，保证Ⅱ型电视机产量达到较好的水平；最后，Ⅱ型电视机也应生产一定数量. 同时，由于原材料 B 减少了一半，所以东风厂的决策者认为，避免 B 超过限量的重要性是避免 A 超过限量的重要性的两倍.

具体来说，各目标的优先等级及赋权情况如表 5.2 所示.

表 5.2

目　标　(Goal)	优先级	权
1. 原材料 B 的日用量不超过 40 kg	P_1	2
2. 原材料 A 的日用量不超过 70 kg	P_1	1
3. 日利润不少于 110 百元	P_2	
4. Ⅱ 型电视机的日产量不少于 18 台	P_3	
5. Ⅰ 型电视机的日产量不低于 5 台	P_4	

有关的偏差变量定义如下：

d_1^+ 和 d_1^- 分别表示日利润超过和未达到目标值的部分；

d_2^+ 和 d_2^- 分别表示原材料 A 的日用量超过和未达到目标值的部分；

d_3^+ 和 d_3^- 分别表示原材料 B 的日用量超过和未达到目标值的部分；

d_4^+和d_4^-分别表示Ⅰ型电视机的日产量超过和未达到目标值的部分；

d_5^+和d_5^-分别表示Ⅱ型电视机的日产量超过和未达到目标值的部分.

现在可把东风厂所要解决的问题表述为如下的目标规划模型(GP问题3)：

$$\begin{aligned}
\min\quad & z = 2P_1d_3^+ + P_1d_2^+ + P_2d_1^- + P_3d_5^- + P_4d_4^-,\\
\text{s.t.}\quad & 4x_1 + 5x_2 - d_1^+ + d_1^- = 110,\\
& 2x_1 + 3x_2 - d_2^+ + d_2^- = 70,\\
& 4x_1 + 2x_2 - d_3^+ + d_3^- = 40,\\
& x_1 \qquad\quad - d_4^+ + d_4^- = 5,\\
& \qquad\quad x_2 - d_5^+ + d_5^- = 18,\\
& x_1, x_2, d_1^+, \cdots, d_5^+, d_1^-, \cdots, d_5^- \geqslant 0.
\end{aligned}$$

5.2 目标规划的解法

现有几种求解目标规划的方法，但它们实质上都是以解线性规划的单纯形法为基础的.

5.2.1 各目标具有相同等级的目标规划

前一节中的GP问题1就属这种形式. 为了应用单纯形法求解GP问题，我们首先要找一个初始基并作其单纯形表. 由于GP模型的约束条件中含有许多负偏差变量，其系数均为1，故常可取它们为初始基变量. 但因目标函数中也常含有负偏差变量，因此将目标函数行搬上单纯形表时，应注意将其中基变量的系数变为0.

为了简化制表手续，节省不必要的重复书写，我们将GP问题的初始单纯形表设计为有两个z-行的形式. 第一个z-行是将GP模型中z-行的系数反号而得，并将这一行用括号括起来；第二个z-行则是正规单纯形表中的z-行，其中基变量的检验数都已化为0.

GP问题1的初始单纯形表如表5.3(Ⅰ)所示. 该表中的z-行是将其上面一行(有括号者)经过适当变换而来. 本来在z-行的"右端"处也有一数，但该数对我们不重要，故不需要去算它，只以"×"表示即可. 以后我们均用×代表某数，不同地方的×代表不同的数.

表 5.3

		x_1	x_2	d_1^+	d_1^-	s_2	d_2^+	d_2^-	d_3^+	d_3^-	右端
	(z			-1				-1		-1	)
	z	5	5	-1			-1		-1		×
(Ⅰ)	d_1^-	2	3	-1	1						90
	s_2	4	2			1					80
	d_2^-	①					-1	1			15
	d_3^-	4	5						-1	1	140
	z		5	-1			4	-5	-1		×
(Ⅱ)	d_1^-		3	-1	1		2	-2			60
	s_2		②			1	4	-4			20
	x_1	1					-1	1			15
	d_3^-		5				4	-4	-1	1	80
	z			-1		$-\frac{5}{2}$	-6	5	-1		×
(Ⅲ)	d_1^-			-1	1	$-\frac{3}{2}$	-4	4			30
	x_2		1			$\frac{1}{2}$	2	-2			10
	x_1	1					-1	1			15
	d_3^-					$-\frac{5}{2}$	-6	⑥	-1	1	30
	z			-1		$-\frac{5}{12}$	-1		$-\frac{1}{6}$	$-\frac{5}{6}$	×
(Ⅳ)	d_1^-			×	1	×			×	×	10
	x_2		1	×		×			×	×	20
	x_1	1		×		×			×	×	10
	d_2^-			×		$-\frac{5}{12}$	-1	1	$-\frac{1}{6}$	$\frac{1}{6}$	5

初始表中含有正检验数，需要换基. 换基法则与线性规划中的一样. 换基后得表 5.3 (Ⅱ). 再换两次基就得到了最优表，即表 5.3 (Ⅳ).

由最优表可知，第一个目标，即要求原材料 A 的日用量不超过 90 kg，已完全达到，事实上还剩 10 kg ($d_1^- = 10$)；第二个目标，即要求 Ⅰ 型电视机的日产量在15台以上，没有达到，事实上，还差5台($d_2^- = 5$)；第三个目标，即要求日利润至少为140百元，已恰好达到，因为$d_3^+ = d_3^- = 0$. 这一点也可检验如下：由 $x_1 = 10$，$x_2 = 20$，得

$$z = 4 \times 10 + 5 \times 20 = 140 \text{(百元)}.$$

5.2.2 各目标有不同优先等级的目标规划

在GP问题2中，3个目标各有不同的优先等级. 在这种问题的求解中，当判断检验数的符号时，要特别注意 $P_1 \gg P_2 \gg P_3$ 这个事实.

由于此类问题的目标函数中含有各个优先因子，所以在单纯形表的 z- 行中，各检验数将是这些优先因子的线性组合，如 $2P_1 + 3P_2 - 5P_3$ 之类的形式. 为了方便起见，我们将 z- 行写成若干行，每一级优先因子都各占一行. 如刚才所说的这个检验数就写成下面的形式：

$$\begin{matrix} P_1 & 2 \\ P_2 & 3 \\ P_3 & -5 \end{matrix}$$

前一段中节省制表的方法，我们现在同样采用. 不过在这里，z- 行已被分成若干行了，即有几个优先因子就分成几行，在初始表中用括号括起来的也不是一行，而是好几行了.

GP问题2的初始表如表5.4(Ⅰ)所示. 因为 $P_1 \gg P_2 \gg P_3$，所以检验数的符号首先取决于 P_1- 行中各数的符号，其次取决于 P_2- 行中各数的符号，依此类推. 现在 P_1- 行中最大正数为1，故 x_1 为入基变量. 出基变量的确定法则同前，易知是 d_2^- 出基. 换基后得表5.4(Ⅱ). 在该表的 P_1- 行中各数已全部非正，故 P_1 级目标已实现最优，即该表已是 P_1 级目标的最优表.

在该表的 P_1- 行中，非基变量 d_2^- 的检验数为负数(−1). 若将 d_2^- 调入基中，则必将退化 P_1 级的最优目标值. 所以为了保持 P_1 级目标已经达到的最优性，决不可将 d_2^- 调入基中，即 d_2^- 只能永远作非基变量，当然也就永远取0值. 这告诉我们，在对表5.4(Ⅱ)继续进行单纯形变换的过程中，可以从表中划去 d_2^-- 列，从而简化计算. 划去各个负检验数以后，P_1- 行中剩下的各数皆为0，它们在以后的单纯形变换中，不需作任何变化，故也可将该行划去. 经过这些处理后，我们得到的表5.5就比较简单了.

表5.5中两行检验数已全部非正，故 P_2 级和 P_3 级目标同时实现了最优，至此，整个解题工作结束. 由该表知，P_1 级目标(Ⅰ型电视机日产量在15台以上)已恰好达到($x_1 = 15$，$d_2^- = 0$)；P_2 级目标(日利润在140百元以上)还

差 30 百元($d_3^-=30$);P_3 级目标(原材料 A 的日用量不超过 90 kg)也已达到,事实上,原材料 A 每天还剩 30 kg ($d_1^-=30$).

表 5.4

		x_1	x_2	d_1^+	d_1^-	s_2	d_2^+	d_2^-	d_3^+	d_3^-	右端
	P_1							-1			
	P_2									-1	
	P_3			-1							
(Ⅰ)	P_1	1					-1				×
	P_2	4	5						-1		×
	P_3			-1							×
	d_1^-	2	3	-1	1						90
	s_2	4	2			1					80
	d_2^-	①					-1	1			15
	d_3^-	4	5						-1	1	140
(Ⅱ)	P_1							-1			×
	P_2		5				4	-4	-1		×
	P_3			-1							×
	d_1^-		3	-1	1		2	-2			60
	s_2		②			1	4	-4			20
	x_1	1					-1	1			15
	d_3^-		5				4	-4	-1	1	80

表 5.5

	x_1	x_2	d_1^+	d_1^-	s_2	d_2^+	d_3^+	d_3^-	右 端
P_2					$-\frac{5}{2}$	-6			×
P_3			-1						×
d_1^-				1					30
x_2		1			$\frac{1}{2}$	2			10
x_1	1								15
d_3^-								1	30

5.2.3　各目标有赋权优先等级的目标规划

GP 问题 3 的目标中不仅有不同的优先等级，且 P_1 级目标中还有赋权的情况. 这种问题的求解方法实际上与前例相同，只是计算更加繁琐一点而已.

GP 问题 3 的初始表如表 5.6 所示. 由该表可见，P_1 级目标已实现最优，且 d_2^+ 和 d_3^+ 的检验数均为负数，故可划去它们所对应的列. P_1- 行也可划去，换基后就得到表 5.7 (Ⅰ) 这种较为简单的形式. 再换一次基就得到表 5.7 (Ⅱ).

表 5.6

	x_1	x_2	d_1^+	d_1^-	d_2^+	d_2^-	d_3^+	d_3^-	d_4^+	d_4^-	d_5^+	d_5^-	右端
P_1					-1		-2						
P_2				-1									
P_3												-1	
P_4										-1			
P_1					-1		-2						×
P_2	4	5	-1										×
P_3		1									-1		×
P_4	1								-1				×
d_1^-	4	5	-1	1									110
d_2^-	2	3			-1	1							70
d_3^-	4	2					-1	1					40
d_4^-	1								-1	1			5
d_5^-		①									-1	1	18

在表 5.7 (Ⅱ) 中，P_2- 行和 P_3- 行中各数均已非正，这说明 P_2 级目标和 P_3 级目标都已实现最优. P_4- 行中虽然还有一个正数(1)，但由于该数在 x_1- 列，而在 P_2- 行中 x_1- 列对应的数为 -6，故整个 x_1- 列应当划掉. 划去该列后，P_4- 行中各数也都已非正，说明 P_4 级目标也已实现最优.

从表 5.7 (Ⅱ) 可知，两个 P_1 级目标(两种原材料日用量的限制) 均已实现($d_2^+ = d_3^+ = 0$)；P_2 级目标(日利润 110 百元) 不能完全实现，还差 10 百元($d_1^- = 10$)；P_3 级目标(Ⅱ 型电视机日产量不少于 18 台) 也已实现，事实上，还超额 2 台($d_5^+ = 2$)；P_4 级目标(Ⅰ 型电视机日产量 5 台) 没有实现($x_1 = 0$，$d_4^- = 5$).

表 5.7

		x_1	x_2	d_1^+	d_1^-	d_2^-	d_3^-	d_4^+	d_4^-	d_5^+	d_5^-	右端
	P_2	4		−1						5	−5	×
	P_3										−1	×
	P_4	1							−1			×
(Ⅰ)	d_1^-	4		−1	1					5	−5	20
	d_2^-	2				1				3	−3	16
	d_3^-	4					1			②	−2	4
	d_4^-	1						−1	1			5
	x_2		1							−1	1	18
	P_2	−6		−1								×
	P_3										−1	×
	P_4	1							−1			×
(Ⅱ)	d_1^-	×		×	1		×	×			×	10
	d_2^-	×		×		1	×	×			×	10
	d_5^+	2		×			$\frac{1}{2}$	×		1	−1	2
	d_4^-	×		×			×	×	1		×	5
	x_2	×	1	×			×	×			×	20

习　　题

1. 用单纯形法求解下述目标规划问题：

(1) $\min\ z = P_1 d_1^- + P_2 d_3^- + P_3 d_2^- + P_4(d_1^+ + d_2^+)$，

$$
\text{s.t.}\quad
\begin{cases}
2x_1 + x_2 + d_1^- - d_1^+ = 20, \\
x_1 + d_2^- - d_2^+ = 12, \\
x_2 + d_3^- - d_3^+ = 10, \\
x_1, x_2, d_i^-, d_i^+ \geqslant 0 \quad (i = 1,2,3);
\end{cases}
$$

(2) $\min\ z = P_1 d_1^- + P_2 d_4^+ + P_3(5d_2^- + 3d_3^-) + P_4 d_1^+$，

$$
\text{s.t.}\quad
\begin{aligned}
& x_1 + x_2 + d_1^- - d_1^+ = 80, \\
& x_1 + d_2^- - d_2^+ = 70,
\end{aligned}
$$

$$x_2 + d_3^- - d_3^+ = 45,$$
$$d_1^+ + d_4^- - d_4^+ = 10,$$
$$x_1, x_2, d_i^-, d_i^+ \geqslant 0 \quad (i = 1,2,3,4);$$

(3) $\min \quad z = P_1(d_1^+ + d_2^+) + P_2 d_3^- + P_3 d_4^+,$

$$\begin{aligned} \text{s.t.}\quad & x_1 + 2x_2 + d_1^- - d_1^+ = 4, \\ & 4x_1 + 3x_2 + d_2^- - d_2^+ = 12, \\ & x_1 + x_2 + d_3^- - d_3^+ = 8, \\ & x_1 + d_4^- - d_4^+ = 2, \\ & x_1, x_2, d_i^-, d_i^+ \geqslant 0 \quad (i = 1,2,3,4). \end{aligned}$$

2. 某厂利用两条生产线生产电饭锅. 生产线 A 的工人技术比较熟练，平均每小时可生产 3 只，而生产线 B 的工人经验较少，平均每小时只能生产 2 只. 下周内正常的工作时间，每条生产线都是 40 小时. 生产部门的经理对下周生产提出了如下目标及其优先级别：

P_1 级：生产 228 只电饭锅；

P_2 级：生产线 A 的加班时间最多为 5 小时；

P_3 级：充分利用两条生产线的正常工作时间(按它们的生产效率赋予不同的权)；

P_4 级：限制两条生产线的加班时间的总和(按它们的生产效率赋予不同的权).

试建立这一问题的目标规划模型并求解之(允许取小数值).

3. 红星机械厂利用三种资源生产两种产品：A 和 B. 每种产品对资源的单位消耗及单位利润如下表所示：

	原材料 /kg	劳动力 / 小时	设备 / 小时	利润 / 百元
产品 A	7	3	6	30
产品 B	5	5	4	25

该厂经理提出了下述目标及其优先级别：

P_1：至少生产 7 件 A 产品和 10 件 B 产品；

P_2：避免原材料用量超过 95 kg，劳动工时超过 125 小时和设备工时超过 110 小时；

P_3：实现利润 550 百元.

试利用目标规划为该厂制定一个生产计划.

第六章 整数规划

在迄今为止所讨论的线性规划问题中，决策变量可以连续地取值. 这就是说，它们可以取整数值，也可以取分数值. 然而，在某些实际问题中，决策变量却只能取整数值(或离散值)，而不能取分数值. 例如，若决策变量指的是机床的台数，或人的个数，或汽车的辆数，或包装箱的个数等，就属此种情况. 当然，在有些规划问题中，要求全部变量都必须取整数值，而在另一些规划问题中，则可能只要求一部分变量取整数值(允许一部分变量取分数值). 前者称为**纯整数规划**(或**全整数规划**)**问题**，后者称为**混合整数规划问题**.

因为整数规划中的各个函数只在变量的离散处有定义，所以严格说来，整数规划属于非线性问题. 但如果去掉对变量的整数要求后，所给整数规划变成了一个线性规划，那么这类问题通常称为**整数线性规划**. 本章我们只讨论整数线性规划，并简称之为整数规划，记为 IP.

求解整数规划的一种简单方法是：先不考虑整数条件，而解一个相应的连续型问题，然后把连续的最优解取整到最接近的可行整数. 当连续最优解的数值都较大时，上述做法基本可行. 但在许多情况下，这种舍入化整的办法可能导致解的可行性遭到破坏. 例如，我们来研究下述 IP 问题：

$$
\begin{aligned}
\max \quad & z = -x_1 + 2x_2, \\
\text{s.t.} \quad & -3x_1 + x_2 \leqslant 2, \\
& x_1 + 3x_2 \leqslant 40, \\
& x_1 - x_2 \leqslant 0, \\
& x_1, x_2 \geqslant 0,\ x_1, x_2 \text{ 为整数}.
\end{aligned}
$$

若不考虑整数条件，则得一相应的线性规划问题，其最优解为 $x_1 = 3.4$，$x_2 = 12.2$. 它对应于图 6.1 中的点 A，相应的 $z = 21$. 但这不是所求整数规划问题的解. 如果把上述最优解中的小数部分去掉，得 $x_1 = 3$，$x_2 = 12$. 它对应于图中的点 B. 这样取整得到的点 B 不仅不是所求 IP 的可行解，而且也不是相应 LP 的可行解了. 为了求得所给整数问题的最优解，我们将经过点 A

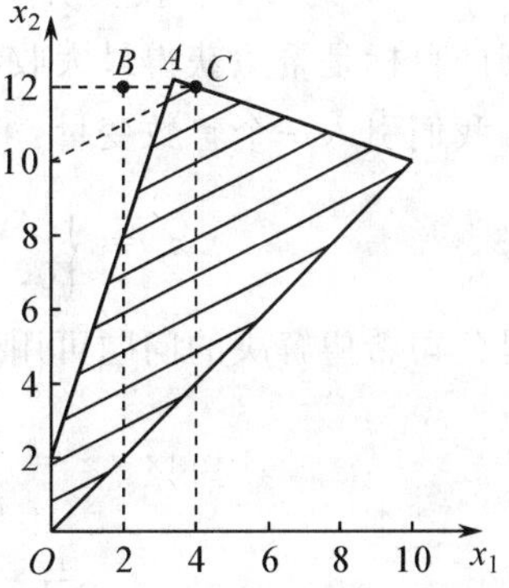

图 6.1

的目标函数等值线向可行域内平行移动，首次碰到的整数点即为所求. 在本例中，最优点就是点 C，即点(4,12)，相应的 $z=20$. 这个事实说明，在一般情况下，企图用舍入化整的办法，直接从 LP 问题的解去获得 IP 问题的解是不可取的，必须建立专门的整数规划理论.

促使人们研究整数规划还有其他的原因，这就是它能为处理某些特殊问题提供一种很好的方法，而那些问题若不利用整数规划，则很难处理. 例如，投资工作中的许多决策问题就是这样. 资源分配问题中多重约束条件的选择也属此种情况. 在 6.1 节中我们将举出若干例子.

6.1　整数规划的应用

6.1.1　投资决策问题

一个企业为了扩大生产或提高产品质量，常常需要对原有设备进行技术改造，或新建一些工程项目. 改建和新建项目需要投入大量的人力、物力和财力. 而企业的资源是有限的，为了使这些有限的资源得到最充分的利用，给企业带来最大的效益，就需要对各种项目全盘考虑，作出最优的决策. 又比如，企业在某个时期拥有一笔资金，它准备将这些资金采用购买股票或国库券等形式向外投资. 而可供投资的项目通常是较多的，那么如何选择投资项目，才能使企业获得最大的利润？

下面将从一般的角度研究投资问题，而这里的"资"不仅限于指资金，它还可以包括材料、人力等各种资源.

假定某个公司要对 n 个投资方案作出选择. 我们设

$n=$ 可以投资的项目的个数，

$m=$ 实施投资项目所需有关资源的种类数，这些资源包括资金、材料、人力等，

$b_i=$ 各种资源的拥有量$(i=1,2,\cdots,m)$，

$a_{ij}=$ 实施第 j 项投资所需消耗第 i 种资源的数量，

c_j = 实施第 j 项投资所能获得的收益.

公司的目标是希望获得最大收益. 问应如何进行投资?

我们引入一个整数变量:

$$x_j = \begin{cases} 1, & \text{若选取第 } j \text{ 个投资项目,} \\ 0, & \text{否则.} \end{cases}$$

于是公司希望解决的问题可用下述 IP 表达:

$$\max \quad z = \sum_{j=1}^{n} c_j x_j,$$

$$\text{s. t.} \quad \sum_{j=1}^{n} a_{ij} x_j \leqslant b_i, \quad i = 1,2,\cdots,m,$$

$$x_j = 0 \text{ 或 } 1, \quad j = 1,2,\cdots,n.$$

现在考虑一个最简单的投资问题, 即只有一种资源的情形. 此时的问题是:

$$\max \quad z = \sum_{j=1}^{n} c_j x_j,$$

$$\text{s. t.} \quad \sum_{j=1}^{n} a_j x_j \leqslant b,$$

$$x_j = 0 \text{ 或 } 1 \quad (j = 1,2,\cdots,n).$$

这个模型可以反映如下的问题: 一个旅行者准备进行徒步旅行, 为此他必须决定携带哪些物品. 设有 n 件物品可供他选择, 每件物品的"价值"为 c_j, 其重量为 a_j, 他能携带的最大重量为 b. 旅行者的目标当然是希望"旅途最愉快", 即所带物品能给他的旅行带来最大的"价值".

上述模型中的 x_j 只取 0 和 1 两个值, 这种形式的变量称为 0-1 变量. 若以 x_j 为非负整数的条件来代替上述 IP 中的 0-1 变量(其余条件不变), 则所得问题称为**背包问题**, 其中的 x_j 表示旅行者可以携带的第 j 种物品的件数.

下面再举一个项目选择的例子.

设某市计划在今年修建几个大的工厂. 经初步分析已提出有 $A_1, A_2, \cdots, A_8$ 这 8 个厂可供选择. 但因资金有限, 这 8 个厂不能同时都建. 根据人民生活和工农业发展的需要, 要求: 在 A_1, A_2 中至少选一个, 在 A_3, A_4, A_5 中至少选两个, 在 A_6, A_7, A_8 中至多选两个. 估计建厂 A_j 需投资 a_j 元, 每年可获利 c_j 元. 现在总的资金只有 b 元. 问应如何安排投资项目(即建哪些工厂), 才能使每年获利最大?

引入 0-1 变量 x_j 如下:

$$x_j = \begin{cases} 1, & \text{若厂 } A_j \text{ 被选中}, \\ 0, & \text{否则}, \end{cases} \quad j = 1,2,\cdots,8.$$

于是，所求问题为

$$\max \quad z = \sum_{j=1}^{8} c_j x_j,$$

$$\text{s.t.} \quad x_1 + x_2 \geqslant 1,$$

$$x_3 + x_4 + x_5 \geqslant 2,$$

$$x_6 + x_7 + x_8 \leqslant 2,$$

$$\sum_{j=1}^{8} a_j x_j \leqslant b,$$

$$x_j = 0 \text{ 或 } 1,\ j = 1,2,\cdots,8.$$

6.1.2 固定成本问题

此类问题又叫**固定费用问题**. 我们知道，为了进行任何一种产品的生产，必须付出两部分费用：其一是，如厂房的建造费、设备的购买费与安装费、一般的行政管理费等，这一部分费用在整个生产过程中是固定不变的，即是与产品的产量无关的，因而称为**固定费用**或**固定成本**；其二是原材料费、劳动工资等，这一部分与产品的产量有关，称为**可变费用**或**可变成本**. 在用线性规划理论来求解最小成本问题时，认为每个产品的成本都是 a 元，因而生产 x 个产品的成本便是 ax 元. 这样处理的前提是认为每个产品的固定成本都是一样的，因而它的所谓成本实际上指的是可变成本，而未把固定成本包括在内.

然而在现实的生产中，即使对同一个工厂而言，它生产同一种产品所需的固定成本也常常是不同的.

例如，某厂原有一条生产线生产一种产品. 后来，随着科学技术的发展，该厂对原有设备进行了改造，又不断地买进了一些新设备，因此，现有几条生产线可以同时生产同一种产品，但不同生产线的固定成本和可变成本是不一样的. 例如，有的设备很先进，自动化程度很高，因而其固定成本比较高，但它省能源、省人力，产量也高，因而生产每件产品所需的可变成本却比较低. 相反，有的设备比较简陋，固定成本虽然较低，但每件产品的可变成本却较高. 所以，为了生产一定数量的产品，究竟应采用哪些生产线才能使总的成本（固定成本 + 可变成本）最少，必须全面权衡，合理组织. 下面将问题具体化.

设某厂有 n 条生产线可用来生产同一种产品，现要求至少生产出这种产品 M 吨. 已知采用第 j 条生产线时每吨产品的可变成本为 $c_j(j=1,2,\cdots,n)$；采用第 j 条生产线时的固定成本为 $F_j(j=1,2,\cdots,n)$. 问应如何组织生产，即如何分配各条生产线的任务(产量)，才能使总成本最低？

设 x_j 为采用第 j 条生产线时的产量，则它的产品成本函数可以写成

$$C_j(x_j)=\begin{cases}c_jx_j+F_j, & \text{若 } x_j>0,\\ 0, & \text{若 } x_j=0.\end{cases}$$

于是我们的目标函数是

$$\min \quad z=\sum_{j=1}^{n}C_j(x_j).$$

从 $C_j(x_j)$ 的表示式中可看到，当 $x_j>0$ 时，固定成本要纳入 $C_j(x_j)$ 的表示式；当 $x_j=0$ 时，固定成本又不纳入 $C_j(x_j)$ 中，这样就使目标函数的处理颇为麻烦. 为了克服这一困难，可以引入如下的 0-1 变量 y_j：

$$y_j=\begin{cases}1, & \text{当采用第 } j \text{ 条生产线，即 } x_j>0 \text{ 时},\\ 0, & \text{当不采用第 } j \text{ 条生产线，即 } x_j=0 \text{ 时},\end{cases}$$

于是可将 $C_j(x_j)$ 写为

$$C_j(x_j)=c_jx_j+F_jy_j.$$

再注意上面关于 y_j 的条件可用下述线性不等式来代替：

$$x_j\leqslant U_jy_j,$$

其中 U_j 是采用第 j 条生产线时能生产出产品的最大数量. 因为当 $x_j>0$ 时，由此不等式知，y_j 必须 >0，从而 $y_j=1$. 当 $x_j=0$ 时，$y_j=0$ 或 1. 但因 $F_j>0$ 和要求目标函数值最小，则必须 $y_j=0$. 故所求问题最后可写成：

$$\min \quad z=\sum_{j=1}^{n}(c_jx_j+F_jy_j),$$

$$\text{s.t.} \quad \sum_{j=1}^{n}x_j\geqslant M,$$

$$0\leqslant x_j\leqslant U_jy_j, \quad j=1,2,\cdots,n,$$

$$y_j=0 \text{ 或 } 1, \quad j=1,2,\cdots,n,$$

下面再介绍一个生产几种不同产品的固定成本问题.

某厂生产大号、中号和小号三种规格的铝锅. 所用的主要资源为铝板、劳力和机器. 有关的生产、财务数据如表 6.1 所示.

假设所生产的铝锅全部可以销售出去，试制定最优生产计划(使总收入最大).

表 6.1

单位资源消耗 产品规格 / 资源	大号	中号	小号	可用资源量
铝板 / 张	10	7	4	400
劳力 / 小时	6	4	3	300
机器 / 台	5	3	2	200
售价 /(元 / 个)	8	7	6	
固定成本 / 元	150	120	100	

设 x_1, x_2, x_3 分别为大、中、小号铝锅的生产个数. 若不考虑固定成本，则得如下的 IP：

$$
\begin{aligned}
\max \quad & z = 8x_1 + 7x_2 + 6x_3, \\
\text{s.t.} \quad & 10x_1 + 7x_2 + 4x_3 \leqslant 400, \\
& 6x_1 + 4x_2 + 3x_3 \leqslant 300, \\
& 5x_1 + 3x_2 + 2x_3 \leqslant 200, \\
& x_1, x_2, x_3 \geqslant 0, \text{且为整数}.
\end{aligned}
$$

但现在的实际情况是：当 $x_j > 0$ 时，必须支付固定成本；当 $x_j = 0$ 时，便可节省这笔费用. 对此我们可以按上一例的方法作类似处理. 引入变量

$$
y_j = \begin{cases} 1, & \text{若 } x_j > 0, \\ 0, & \text{若 } x_j = 0, \end{cases}
$$

并设 U_j 为产量 x_j 的上界，则所求问题可以归结为下述形式的 IP：

$$
\begin{aligned}
\max \quad & z = 8x_1 + 7x_2 + 6x_3 - 150y_1 - 120y_2 - 100y_3, \\
\text{s.t.} \quad & 10x_1 + 7x_2 + 4x_3 \leqslant 400, \\
& 6x_1 + 4x_2 + 3x_3 \leqslant 300, \\
& 5x_1 + 3x_2 + 2x_3 \leqslant 200, \\
& x_1 - U_1 y_1 \leqslant 0, \\
& x_2 - U_2 y_2 \leqslant 0, \\
& x_3 - U_3 y_3 \leqslant 0, \\
& x_1, x_2, x_3 \geqslant 0, \text{且为整数}, \\
& y_1, y_2, y_3 = 0 \text{ 或 } 1.
\end{aligned}
$$

我们也可作如同上例一样的检查：若 $x_j > 0$，则因需满足 $x_j - U_j y_j \leqslant 0$，必有 $y_j = 1$；若 $x_j = 0$，则因我们希望 z 最大，故必有 $y_j = 0$.

6.1.3 多重约束的选择

假定某化肥厂有两条生产线 A_1 和 A_2 均可用来生产三种化肥 B_1, B_2, B_3. 用 A_1 生产 1 吨 B_1, B_2, B_3 分别需要 5,7,6 小时，用 A_2 生产 1 吨 B_1, B_2, B_3 分别需要 4,5,3 小时. A_1, A_2 分别有 200,300 小时可供利用. 该厂决定只用两条生产线中的一条进行生产，但究竟用哪一条尚未决定.

设该厂生产 x_j 吨 B_j $(j=1,2,3)$. 依题意，下列两个约束条件中必有一个成立：

$$5x_1 + 7x_2 + 6x_3 \leqslant 200, \tag{6.1}$$

或

$$4x_1 + 5x_2 + 3x_3 \leqslant 300. \tag{6.2}$$

假设我们能找出一个充分大的常数 M，使得对于一切可行的 x_1, x_2, x_3，都有

$$5x_1 + 7x_2 + 6x_3 \leqslant 200 + M, \tag{6.3}$$

$$4x_1 + 5x_2 + 3x_3 \leqslant 300 + M. \tag{6.4}$$

令

$$y = \begin{cases} 0, & 若 A_1 被采用, \\ 1, & 若 A_1 不被采用. \end{cases}$$

则(6.1) 和(6.2) 中有一个成立这件事可表示为

$$5x_1 + 7x_2 + 6x_3 \leqslant 200 + My, \tag{6.5}$$

$$4x_1 + 5x_2 + 3x_3 \leqslant 300 + M(1-y), \tag{6.6}$$

$$y = 0 或 1.$$

若 $y=0$，则由(6.5) 知(6.1) 成立，而(6.6) 是多余的，因它和(6.4) 是一回事；若 $y=1$，则由(6.6) 知(6.2) 成立，而(6.5) 是多余的，因它等价于(6.3).

上述结果可以推广到一般情况. 假定在某一问题中有 m 个约束条件：

$$\sum_j a_{ij} x_j \leqslant b_i, \quad i = 1,2,\cdots,m.$$

现在需要其中有 k 个被满足，但事先不知是哪 k 个.

假设我们已找出 m 个常数 U_i，使得对于一切可行的 x_j，都有

$$\sum_j a_{ij} x_j \leqslant b_i + U_i, \quad i = 1,2,\cdots,m.$$

则 m 个约束条件中至少要满足 k 个这一要求可表示为

$$\sum_j a_{ij} x_j \leqslant b_i + U_i y_i, \quad i = 1,2,\cdots,m,$$

$$\sum_{i=1}^{m} y_i = m - k, \tag{6.7}$$

$$y_i = 0 \text{ 或 } 1, \quad i = 1,2,\cdots,m. \tag{6.8}$$

(6.7) 和(6.8) 保证了所有 y_i 中有 $m-k$ 个等于1，而其余 k 个则等于0. 这就使得有 k 个约束条件将被满足.

6.2　整数规划的解法

实践证明，整数规划的求解比线性规划的求解要困难得多. 虽然人们已经提出了一些算法，从理论上说，应用这些方法是能够找出最优解的，但是从实际计算的角度来看，还没有哪一种方法是普遍有效的，尤其在解大型IP问题时更是如此.

现有的整数规划解法可分成两类：切割法(或割平面法) 和搜索法(或隐枚举法). 这些方法都是直接或间接地以线性规划的解法为基础的. 割平面法是通过增加适当的约束条件，将连续问题的可行域一次一次地割去一部分，直到连续最优解满足整数性条件为止. 隐枚举法的基本思想是将所有可行解的集合分成一些子集，从整体上估计出最优解一定不会在某些子集中，然后把这些子集丢掉，以缩小解的检查范围. 分支定界法就是其中的一种.

6.2.1　割平面法

R. E. Gomory于1958年提出了割平面算法，可用以解纯整数规划和混合整数规划. 他证明了，应用割平面法求解具有有理数的IP问题，只需经过有限次迭代就可获得最优解.

割平面法的基本思想是：对已给的IP问题，先不考虑其整数条件，而解一个相应的LP问题. 若此LP问题的最优解都是整数，则它也就是所求IP问题的最优解. 若LP问题的最优解中，至少有一个基变量取非整数值，而问题中要求它为整数，则对原LP问题增加一个线性约束条件(几何上称为割平面) 再行求解. 这个割平面将从原可行域中切去一部分，其中只包含相应LP问题的非整数最优解，而不包含整数可行解.

1. 纯整数规划的解法

我们将先建立起一般的方法，然后再来举例说明. 设有IP问题：

$$
\left.\begin{array}{ll}
\min & z = c_1 x_1 + \cdots + c_n x_n, \\
\text{s. t.} & a_{11} x_1 + \cdots + a_{1n} x_n = b_1, \\
& \cdots\cdots\cdots\cdots\cdots\cdots \\
& a_{m1} x_1 + \cdots + a_{mn} x_n = b_m, \\
& x_1, x_2, \cdots, x_n \text{ 均为非负整数.}
\end{array}\right\} \tag{6.9}
$$

注意，此处假设全部变量，包括松弛变量，都是整数. 为此，要求所有 a_{ij} ,b_j 都是整数. 例如，若所给某个约束为

$$\frac{1}{3}x_1 + \frac{1}{2}x_2 \leqslant 1,$$

则先将它化为

$$2x_1 + 3x_2 \leqslant 6,$$

然后再加松弛变量 x_3：

$$2x_1 + 3x_2 + x_3 = 6,$$

这样，在要求 x_1,x_2 为整数的条件下，x_3 也自然为整数了.

先不考虑(6.9) 中的整数条件，而解一个相应的 LP 问题. 设此 LP 问题的最优表如表 6.2 所示，并设基变量 x_k 所取之值 $\bar{b}_k$ 不是整数.

表 6.2

	x_1	$\cdots$	x_k	$\cdots$	x_m	x_{m+1}	$\cdots$	x_n	右 端
z						σ_{m+1}	$\cdots$	σ_n	$\bar{z}$
x_1	1					$\bar{a}_{1,m+1}$	$\cdots$	$\bar{a}_{1n}$	$\bar{b}_1$
$\vdots$		$\ddots$				$\vdots$		$\vdots$	$\vdots$
x_k			1			$\bar{a}_{k,m+1}$	$\cdots$	$\bar{a}_{kn}$	$\bar{b}_k$
$\vdots$				$\ddots$		$\vdots$		$\vdots$	$\vdots$
x_m					1	$\bar{a}_{m,m+1}$	$\cdots$	$\bar{a}_{mn}$	$\bar{b}_m$

由单纯形表的性质知，表 6.2 中的 x_k- 行对应下列方程：

$$x_k + \sum_{t=m+1}^{n} \bar{a}_{kt} x_t = \bar{b}_k. \tag{6.10}$$

对于任一有理数 a，将它分成两部分，表示为

$$a = [a] + a',$$

其中，$[a]$ 是不超过 a 的最大整数，a' 是一非负分数. 例如，

$$a = 2\frac{1}{5} \Rightarrow [a] = 2，\text{而 } a' = \frac{1}{5};$$

$$a = -1\frac{1}{2} \Rightarrow [a] = -2, \text{而 } a' = \frac{1}{2};$$

$$a = 3 \Rightarrow [a] = 3, \text{而 } a' = 0.$$

照此办理，我们有(注意，已设 $\bar{b}_k$ 不是整数)

$$\bar{b}_k = [\bar{b}_k] + \bar{b}_k', \quad 0 < \bar{b}_k' < 1,$$

$$\bar{a}_{kt} = [\bar{a}_{kt}] + \bar{a}_{kt}', \quad 0 \leqslant \bar{a}_{kt}' < 1.$$

于是(6.10) 可写成

$$x_k + \sum_{t=m+1}^{n} ([\bar{a}_{kt}] + \bar{a}_{kt}')x_t = [\bar{b}_k] + \bar{b}_k',$$

或

$$\bar{b}_k' - \sum_{t=m+1}^{n} \bar{a}_{kt}' x_t = x_k - [\bar{b}_k] + \sum_{t=m+1}^{n} [\bar{a}_{kt}]x_t. \tag{6.11}$$

因为要求全部变量 $x_1, x_2, \cdots, x_n$ 都是整数，故上式的右端为一整数，从而其左端也必为一整数. 又因每个 $\bar{a}_{kt}' \geqslant 0$，故左端中的和式 $\sum \geqslant 0$，所以整个左端

$$\bar{b}_k' - \sum_{t=m+1}^{n} \bar{a}_{kt}' x_t \leqslant \bar{b}_k' < 1,$$

这就说明，(6.11) 的左端是一个小于 1 的整数，因此

$$\bar{b}_k' - \sum_{t=m+1}^{n} \bar{a}_{kt}' x_t \leqslant 0,$$

这是要求全部变量都取整数时必须满足的一个约束条件.

引入松弛变量 s_k，将上述不等式约束化为等式约束：

$$\bar{b}_k' - \sum_{t=m+1}^{n} \bar{a}_{kt}' x_t + s_k = 0, \tag{6.12}$$

易知其中的 s_k 也必为整数. 将此等式约束加入最优表 6.2 中，再用对偶单纯形法求解.

约束条件(6.12) 称为 **Gomory 切割**. 重复上述过程，便可求出纯整数解或判明无可行解. 试看下例.

例 6.2-1 求解下述 IP：

$$\begin{aligned} \max \quad & z = x_1 + 7x_2, \\ \text{s.t.} \quad & -x_1 + 3x_2 \leqslant 12, \\ & x_1 + x_2 \leqslant 10, \\ & x_1, x_2 \geqslant 0, \text{且为整数}. \end{aligned}$$

解 先不考虑条件，而解一个相应的连续型问题. 引入松弛变量 x_3, x_4，

得到一个标准形 LP 问题. 最优连续解如表 6.3 所示.

表 6.3

	x_1	x_2	x_3	x_4	右端
z			$\frac{3}{2}$	$\frac{5}{2}$	43
x_2		1	$\frac{1}{4}$	$\frac{1}{4}$	$\frac{11}{2}$
x_1	1		$-\frac{1}{4}$	$\frac{3}{4}$	$\frac{9}{2}$

因为这个解不是整数解，故需增加约束方程进行切割. 从原则上说，包含任一非整数右端值 $\bar{b}_i$ 的方程都可用做切割方程. 但经验表明，取分数部分最大的 $\bar{b}_i$ 所对应的方程效果较好. 本例中因 $\bar{b}_1' = \bar{b}_2' = \frac{1}{2}$，故可任取其中一个. 现考虑 x_1- 行对应的方程

$$x_1 - \frac{1}{4}x_3 + \frac{3}{4}x_4 = \frac{9}{2},$$

或写为

$$x_1 + \left(-1 + \frac{3}{4}\right)x_3 + \left(0 + \frac{3}{4}\right)x_4 = 4 + \frac{1}{2}.$$

根据公式(6.12)，得切割方程

$$-\frac{3}{4}x_3 - \frac{3}{4}x_4 + s_1 = -\frac{1}{2}.$$

将此方程加入表 6.3，得表 6.4（Ⅰ）. 再用对偶单纯形法解之，得表 6.4（Ⅱ）.

表 6.4

		x_1	x_2	x_3	x_4	s_1	右端
	z			$\frac{3}{2}$	$\frac{5}{2}$		43
（Ⅰ）	x_2		1	$\frac{1}{4}$	$\frac{1}{4}$		$\frac{11}{2}$
	x_1	1		$-\frac{1}{4}$	$\frac{3}{4}$		$\frac{9}{2}$
	s_1			$-\frac{3}{4}$	$-\frac{3}{4}$	1	$-\frac{1}{2}$

续表

		x_1	x_2	x_3	x_4	s_1	右端
	z				1	2	42
(Ⅱ)	x_2		1			$\frac{1}{3}$	$\frac{16}{3}$
	x_1	1			1	$-\frac{1}{3}$	$\frac{14}{3}$
	x_3			1	1	$-\frac{4}{3}$	$\frac{2}{3}$

这个解还不是整数解. 考虑 x_1- 行的方程

$$x_1+(1+0)x_4+\left(-1+\frac{2}{3}\right)s_1=4+\frac{2}{3},$$

故有切割

$$-\frac{2}{3}s_1+s_2=-\frac{2}{3}.$$

将此方程加入表6.4 (Ⅱ)，得表6.5 (Ⅰ). 再用对偶单纯形法求解，得表6.5 (Ⅱ).

表6.5

		x_1	x_2	x_3	x_4	s_1	s_2	右端
	z				1	2		42
(Ⅰ)	x_2		1			$\frac{1}{3}$		$\frac{16}{3}$
	x_1	1			1	$-\frac{1}{3}$		$\frac{14}{3}$
	x_3			1	1	$-\frac{4}{3}$		$\frac{2}{3}$
	s_2					$-\frac{2}{3}$	1	$-\frac{2}{3}$
	z				1		3	40
(Ⅱ)	x_2		1		×		×	5
	x_1	1			×		×	5
	x_3			1	×		×	2
	s_1					1	$-\frac{3}{2}$	1

(打×处代表某些数)

从表 6.5 中已得出最优整数解：$x_1^* = x_2^* = 5$；$z^* = 40$.

现在我们来看看各个割平面在(x_1, x_2)平面上的具体形式. 第一个割平面是

$$-\frac{3}{4}x_3 - \frac{3}{4}x_4 \leqslant -\frac{1}{2}.$$

从所给问题的标准形中可以解出 x_3 和 x_4：

$$x_3 = 12 + x_1 - 3x_2,$$

$$x_4 = 10 - x_1 - x_2.$$

将这些表达式代入上述不等式，得 $3x_2 \leqslant 16$. 在图 6.2 中此直线为 l_1.

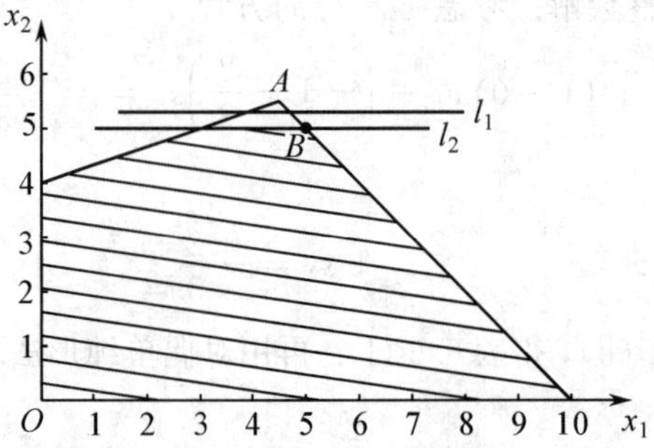

图 6.2

第二个切割是：$-\frac{2}{3}s_1 \leqslant -\frac{2}{3}$. 经过适当代换，它变为 $x_2 \leqslant 5$. 图 6.2 中的 l_2 就表示这条直线. 最优连续解是点 $A\left(\frac{9}{2}, \frac{11}{2}\right)$，经过两次切割后可得到最优整数解点 $B(5,5)$. 注意，此例较为简单，在一般情况下，直线 l_1 或 l_2 不一定平行于坐标轴.

2. 混合整数规划的解法

混合整数规划只要求部分变量取整数值. 首先仍不考虑对部分变量的整数要求，而解相应的线性规划问题. 如果在相应的线性规划问题最优解中，要求取整数条件的某个变量 x_k 仍然为小数，则在相应的线性规划最优单纯形表中，将 x_k 的方程改写为

$$x_k = \bar{b}_k - \sum_{t=m+1}^{n} \bar{a}_{kt} x_t = [\bar{b}_k] + \bar{b}_k' - \sum_{t=m+1}^{n} \bar{a}_{kt} x_t,$$

或

$$x_k - [\bar{b}_k] = \bar{b}_k' - \sum_{t=m+1}^{n} \bar{a}_{kt} x_t. \tag{6.13}$$

此时，所有变量 x_t 不一定都取整数值，故上面割平面法不能应用. 但 x_k 要求取整数，故必有 $x_k \leqslant [\bar{b}_k]$ 或 $x_k \geqslant [\bar{b}_k]+1$. 由(6.13)知，这两个不等式等价于

$$\sum_{t=m+1}^{n} \bar{a}_{kt} x_t \geqslant \bar{b}_k', \tag{6.14}$$

或

$$\sum_{t=m+1}^{n} \bar{a}_{kt} x_t \leqslant \bar{b}_k' - 1. \tag{6.15}$$

设 $T_+ = \{t \mid \bar{a}_{kt} \geqslant 0\}$，$T_- = \{t \mid \bar{a}_{kt} < 0\}$. 则由(6.14)和(6.15)得到

$$\sum_{t \in T_+} \bar{a}_{kt} x_t \geqslant \bar{b}_k',$$

或

$$\frac{\bar{b}_k'}{\bar{b}_k' - 1} \sum_{t \in T_-} \bar{a}_{kt} x_t \geqslant \bar{b}_k'.$$

于是，将该二式结合在一起，仍然有

$$\frac{\bar{b}_k'}{\bar{b}_k' - 1} \sum_{t \in T_-} \bar{a}_{kt} x_t + \sum_{t \in T_+} \bar{a}_{kt} x_t \geqslant \bar{b}_k'.$$

引入松弛变量 s_k，将不等式化为等式：

$$\frac{\bar{b}_k'}{1 - \bar{b}_k'} \sum_{t \in T_-} \bar{a}_{kt} x_t - \sum_{t \in T_+} \bar{a}_{kt} x_t + s_k = -\bar{b}_k'.$$

这就是混合切割方程，它表示 x_k 是整数的一个必要条件. 将它作为一个新的约束条件加入相应的线性规划的最优单纯形表中，然后利用对偶单纯形法求解.

例 6.2-2 仍考虑例 6.2-1，但假定只要求 x_1 取整数值. 已知 x_1 的方程为

$$x_1 - \frac{1}{4}x_3 + \frac{3}{4}x_4 = 4 + \frac{1}{2},$$

于是 $T_- = \{3\}$，$T_+ = \{4\}$，$\bar{b}_1' = \frac{1}{2}$. 故混合切割是

$$\frac{1/2}{1-1/2}\left(-\frac{1}{4}x_3\right) - \frac{3}{4}x_4 + s_1 = -\frac{1}{2},$$

即

$$-\frac{1}{4}x_3 - \frac{3}{4}x_4 + s_1 = -\frac{1}{2}.$$

把它加入表 6.4 中，得表 6.6（Ⅰ）. 用对偶单纯形法换一次基，便得表 6.6

(Ⅱ). 它已是所求的最优表：$x_1^* = 4$，$x_2^* = \frac{16}{3}$，$z^* = 41\frac{1}{3}$，x_1 已是整数.

表 6.6

		x_1	x_2	x_3	x_4	s_1	右端
	z			$\frac{3}{2}$	$\frac{5}{2}$		43
(Ⅰ)	x_2		1	$\frac{1}{4}$	$\frac{1}{4}$		$\frac{11}{2}$
	x_1	1		$-\frac{1}{4}$	$\frac{3}{4}$		$\frac{9}{2}$
	s_1			$-\frac{1}{4}$	$\left(-\frac{3}{4}\right)$	1	$-\frac{1}{2}$
	z			$\frac{2}{3}$		$\frac{10}{3}$	$41\frac{1}{3}$
(Ⅱ)	x_2		1	$\frac{1}{6}$		$-\frac{1}{3}$	$\frac{16}{3}$
	x_1	1		$-\frac{1}{2}$		1	4
	x_4			$\frac{1}{3}$	1	$-\frac{4}{3}$	$\frac{2}{3}$

在介绍了割平面法以后，下面对该方法作两点简单说明.

第一，关于割平面法的效率问题，即如何选择切割才能最迅速地获得最优解？在相应的线性规划最优单纯形表中，若同时有几个变量的最优值不为整数，此时，可以产生几个切割不等式，于是自然要问：选取哪一个切割不等式才最有效？又如，在混合整数规划中作切割时，我们完全没有利用某些变量可能取整数值这个有利条件. 若考虑这一点，能否提高方法的效率呢？对于这些问题的研究都已取得一些成果，这里不作介绍了.

第二，对割平面法的评价. 此法的缺点有二：一是切割不等式中，许多系数和常数项都是分数，这样，计算机在计算过程中所产生的舍入误差常常严重地影响计算的精确性，甚至可能产生错误的最优整数解. 二是在获得最优整数解之前得不到任何整数解. 目前对这些缺点虽然有所研究，但未能根本解决. 许多从事实际计算的人们认为，不能依靠割平面法来求解整数规划问题，但是到目前为止，还没有比它更行之有效的方法可以取代. 利用割平面法的基本思想以便提高其他解法的效率是大有希望的.

6.2.2 分支定界法

分支定界法最早于1960年由A. H. Land和A. G. Doig提出，但是它很难在计算机上有效地实现. 其后，在1965年，R. J. Dakin提出了改进算法，克服了前者的缺点，本节主要介绍的是Dakin的成果.

分支定界法是求纯整数或混合整数规划问题的一种行之有效的方法. 它以求相应的线性规划的最优解为出发点，如果得到的解不符合整数条件，就将原规划问题分成几支，每支增加若干约束条件，即缩小可行解区域，可行解范围也将随之缩小，因而整数规划的最优值不会优于相应的线性规划最优值. 对于求极大值的目标函数来讲，相应的线性规划最大目标函数值就是整数规划目标函数值的上界. 分支定界法正是建立在这种思想基础之上的.

例6.2-3 仍讨论例6.2-1. 将去掉整数条件后所得到的LP问题称为问题(Ⅰ)，其可行域记为R_1. 最优连续解由表6.3给出，它不满足整数条件. 从x_1,x_2中任意取一个加以研究，例如考察$x_1=\frac{9}{2}$. 因为要求x_1为整数，故必有

$$x_1 \leqslant 4 \quad \text{或} \quad x_1 \geqslant 5.$$

从而R_1中满足$4<x_1<5$的部分便可删去. 注意，它不包含任何整数可行解. 将x_1必须满足的条件加到原LP问题中，便得两个互斥的子问题(Ⅱ)和(Ⅲ)：

$$(\text{Ⅱ})\begin{cases}\max & z = x_1 + 7x_2,\\ \text{s.t.} & -x_1+3x_2 \leqslant 12,\\ & x_1 + x_2 \leqslant 10,\\ & x_1, x_2 \geqslant 0,\\ & x_1 \leqslant 4;\end{cases} \qquad (\text{Ⅲ})\begin{cases}\max & z = x_1 + 7x_2,\\ \text{s.t.} & -x_1+3x_2 \leqslant 12,\\ & x_1 + x_2 \leqslant 10,\\ & x_1, x_2 \geqslant 0,\\ & x_1 \geqslant 5.\end{cases}$$

为了方便和醒目起见，我们把各个子问题的解和原LP问题的解都记录在一个树状的图形上，如图6.3所示. 节点(1)表示原有的线性规划，节点(2),(3)分别表示子问题(Ⅱ),(Ⅲ)，以此类推. 节点(1)的x_1和x_2都为非整数，故可任意取其一来“划分”出子问题. 我们选取$x_1=4.5$，由$x_1 \leqslant 4$和$x_1 \geqslant 5$从节点(1)产生两个分支. 节点(2)已产生出整数解，其目标函数值$z=40$可以作为其余各个节点z值的下界，即任何一个最优值$z \leqslant 40$的节点都可自动地舍去.

由于节点(3)的$z=41\frac{1}{3}$大于节点(2)的z值，其中可能含有比节点(2)

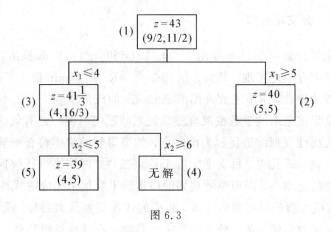

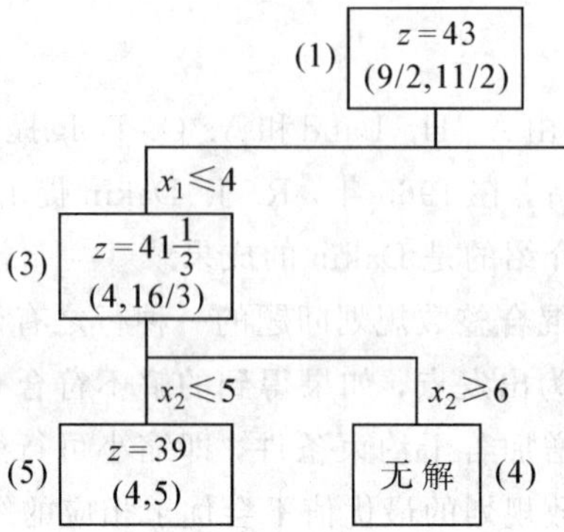

图 6.3

更好的整数解，故需继续对它进行分支. $x_2 = \frac{16}{3}$ 不是整数，于是由 $x_2 \leqslant 5$ 和 $x_2 \geqslant 6$ 又产生节点(4)和(5). 节点(4)无解，节点(5)的 $z = 39 < 40$，不值得进一步研究了. 因此我们的最优整数解是 $x_1^* = x_2^* = 5$，$z^* = 40$.

分支定界法包含两个重要概念，即"分支"和"定界". 所谓"分支"即是：当对原问题要求某个变量 x_k 为整数，而在不考虑整数条件的情况下所得对应线性规划问题的最优解中 x_k 却为分数时，将对应的线性规划问题分别加入两个不等式条件，即 $x_k \leqslant [\bar{b}_k]$ 和 $x_k \geqslant [\bar{b}_k]+1$，这样就引出了两个新的连续型线性规划问题，即将原问题的对应线性规划分成两支. 每分支一次可将可行解区域去掉一部分不含有整数解的区域，如此继续，就可得到整数解.

"定界"是指为目标函数定界. 引进这个概念是为了提高计算效率. 如果在分支过程中的某一步求得了一个可行整数解，它对应的目标函数值为 z_0，则可把 z_0 作为一个界(对最小化问题是上界，对最大化问题是下界)，以便自动舍去那些最优值较差的子问题.

分支定界法的主要缺点是在每次分支后，都必须求解一个完整的 LP 问题，致使计算量较大. 虽然如此，和其他方法相比，分支定界法还是最有效的.

6.2.3 0-1 隐枚举法

这里介绍一种处理纯 0-1 规划的隐枚举法. 其基本思想还是分支和定界，但与前面讲的分支定界法不同，它不利用线性规划的解法，而只用到加法和减法，因此有时称它为"加法"算法. 它求解下述形式的规划问题：

$$\min \quad z = \sum_{j=1}^{n} c_j x_j,$$

$$\text{s.t.} \quad \sum_{j=1}^{n} a_{ij} x_j \leqslant b_i, \quad i = 1,2,\cdots,m,$$

$$x_j = 0 \text{ 或 } 1, \quad j = 1,2,\cdots,n,$$

其中，a_{ij}，b_i 均为整数；$c_j \geqslant 0$，为整数. 若所给问题中有某个 $c_j < 0$，则可引入 0-1 变量

$$x_j' = 1 - x_j,$$

将所给问题化成所需要的形式. 若所给问题是 max 型，则只需将目标函数反号便可化为 min 型.

引进松弛变量 s_i，将上述问题化为

$$\min \quad z = \sum_{j=1}^{n} c_j x_j,$$

$$\text{s.t.} \quad \sum_{j=1}^{n} a_{ij} x_j + s_i = b_i, \quad i = 1,2,\cdots,m,$$

$$x_j = 0 \text{ 或 } 1, \quad j = 1,2,\cdots,n,$$

$$s_i \geqslant 0, \quad i = 1,2,\cdots,m.$$

若不要求松弛变量满足非负条件，则由于一切 $c_j \geqslant 0$，易知最优解为：对一切 j，$x_j = 0$，对一切 i，$s_i = b_i$，相应的 $z = 0$. 但现在的情况是要求一切 $s_i \geqslant 0$. 如果某些 $b_i < 0$，则相应的 $s_i < 0$，这就破坏了解的可行性，因为我们所说的解是包括了一切变量 x_j 的取值和一切松弛变量 s_i 的取值. 为了增加解的可行性，必须将有些变量 x_j 的取值从零提升到 1. 具体做法见例 6.2-4. 该例取自 H. A. Taha [1]，p. 260.

例 6.2-4　求解下述 0-1 规划：

$$\begin{aligned}
\max \quad & z' = 5x_1' - 6x_2' - 3x_3' + 5x_4' + 4x_5', \\
\text{s.t.} \quad & 8x_1' - 2x_2' + 5x_3' - 6x_4' - x_5' \geqslant 4, \\
& x_1' + x_2' + 3x_4' + 2x_5' \leqslant 5, \\
& 3x_1' + 2x_2' - x_3' + x_4' - x_5' \leqslant 7, \\
& x_j' = 0 \text{ 或 } 1, \text{ 对一切 } j.
\end{aligned}$$

第一步，将所给问题化为可用加法算法求解的形式. 令

$$z_1 = -z' = -5x_1' + 6x_2' + 3x_3' - 5x_4' - 4x_5',$$

可将 z' 的最大化问题化为 z_1 的最小化问题. 但这时目标函数 z_1 的表达式中有三个负系数. 为此，作代换

$$x_j' = \begin{cases} 1 - x_j, & j = 1,4,5, \\ x_j, & j = 2,3, \end{cases}$$

则有

$$z_1 = 5x_1 + 6x_2 + 3x_3 + 5x_4 + 4x_5 - 14.$$

显然，求函数 z_1 的最小值时，我们可以删去其中的常数项，而只需研究函数

$$z = 5x_1 + 6x_2 + 3x_3 + 5x_4 + 4x_5$$

的最小值.

将上述变量替换代入三个不等式约束中，并将第一个约束变为"≤"型. 经过这些改变，我们需要求解的问题变为

$$\begin{aligned} \min \quad & z = 5x_1 + 6x_2 + 3x_3 + 5x_4 + 4x_5, \\ \text{s.t.} \quad & 8x_1 + 2x_2 - 5x_3 - 6x_4 - x_5 \leqslant -3, \\ & -x_1 + x_2 - 3x_4 - 2x_5 \leqslant -1, \\ & -3x_1 + 2x_2 - x_3 - x_4 + x_5 \leqslant 4, \\ & x_j = 0 \text{ 或 } 1,\ j = 1,2,\cdots,5. \end{aligned}$$

第二步，在三个不等式约束中分别加入松弛变量 s_1, s_2 和 s_3，把不等式约束变为等式约束. 然后与过去求解LP问题一样，制作一张如表6.7所示的表格(但 z- 行中的系数不反号). 此表是今后求解过程中对问题进行分析的重要工具.

表 6.7

x_1	x_2	x_3	x_4	x_5	s_1	s_2	s_3	右端
5	6	3	5	4				z
8	2	−5	−6	−1	1			−3
−1	1		−3	−2		1		−1
−3	2	−1	−1	1			1	4

第三步，计算并分析若干个解，从中找出最优解. 注意，现在要解的问题中，除变量 x_j 外，还有松弛变量 s_i. 一个解是可行的，除限定 x_j 只能取0或1外，还要求一切 $s_i \geqslant 0$.

开始时，令所有 $x_j = 0$，则各松弛变量的取值为

$$(s_1, s_2, s_3) = (-3, -1, 4),$$

相应的 $z = 0$. 显然初始解是不可行解，因 $s_1 < 0$，$s_2 < 0$. 故至少有一个变量 x_j 必须提升到1，以增加解的可行性. 应该提升哪个变量呢？这时要注意右

端取值的那些约束方程，在本例中就是第一、第二两个方程．在表 6.7 中可以看到，x_2 在三个约束方程中的系数都为正．若令 $x_2 = 1$（其余 $x_j = 0$），则得

$$s_1 = -3 - 2 = -5,$$
$$s_2 = -1 - 1 = -2,$$
$$s_3 = 4 - 2 = 2,$$

可行性更差，故 x_2 是不能提升的．通过简单计算易知，单独提升 x_1，或 x_3，或 x_5，都不能得到可行解．唯有提升 x_4 可以得到一个可行解，因为这时，

$$s_1 = -3 + 6 = 3,$$
$$s_2 = -1 + 3 = 2,$$
$$s_3 = 4 + 1 = 5,$$

而相应的 $z = 5$．这是我们获得的第一个可行解，是到目前为止所得到的最好的结果，故将其记录下来．这个解对应的 z 值就可以作为未来任何一个可行解的 z 值的上界 $\bar{z}$，即现在我们有 $\bar{z} = 5$．这样便可自动舍去那些使 $z \geqslant 5$ 的一切可行解.

为了清楚起见，我们将用一个树形图来描述以上过程．如图 6.4，图中每一个圆圈叫做一个**节点**．圈内的数字表示节点的编号，每个节点对应一个解．节点(0) 对应的解是

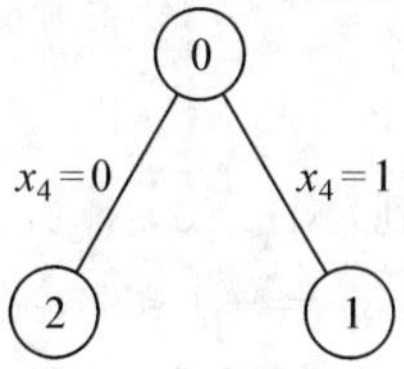

图 6.4

$$一切\ x_j = 0,\ s_1 = -3,\ s_2 = -1,\ s_3 = 4;\quad z = 0.$$

显然它不是可行解，由前面的分析知，此时提升 x_4 可以立即得到一个可行解，故从节点(0) 出发，按照 $x_4 = 1$ 和 $x_4 = 0$ 分成两支，分别引出节点(1) 和节点(2).

节点(1) 对应的解是 $x_4 = 1$，其余 $x_j = 0$，一切 $s_i > 0$，是可行解，$z = 5$．因为一切 $c_j > 0$，故在节点(1) 处，若再提升其他任何一个 x_j，都只会使 z 值增大，所以节点(1) 没有必要再分支了．这时，我们说，节点(1) 已(被) 查清.

节点(2) 对应的解是

$$一切\ x_j = 0,\ (s_1, s_2, s_3) = (-3, -1, 4);\quad z = 0.$$

应当注意，虽然节点(2) 和节点(0) 就变量值和 z 值而言是相同的，但在节点(0) 处，5 个 x_j 都是自由变量，即它们中的任何一个都可自由地取 0 或 1，而在节点(2) 处，x_4 被固定为 0，只有其余 4 个 x_j 是自由变量，因此在节点(2)

处选取分支变量时，只能从 x_1, x_2, x_3 和 x_5 中考虑.

在节点(2) 处应把哪一个自由变量提升到 1 的做法与在节点(0) 处的做法相同，但必须考虑到现在已经有一个上界 $\bar{z}=5$. 单独提升 x_1 到 1，因

$$s_1=-3-8=-11,$$

故得不到可行解. 要想增加解的可行性，势必再提升其他一个自由变量. 但因 $c_1=5$ 及一切 $c_j>0$，若再提升任何一个 x_j，都将使 $z>5$，所以提升 x_1，得不到比节点(1) 更好的可行解. 前面已说过，x_2 也是不能提升的，因此在节点(2) 处只有考虑 x_3 和 x_5 了.

由前面的分析我们已经知道，在节点(2) 处单独提升 x_3 或 x_5 都不能带来完全的可行性. 那么，这时应该提升哪个变量呢？也即应按哪个变量进行分支呢？现介绍一种选择提升变量的经验方法.

我们试图对提升某个变量所带来的不可行性进行一种“度量”. 比如，若将 x_3 提升到 1，则有

$$s_1=-3+5=2,$$
$$s_2=-1+0=-1,$$
$$s_3=4+1=5.$$

我们看到，$s_1>0$，$s_3>0$，它们没有不可行性，或者说，它们的不可行性都为 0，而 $s_2=-1<0$，有不可行性，我们就把 -1 这个数作为其不可行性的“大小”. 从而提升 x_3 所产生的总的不可行性就认为是这三个松弛变量的不可行性之和，并以 v_3 记之，即

$$v_3=0+(-1)+0=-1.$$

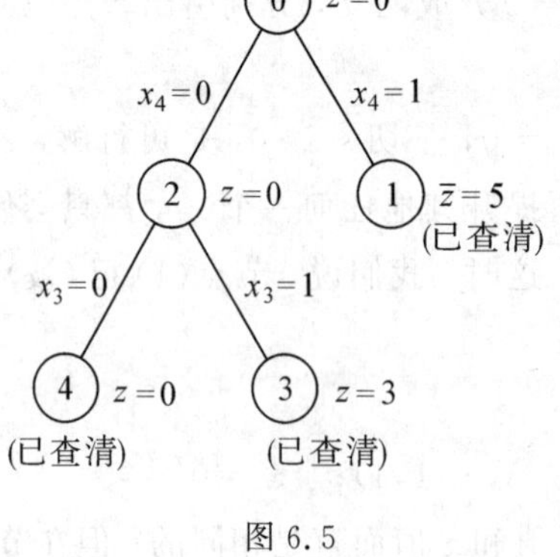

图 6.5

同样，若把 x_5 提升到 1，则有

$$s_1=-3+1=-2,$$
$$s_2=-1+2=1,$$
$$s_3=4-1=3,$$

于是

$$v_5=(-2)+0+0=-2.$$

因为 $v_3>v_5$，说明提升 x_3 所带来的不可行性较小，故决定提升 x_3，也就是说，应对 x_3 进行分支. 这就引出节点(3) 和节点(4)，如图 6.5 所示.

节点(3) 对应的解是

$$x_3=1，其余\ x_j=0，(s_1, s_2, s_3)=(2,-1,5)；\quad z=3.$$

它是不可行解，不能取. 在节点(3) 处还有 x_1, x_2 和 x_5 三个自由变量. 因为 $c_1 = 5$，$c_2 = 6$ 和 $c_5 = 4$，所以若把 x_1，或 x_2，或 x_5 提升到 1，则所产生的 z 值将分别为 3＋5，3＋6 和 3＋4，都大于 $\bar{z} = 5$，故节点(3) 没有必要再分支，因此它也被查清.

再考虑节点(4). 它对应的解是

$$\text{一切 } x_j = 0, (s_1, s_2, s_3) = (-3, -1, 4); \quad z = 0,$$

也是不可行解. 这里的自由变量与节点(3) 处的情况相同，也是 x_1, x_2 和 x_5. 如前所述，x_2 是不能提升的，单独提升 x_1 或 x_5 也都不能带来可行解. 同时把 x_1 和 x_5 都提升到 1，由表 6.7 知，此时因

$$s_1 = -3 - 8 + 1 = -10 < 0,$$

也得不到可行解，所以，在节点(4) 处没有分支的必要，因而节点(4) 已查清.

综上所述，可知最优解在节点(1) 处：

$$x_4^* = 1, \text{其余 } x_j^* = 0; \quad z^* = 5.$$

由此知，

$$z_1^* = z^* - 14 = 5 - 14 = -9.$$

回到原来的变量，我们有

$$(x'_1)^* = 1 - x_1^* = 1 - 0 = 1,$$
$$(x'_2)^* = x_2^* = 0,$$
$$(x'_3)^* = x_3^* = 0,$$
$$(x'_4)^* = 1 - x_4^* = 1 - 1 = 0,$$
$$(x'_5)^* = 1 - x_5^* = 1 - 0 = 1;$$
$$(z')^* = -(z_1)^* = -(-9) = 9.$$

习 题

1. 设有 IP：

$$\begin{aligned} \max \quad & z = 20x_1 + 10x_2 + 10x_3, \\ \text{s.t.} \quad & 2x_1 + 20x_2 + 4x_3 \leqslant 15, \\ & 6x_1 + 20x_2 + 4x_3 = 20, \\ & x_1, x_2, x_3 \geqslant 0, \text{且为整数}, \end{aligned}$$

先把这个问题作为一个 LP 来解. 再说明不能用简单的取整方法得到一个整数可行解.

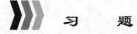

2. 考虑 IP：

$$\max \quad z = x_1 + 2x_2,$$
$$\text{s.t.} \quad x_1 + \frac{x_2}{2} \leqslant \frac{13}{4},$$
$$x_1, x_2 \geqslant 0,\ 且为整数.$$

先说明若不将约束条件的系数及常数项化为整数，用切割法便得不到可行解. 然后求出最优解.

3. 用切割法解：

$$\begin{aligned} \max \quad & z = 3x_1 + x_2 + 3x_3, \\ \text{s.t.} \quad & -x_1 + 2x_2 + x_3 \leqslant 4, \\ & 4x_2 - 3x_3 \leqslant 2, \\ & x_1 - 3x_2 + 2x_3 \leqslant 3, \\ & x_1, x_2, x_3 \geqslant 0,\ 且为整数, \end{aligned}$$

并比较取整的最优解和整数最优解.

4. 再解习题 3，但假定只有 x_1 和 x_3 是整数变量.

5. 用分支定界法解习题 4.

6. 用分支定界法求解：

$$\begin{aligned} \max \quad & z = 9x_1 + 6x_2 + 5x_3, \\ \text{s.t.} \quad & 2x_1 + 3x_2 + 7x_3 \leqslant \frac{35}{2}, \\ & 4x_1 + 9x_3 \leqslant 15, \\ & x_1, x_2, x_3 \geqslant 0,\ x_1, x_2\ 为整数. \end{aligned}$$

7. 试利用 0-1 变量将下列各种情况表示成线性约束条件：

(1) $2x_1 + x_2 \leqslant 3$ 或 $3x_1 - 4x_2 \geqslant 5$；

(2) 变量 x_3 只能取值 0,5,9,12；

(3) 若 $x_2 \leqslant 4$，则 $x_5 \geqslant 0$，否则 $x_5 \leqslant 3$；

(4) 以下 4 个约束条件中至少满足两个：

$$x_6 + x_7 \leqslant 2,\ x_6 \leqslant 1,\ x_7 \leqslant 5,\ x_6 + x_7 \geqslant 3.$$

8. 某厂有三条生产线可以生产同一种机械产品. 现该厂接到一份订单，要求下月供应产品 1 000 件. 每条生产线的准备成本、单位产品的生产成本和下月最大生产能力见表 6.8. 问该厂应如何安排各条生产线的任务，才能既使产量满足需求又使总成本最小. 试建立这一问题的数学模型(不需求解).

表 6.8

生产线	准备成本/元	每件生产成本	生产能力/件
1	200	15	400
2	400	10	500
3	300	20	800

9. 某公司准备投资 10 000 元为它的产品做广告. 该公司对各种宣传方式和效果作了研究后，初步决定从表 6.9 列出的广告方式和可能受益的情况作出抉择. 问公司应怎样投资？试建立一个 IP 模型.

表 6.9

广告方式	电视台	报纸	杂志	电台
广告费/元	8 000	3 000	4 000	2 000
广告带来的潜在顾客数	50 万	25 万	30 万	15 万

10. 用 0-1 隐枚举法解：

$$\begin{aligned} \min \quad & z = 8x_1 + 2x_2 + 4x_3 + 7x_4 + 5x_5, \\ \text{s.t.} \quad & 3x_1 + 3x_2 - x_3 - 2x_4 - 3x_5 \geqslant 2, \\ & 5x_1 + 3x_2 + 2x_3 + x_4 - x_5 \geqslant 4, \\ & x_j = 0 \text{ 或 } 1, \text{对一切 } j. \end{aligned}$$

11. 某公司在今后三年内有 5 项工程可以考虑施工. 每项工程的期望收入和年度费用(千元)见表 6.10. 每项工程都需三年才能完成. 问应选择哪些项目才能使总收入最大？试将这一问题表示成一个 0-1 整数规则，并用隐枚举法求解.

表 6.10

工程	费用			收入
	第一年	第二年	第三年	
1	5	1	8	20
2	4	7	10	40
3	3	9	2	20
4	7	4	1	15
5	8	6	10	30
资金拥有量	25	25	25	—

第七章　网络规划

我们在工农业生产、交通运输和邮政通信等部门中经常看到许多的网络，如公路网、铁路网、河道网、灌溉网、管道网、线路网等. 还有许多问题表面上看来和网络无联系，实则可用网络表示，如生产计划、资本预算、设备更新、项目排程等问题便是如此.

对网络进行研究当然是希望解决管理中的一些优化问题. 基本的网络最优化问题有4个，即最短路问题、最小支撑树问题、最大流问题、最小费用流问题.

这里面有许多问题的数学模型实际上都是线性规划问题. 但若用线性规划的方法去求解，就非常麻烦，而根据这些问题的特点，采用网络分析的方法去解决倒是非常简便有效的.

7.1　图论导引

7.1.1　图

从前面所举的各个网络实例，可以看到其中一些共性的东西，比如每个网络都至少包含两种类型的元素：铁路网中的火车站与铁路，公路网中的汽车站与公路，电话线路网中的电话局与线路……把这些站、局等事物加以抽象，称之为**点**；把这些铁路、线路等事物加以抽象，称之为**线**；而把由点和连接点的线组成的图形叫做**图**. 这些点叫做图的**顶点**或就叫图的点；这些线叫做图的**边**. 若以V表示图G的全部顶点的集合，以E表示图G的全部边的集合，则可记$G=[V,E]$. 设e是连接点u和v的一条边，则称u和v是边e的两个端点，并称点u和v是相邻的，同时称e是u（或v）的关联边，或说e与u和v相关联.

我们常用一个几何图形来表示一个图. 例如给定一个图$G=[V,E]$，其中

$$V=\{v_1,v_2,v_3,v_4,v_5\},\quad E=\{e_1,e_2,e_3,e_4,e_5,e_6\},$$

边与点间的关联情况如下：

e	e_1	e_2	e_3	e_4	e_5	e_6
$[u,v]$	$[v_1,v_2]$	$[v_2,v_3]$	$[v_2,v_3]$	$[v_3,v_4]$	$[v_4,v_4]$	$[v_4,v_1]$

图 G 的几何图形可以画成图7.1，其中像 e_2 与 e_3 那样两个端点都完全相同的边，叫**多重边**，像 e_5 那样两个端点重合的边叫做**环**. v_5 不与任一条边相关联，叫做**孤立点**. 无环无多重边的图叫**简单图**. 今后我们所研究的图若无特别声明，一般都是指简单图. 在简单图中，任一条边 e 完全由其两个端点 u 和 v 决定，因此可记为 $e=[u,v]$ 或 $e=[v,u]$.

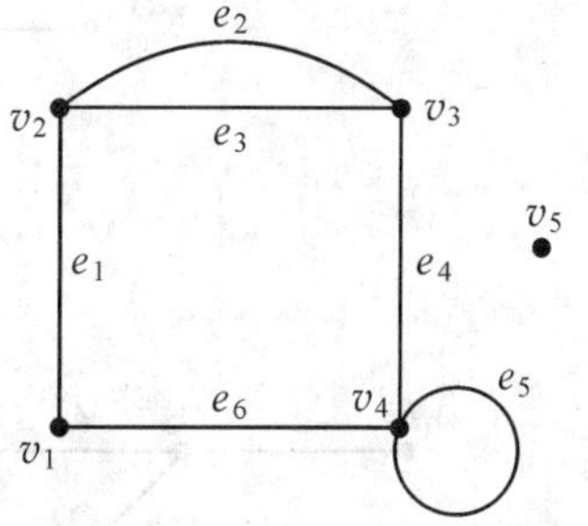

图 7.1

在现代的教科书上，对于图的概念一般采用下述定义：

设有集合 $V\neq\varnothing$，而 E 是由 V 中不同元素的无序对所组成的集合，则称由 V 和 E 组成的有序对 $[V,E]$ 为一个**图**(也叫无向图)，记为 $G=[V,E]$. V 中的元素称为图 G 的**点**，E 中的元素称为图 G 的**边**.

这一定义是就简单图而言的. 关于图的更一般的定义此处便从略了，读者可以参考有关的书籍. 对于本章的研究内容来说，有简单图的概念就够了.

应当注意，图论中所谈到的图与一般几何学中的图形是有很大区别的. 从图论的角度去考察一个图，最重要的事情有两点：第一，它含哪些点和线；第二，每条线与哪两点相关联. 而对于一些细节问题，比如点和线的准确位置、线的具体形状等，都不予考虑. 由此可知，图论中所谈到的图并不是真实图形按比例的放大和缩小，线段不代表真正的长度，它对直线与曲线不加区别，所以，在图论中认为图 7.2 中的(a) 和(b) 是一回事.

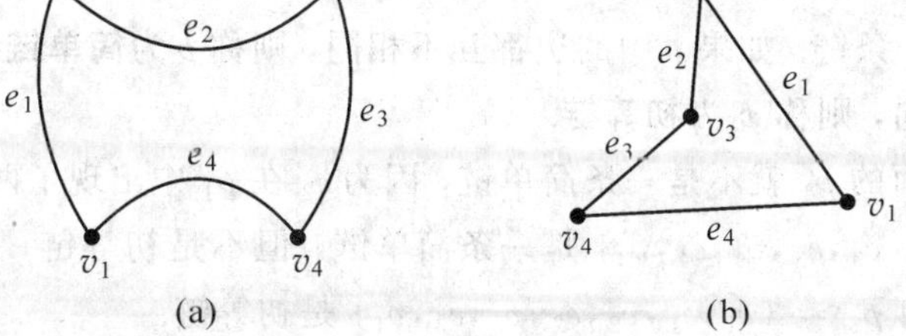

图 7.2

若 V 和 E 都是有限集，则称$[V,E]$为**有限图**，我们只研究有限图.

设 $G=[V,E]$ 是一个图. 若 $V'\subseteq V$，$E'\subseteq E$，且$[V',E']$是图，则称 $G'=[V',E']$ 是G的一个**子图**. 满足条件$V'=V$的子图称为G的**支撑子图**.

例如图 7.3 中，G_0 是一个图，而G_1,G_2 都是G_0 的子图，且G_2 是G_0 的支撑子图.

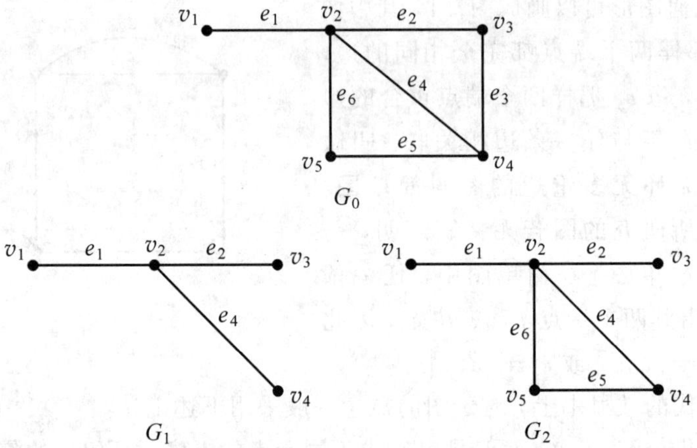

图 7.3

7.1.2 链和树

设 p 是由图G 的点、边组成的交替序列：

$$p=\{v_1',e_1',v_2',e_2',\cdots,v_{r-1}',e_{r-1}',v_r'\},\tag{7.1}$$

其中 $v'_1,v_2',\cdots,v_r'$ 是 V 中的点，$e_1',e_2',\cdots,e_{r-1}'$ 是 E 中的边. 若

$$e_1'=[v_1',v_2'],\ e_2'=[v_2',v_3'],\ \cdots,\ e_{r-1}'=[v_{r-1}',v_r'],$$

则称 p 是连接点 v_1' 与 v_r' 的一条**链**，简称为(v_1'-v_r')链.

例如，在图 7.3 的 G_0 中，

$$p_1=\{v_1,e_1,v_2,e_2,v_3,e_3,v_4,e_4,v_2,e_2,v_3\}$$

就是一条连接 v_1 与 v_3 的链.

设 p 是一条链. 如果 p 中的边都互不相同，则称 p 为**简单链**. 如果 p 中的点都互不相同，则称 p 为**初等链**.

例如上面的 p_1 就不是一条简单链，因为e_2 在 p_1 中出现了两次. 而 $p_2=\{v_1,e_1,v_2,e_2,v_3,e_3,v_4,e_4,v_2\}$ 是一条简单链，但不是初等链，因为 v_2 出现了两次. 易知 $p_3=\{v_1,e_1,v_2,e_2,v_3,e_3,v_4\}$ 是初等链.

设(7.1) 中的 p 为一条链. 若 $v_1'=v_r'$，则称 p 为一个**圈**. 边不重复的圈

叫**简单圈**，点不重复(除 $v'_1 = v'_r$ 外) 的圈叫**初等圈**. 今后若无特别声明，我们所说的链或圈均指初等链或初等圈.

在简单图中，任意一条链实际上由其全部点或边的排列次序所决定，因此，为表示一条链，可以只依次地写出链中的各边或各点. 例如，上面的链 p_3 可以写成

$$p_3 = \{v_1, v_2, v_3, v_4\}, \quad \text{或 } p_3 = \{e_1, e_2, e_3\}.$$

如果图 G 的任意两个不同点之间都有一条链连接，则称 G 为**连通图**. 无圈的连通图叫做**树**. 例如图 7.4 中所画的(a) 和(b) 都是树.

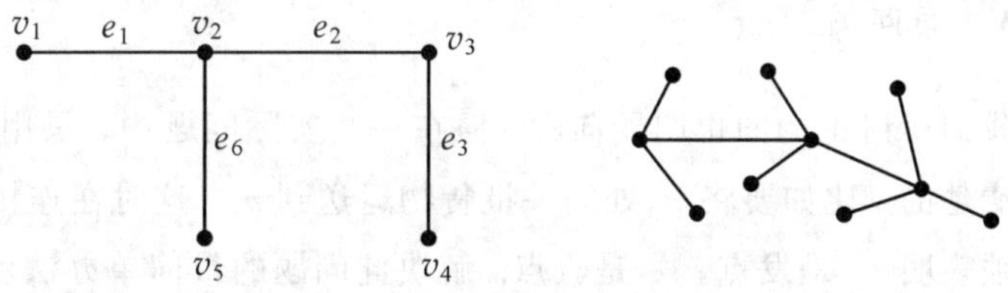

(a)　　　　(b)

图 7.4

树的简单性质有：

(1) 树的任意两点之间必有一条链相连.

(2) 在树的两个不相邻的顶点间添上一条边，则恰好得到一个圈.

(3) 设树 G 的点的个数为 n，则 G 的边数为 $n-1$.

前两条性质是显然的，现用归纳法证明第三条性质. 当 $n=2$ 时，结论显然成立. 设当 $n=k$ 时，结论为真，现证当 $n=k+1$ 时，结论也真. 设树 G 有 $k+1$ 个点. 现从 G 中任意去掉一条边，设为$[v_i, v_j]$，于是留下的图形不再是连通的. 现在再把 v_i 与 v_j 粘在一起，则又重新得到一棵树 G'. G' 只有 k 个点，依假设，它有 $k-1$ 条边. 于是，G 有 k 条边.

若图 G 的支撑子图 T 是树，则称 T 是 G 的一棵**支撑树**. 如图 7.4 中的(a) 便是图 7.3 中 G_0 的一棵支撑树. 图 7.5 中的 G_2 和 G_3 是 G_1 的支撑树.

可以证明任何连通图都有支撑树. 事实上，设 G 为一连通图. 若 G 无圈，则 G 已是树，也是它自身的支撑树. 若 G 有圈，则任取一圈，去其一边，便得 G 的一支撑子图 G_1. 若 G_1 是树，则它就是 G 的支撑树. 否则，在 G_1 中任取一圈，去其一边，又得到 G 的一连通的支撑子图 G_2. 如此继续下去，最后必可得 一无圈的连通支撑图，即 G 的一棵支撑树.

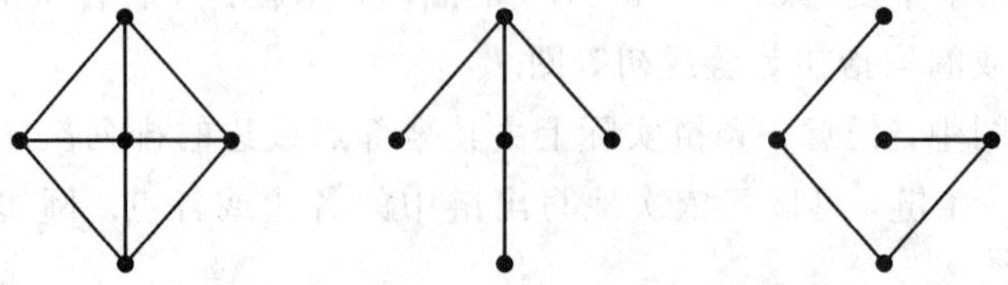

G_1 G_2 G_3

图 7.5

7.1.3 有向图

上面我们所讨论的图也叫**无向图**. 但在一些实际问题中，只用无向图是无法描述清楚的. 比如要将 v_i 处的一批货物运送到 v_j. 这时在连接 v_i, v_j 的线上就必须表明 v_i 是发点，v_j 是收点. 解决此问题的最简单办法就是在 v_i，v_j 的连线上用一箭头指明方向. 这就引出了有向图. 有向图的许多概念可以同无向图那样类似地建立起来. 设 $G=[V,E]$ 是一个图. 如果对于 G 的每条边 $e=[u,v]$ 都规定一个方向，即指定 e 的一个端点 u 为起点，另一个端点 v 为终点，则称 e 为一条**弧**，记为 $e=(u,v)$. 这样就得到一个**有向图**，记为 $D=(V,E)$.

本章所说到的有向图，均指简单有向图. 它不包含环(即起点和终点相同的"弧")，也不包含多重弧(即从一点到另一点有多于一条的"弧").

有向图中也有链的概念. 设 $D=(V,E)$ 是一个有向图，而

$$\mu=\{v_1',e_1',v_2',e_2',\cdots,v_{r-1}',e_{r-1}',v_r'\} \tag{7.2}$$

是由 D 的点、弧交替组成的一个序列. 若有

$$e_1'=(v_1',v_2') \text{ 或} (v_2',v_1'),\ e_2'=(v_2',v_3') \text{ 或} (v_3',v_2'),\ \cdots,$$
$$e_{r-1}'=(v_{r-1}',v_r') \text{ 或} (v_r',v_{r-1}'),$$

则称 μ 是连接 v_1' 与 v_r' 的一条**链**. 如果还有 $v_1'=v_r'$，则称 μ 为一个**圈**.

由此可知，有向图中的点、弧交替序列 μ 是一条链，就是当不计其每条弧的方向时，它是无向图中的一条链. 类似地可定义简单链和初等链.

设(7.2) 中的 μ 是一个点、弧交替序列. 若有

$$e_1'=(v_1',v_2'),\ e_2'=(v_2',v_3'),\ \cdots,\ e_{r-1}'=(v_{r-1}',v_r'),$$

则称 μ 是从 v_1' 到 v_r' 的一条路，简称为(v_1'-v_r') **路**. 如果还有 $v_1'=v_r'$，则称 μ 是一条 **回路** . 边不重复的路叫**简单路**，点不重复(除 $v'_1=v'_r$ 外) 的路叫**初等路**.

7.2 最小支撑树问题(The Minimum Spanning Tree Problem)

某城市计划将 $v_1, v_2, \cdots, v_7$ 共 7 个点用电话线连接起来，各点间可以架设线路进行连接的情况如图 7.6 所示，各线段旁边的数字表示该线段的长度. 现问应如何选择架设线路使总的电话线路最短？

这就是一个求所给图的最小支撑树问题. 在一般情况下，设 $G=[V,E]$ 是一个图. 若对 G 的每边 e 都赋予一个实数 $w(e)$，则称 $w(e)$ 是 e 的**权**，称 G 是一个**赋权图**. $w(e)$ 是定义在 E 上的实函数，称为**权函数**.

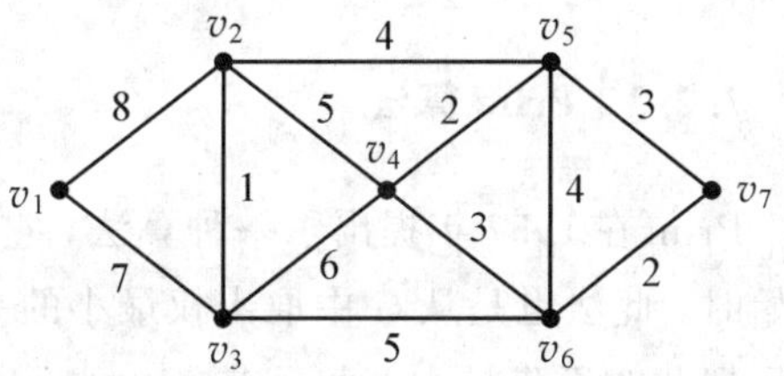

图 7.6

现设 $T=[V,E]$ 是 G 的一棵支撑树，定义树 T 的权为

$$w(T)=\sum_{e\in E}w(e).$$

所谓最小支撑树问题就是要求 G 的一个支撑树 T^*，使 $w(T^*)$ 最小. 此时称 T^* 为 G 的最小支撑树.

7.2.1 Kruskal 算法

假设给定了一个赋权的连通图 G. Kruskal 于 1956 年证明了，按照下述算法总可得到 G 的一棵最小支撑树：开始将 G 的所有边按权从小到大的次序排列出来，然后逐边检查. 首先把最短的一条边留下来，然后在检查每一条边时，若它不与已留下的边形成圈，就留下来，否则就去掉. 直至所有被留下来的边形成支撑树时，计算终止. 这样得到的必是最小支撑树.

现考察图 7.6 中的图 G. 各边的次序如下(用 $[i,j]$ 表示边 $[v_i,v_j]$)：

$$[2,3],[4,5],[6,7],[4,6],[5,7],[5,6],$$
$$[2,5],[2,4],[3,6],[3,4],[1,3],[1,2].$$

对于权相同的边，其先后次序是任意的. 根据上述次序来构造支撑树. 首先留下[2,3]，然后留下[4,5]，[6,7]，接着在[4,6]和[5,7]中任意留下一个，比如留下[5,7]，这时[4,6]就应去掉，因为它与[4,5]，[5,7]，[6,7]形成圈. [5,6]不能留，因它与[5,7]，[6,7]形成圈. 接下去应该留下[2,5]，去掉

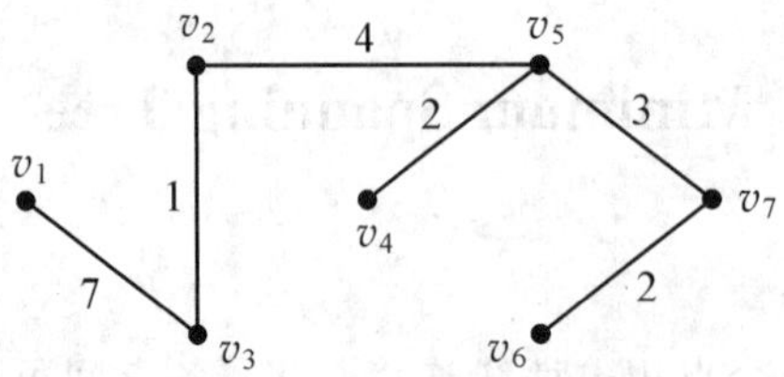

图 7.7

[2,4], [3,6], [3,4], [1,2], 留下[1,3]. 至此, 最小支撑树已形成, 其权为

$$1+2+2+3+4+7=19.$$

图 7.7 画出了这棵最小支撑树.

在一般情况下, G 有 n 个点, 其支撑树含 $n-1$ 条边. 因此, 若用上述方法找到了 $n-1$ 条不成圈的边, 则也就找到了最小支撑树.

7.2.2 Prim 算法

Prim 在 1957 年提出了一种算法, 它不要求预先把 G 的边排成一定顺序. 开始时, 此法也是从 G 中取出权最小的一边来, 把它(包括端点)看做一树, 然后把此树逐步扩大, 直至支撑整个 G 为止. 每次扩大时, 都是先考虑那些与作出的树有边相连的各点, 从中找出权最小的边, 然后把此边及其端点加到已作出的树中去.

现仍来研究图 7.6 中的图 G. 首先, 取出权最小的边——[2,3], 并把它当做树. 然后注意, 与此树有边相连的各点为 v_1, v_5, v_6, v_4, 因[2,5] 上的权最小, 故把[2,5] 加到树中去, 此时, 树由[2,3], [2,5] 组成. 现在与树直接相连的点有 v_1, v_4, v_6, v_7. 最小权边是[4,5], 故把[4,5] 加入到树中去. 现在与树直接相连的点有 v_1, v_6, v_7. 最小权边有 2 条, 即[4,6] 和[5,7]. 可任取其一, 比如取[4,6], 加到树中去. 最后, 易知应把[6,7], [1,3] 加到树中去. 此时, 所得树已是 G 的支撑树, 其图形画在图 7.8 中. 此树与用 Kruskal 算法所得的支撑树虽稍有不同, 但其权仍是 19. 这就告诉我们, 一个图的最小支撑树可能不止一个, 但它们的权是相等的.

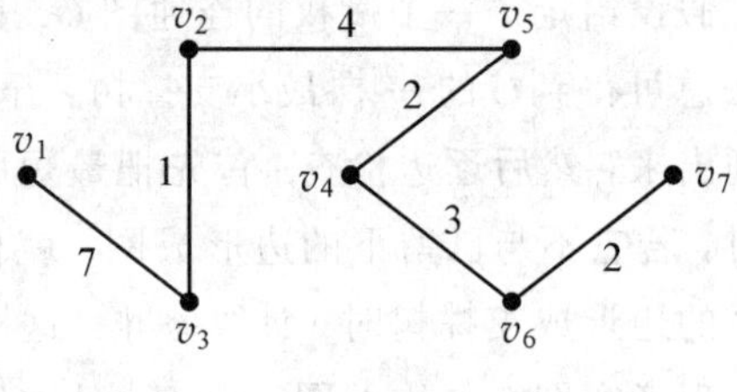

图 7.8

7.3 最短路问题(The Shortest-Path Problem)

设有一批货物要从 v_1 运到 v_8. 这两点间的交通路线如图 7.9 所示, 每条弧旁边的数字表示该弧的长度. 现问, 从 v_1 到 v_8 的各条路线中, 哪一条的总

长度(各弧长度之和)最短?

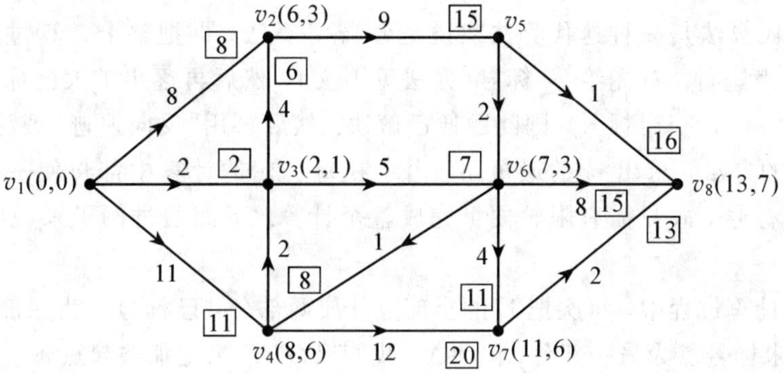

图 7.9

类似的问题在水运、陆运、空运以及在有线通信、计算机设计等部门中普遍存在. 有时还要求计算出图中任意两点间(如两个车站间)的最短距离.

现讨论一般情况. 给定有向图 $D=(V,E)$. 若 D 的每一条弧 $e\in E$ 都对应一个实数 $w(e)$(称为 e 的权), 则称 D 是一个**赋权有向图**, 也称 $w(e)$ 为**权函数**. 设 μ 是 D 中的一条路, 定义路 μ 的权为

$$w(\mu)=\sum_{e\in\mu}w(e).$$

最短路问题的一般提法是: 给定一个赋权有向图 D, 并在 D 中指定一点 v_1. 对于 D 中的任意一点 v_t, 要在从 v_1 到 v_t 的所有路中, 把权最小的一条求出来.

最短路问题中的权还可表示时间、费用等. 这样, 最短路就是最节省时间、最节约费用的方案.

为简便起见, 今后将弧 (v_i,v_j) 上的权 $w(v_i,v_j)$ 记为 w_{ij}. 且约定, 所提到的权就是指弧的长度, 并把"从 v_1 到 v_j 的最短路及其长度"说成是"v_j 的最短路与路长".

7.3.1 Dijkstra 算法

D 氏算法只适用于所有 $w_{ij}\geqslant 0$ 的情形. 现设有向图 $D=(V,E)$ 满足此条件.

D 氏算法是一种标号法, 也就是对有关的点逐个进行标号的办法. 一个点 v_j 的标号由实数 α_j 和非负整数 β_j 组成, 记为 (α_j,β_j). 其中 α_j 是从 v_1 到 v_j 的最短路的长度, 而 β_j 则指明 v_j 的标号是从哪一个点得来的. 例如, 若 v_j

的标号为(2,3)，则说明从 v_1 到 v_j 的最短路长度是 2，而 v_j 的标号是从 v_3 得到的.

D 氏算法是一种迭代算法或说是分“轮”算法，即把整个计算过程分成若干轮来进行. 首先给 v_1 标号(办法见下文)，然后再逐步扩大已标号点的范围. 一旦 v_t 获得标号，则问题便已解决. 然后再用“反向追迹”或称“走回头路”的办法，求出 v_t 的最短路. 由于在每一轮的计算中都将使一个新的点获得标号，故只需有限轮便可完成整个计算. 下面通过例子来说明 D 氏算法.

在计算过程中，每次把 D 的全部点分成两部分：已标号点为一部分，记为 X；未标号点为另一部分，记为 $\overline{X}$. 我们以 $O(X)$ 来记那些起点属于 X 而终点属于 $\overline{X}$ 的弧的全体，即

$$O(X)=\{(v_i,v_j)\mid v_i\in X,\ v_j\in\overline{X}\}.$$

例 7.3-1 用 D 氏算法求出图 7.9 中所示的从 v_1 到 v_8 的最短路.

开始时，给点 v_1 标号(0, 0). 显然 $\alpha_1=0$，并规定 $\beta_1=0$. 于是 v_1 成为初始标号点，即有 $X^{(0)}=\{v_1\}$，将 v_1 的标号写在该点的下面或旁边(见图 7.9).

第一轮：现在，

$$O(X^{(0)})=\{(v_1,v_2),(v_1,v_3),(v_1,v_4)\}.$$

为了获得新的标号点，在一般情况下，需要对 $O(X)$ 中的每一条弧(v_i,v_j)，计算一个数 λ_{ij}：

$$\lambda_{ij}=\alpha_i+w_{ij},$$

其中 α_i 是点 v_i 的最短路长，w_{ij} 是弧(v_i,v_j)的长度. 在所举的例子中，我们有

$$\lambda_{12}=\alpha_1+w_{12}=0+8=8.$$

同样可得 $\lambda_{13}=0+2=2$ 和 $\lambda_{14}=11$. 为便于从图上直接看到计算结果，可将每个 λ_{ij} 写在弧(v_i,v_j)上靠近 v_j 处，并加上方框(见图 7.9). $\lambda_{12},\lambda_{13},\lambda_{14}$ 三个数中，最小的是 $\lambda_{13}=2$. 故可知 v_1 到 v_3 的最短路长是 2，即有 $\alpha_3=2$. 又 v_3 是从 v_1 得到标号的，故 $\beta_3=1$. 从而 v_3 获得标号(2,1). 于是，

$$X^{(1)}=\{v_1,v_3\}.$$

第二轮：现在，

$$O(X^{(1)})=\{(v_1,v_2),(v_1,v_4),(v_3,v_2),(v_3,v_6)\}.$$

同样计算出各个 λ_{ij}($\lambda_{12},\lambda_{14}$ 前面已算出，不必再算). 这 4 个数中，最小的是 $\lambda_{32}=6$，故知 v_2 的最短路长是 6. 又点 v_2 是从点 v_3 获得标号的，即 $\beta_2=3$，从而 v_2 的标号为(6,3). 于是，$X^{(2)}=\{v_1,v_3,v_2\}$.

第三轮计算将使点 v_6 获得标号(7,3). 然后 v_4,v_7,v_8 依次获得标号. 由 v_8 的标号(13,7)知，v_1 到 v_8 的最短路长为13. 为了把具体的最短路求出来，可用反向追踪的办法一个一个往前推. 此时只需利用各个已标号点的 β_j. 从 v_8(13,7)可知，v_8 是从 v_7 得到标号的，从 v_7(11, 6)可知，v_7 是从 v_6 得到标号的，如此类推. 最后便知 v_1 到 v_8 的最短路为 $\{v_1,v_3,v_6,v_7,v_8\}$.

若想求出 v_1 到所有其他各点的最短路，则需继续上述过程，直到每点都得到标号为止.

现在把D氏算法小结一下：

(1) 给点 v_1 标号(0, 0)，得 $X^{(0)}=\{v_1\}$.

(2) 一般地，设已有 $X^{(k)}$. 若 $v_t\in X^{(k)}$，说明 v_t 已标号，便可找出 v_t 的最短路，计算终止；反之，转(3).

(3) 若 $O(X^{(k)})=\varnothing$，则计算终止，说明不存在 v_1 到 v_t 的路；反之，对 $O(X^{(k)})$ 中的每一条弧 (v_i,v_j)，计算一个数 $\lambda_{ij}=\alpha_i+w_{ij}$. 设这些数中的最小者为 $\lambda_{rs}=\alpha_r+w_{rs}$(若有几个 λ_{ij} 同时达到最小值，则可任取其一为 λ_{rs})，则给点 v_s 标号为 (λ_{rs},r). 将新标号点 v_s 加入 $X^{(k)}$ 中，令 $k=k+1$，转(2).

7.3.2 定理的证明

为了说明D氏方法的正确性，还需证明以下两个结论：

(1) 若点 v_j 得到了标号 (α_j,β_j)，则 α_j 就是 v_j 的最短路长，且从 v_j 开始，用反向追踪法必可求得 v_j 的最短路.

(2) 若在计算结束时，点 v_j 没有得到标号，则不存在从 v_1 到 v_j 的有向路.

先证(1). 我们用数学归纳法来证明. 当 $k=0$ 时，v_1 获得标号(0,0)，这时，结论显然为真. 现设对于第 $1,2,\cdots,k$ 轮末得到标号的点来说，结论都成立，我们欲证对于第 $k+1$ 轮末得到标号的点 v_q 来说，结论也成立.

设 v_q 的标号为 (α_q,l)，即 v_q 是从 v_l 得到标号的. 由D氏算法的具体步骤可知，v_l 一定在 v_q 得到标号前就已经获得标号了，设为 (α_l,β_l). 根据定义，

$$\alpha_q=\lambda_{lq}=\min_{(v_i,v_j)\in O(X^{(k)})}\{\lambda_{ij}\}. \tag{7.3}$$

由归纳法假设知，v_l 的最短路长就是 α_l，且从 v_l 开始，用反向追踪法可以求得一条 v_l 的最短路：

$$\mu=\{v_1,v_2,\cdots,v_l\}，且\ w(\mu)=\alpha_l.$$

现在，在 μ 的后面再加上弧(l,q)，可证 $\mu_1=\{v_1,v_2,\cdots,v_l,v_q\}$ 就是 v_1 到 v_q 的最短路，且 $w(\mu_1)=\alpha_q$.

首先易知

$$w(\mu_1)=w(\mu)+w_{lq}=\alpha_l+w_{lq}=\lambda_{lq}=\alpha_q.$$

其次设 μ_2 是任意一条从 v_1 到 v_q 的路. 要证明 $w(\mu_2)\geqslant\alpha_q$. 因为在第 $k+1$ 轮计算开始时，v_q（它是 μ_2 的终点）还未得到标号，而 μ_2 的起点 v_1 却已标号，故在 μ_2 中一定有这样两个相继的点：其一是已标号点，设为 v_e；其二是未标号点，设为 v_d，意即弧$(e,d)\in O(X^{(k)})$.

现在估计 μ_2 中的一段路 $\mu_3=\{v_1,v_2,\cdots,v_e,v_d\}$ 之长. 将它分成两段：

$$\mu_3=\{v_1,v_2,\cdots,v_e\}+\{v_e,v_d\}.$$

因 v_e 是已标号点，其最短路长是 α_e，故

$$w(\mu_3)\geqslant\alpha_e+w_{ed}=\lambda_{ed}.$$

注意到(7.3)，便有

$$w(\mu_3)\geqslant\lambda_{lq}=\alpha_q.$$

由于所有各弧之长 $w_{ij}\geqslant 0$，故更有

$$w(\mu_2)\geqslant\alpha_q=w(\mu_1),$$

所以，μ_1 是 v_1 到 v_q 的最短路.

再证(2). 设在计算结束时，v_j 还没有得到标号. 这一定是由于在某轮计算中，$(X,\overline{X})$ 为空集. 然而当此情况出现时便可断定不存在从 v_1 到 v_j 的有向路. 因为如果存在这样的有向路，注意到 v_1 已标号而 v_j 未标号，则在该路中一定有一条属于$(X,\overline{X})$的弧，这与$(X,\overline{X})$为空集相矛盾.

7.3.3 最短链问题

类似于有向图中的最短路问题，在无向图中有所谓的最短链问题.

设图 $G=[V,E]$ 的每一边 e 上有一个权 $w(e)\geqslant 0$，定义 G 中一条链 μ 的权为

$$w(\mu)=\sum_{e\in\mu}w(e).$$

若 $e=[v_i,v_j]$，则 e 上的权 $w(e)$ 简记为 w_{ij}.

所谓最短链问题，就是要在 G 中求出一条从给定的一点 v_1 到任意一点 v_t 的链 μ，使 μ 是所有$(v_1\text{-}v_t)$链中权最小者. 此时称 μ 是从 v_1 到 v_t 的**最短链**.

最短链问题也是用 D 氏算法求解，不过在标号过程中不考察弧集，而考察边集. 每轮计算中仍以 X 和 $\overline{X}$ 分别表示 V 中的已标号点集和未标号点集，并以 $\Phi(X)$ 表示图 G 中一个端点属于 X、另一个端点属于 $\overline{X}$ 的边的集合：

$$\Phi(X) = \{[v_i, v_j] \mid v_i \in X, v_j \in \overline{X}\}.$$

下面，通过例题来介绍此方法.

例 7.3-2 求图 7.10 所示图 G 中 v_1 到 v_8 的最短链.

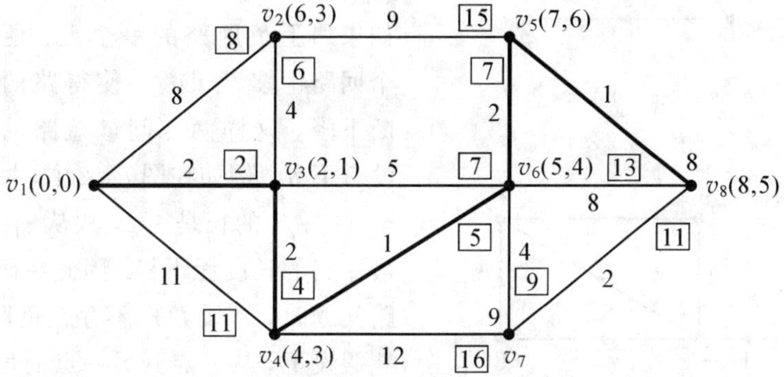

图 7.10

开始，给 v_1 标号(0, 0)，得 $X^{(0)} = \{v_1\}$.

第一轮：

$$\Phi(X^{(0)}) = \{[v_1, v_2], [v_1, v_3], [v_1, v_4]\},$$

$$\lambda_{12} = 0 + 8 = 8, \quad \lambda_{13} = 0 + 2 = 2, \quad \lambda_{14} = 0 + 11 = 11.$$

这三个数中 $\lambda_{13} = 2$ 最小，所以 v_1 到 v_3 的最短链长是 2. 又 v_3 是从 v_1 得到标号的，故 v_3 的标号为(2,1). 于是 $X^{(1)} = \{v_1, v_3\}$.

第二轮：

$$\Phi(X^{(1)}) = \{[v_1, v_2], [v_1, v_4], [v_3, v_2], [v_3, v_6], [v_3, v_4]\},$$

$\lambda_{12}, \lambda_{14}$ 前面已算出.

$$\lambda_{32} = 2 + 4 = 6, \quad \lambda_{36} = 2 + 5 = 7, \quad \lambda_{34} = 2 + 2 = 4.$$

这 5 个 λ_{ij} 中最小的是 $\lambda_{34} = 4$，故给 v_4 标号(4,3). 接下去获得标号的点依次为 $v_6(5,4)$, $v_2(6,3)$, $v_5(7,6)$, $v_8(8,5)$.

由此可知，v_1 到 v_8 的最短链的长为 8，最短链为 $\{v_1, v_3, v_4, v_6, v_5, v_8\}$，如图 7.10 中粗线所示.

7.3.4 Floyd 算法

对于上面所述的最短路问题，用 D 氏算法来解是很简单、很方便的. 但此法要求所有的 $w_{ij} \geqslant 0$. 若有某个权 $w_{ij} < 0$，则此法可能失效. 例如在图 7.11 中，要求从 v_1 到 v_2 的最短路 μ. 如用 D 氏算法，则 $w(\mu) = 2$. 但实际上，$w(\mu) = 0$. 因此当有负权时，需另找他法. 下面介绍允许有负权时求最

短路问题的 Floyd 算法.

首先要注意，如果一个有向图 D 中存在权为负数的回路(称为**负回路**)，那么在这个图中从一点走向另一点时，如果遇上负回路的一个点，便可在这个回路上多绕几次，使得路的总长不断下降，这样两点间最短路的长度就没有下界. 例如在图 7.12 中，回路$\{v_2, v_3, v_4, v_2\}$的长是 -2，故从 v_1 到 v_5 的最短路的长度无下界. 因此在研究最短路问题时，常设 D 中不存在负回路. 在此假设下，从一点到另一点的最短路总可以取成初等路.

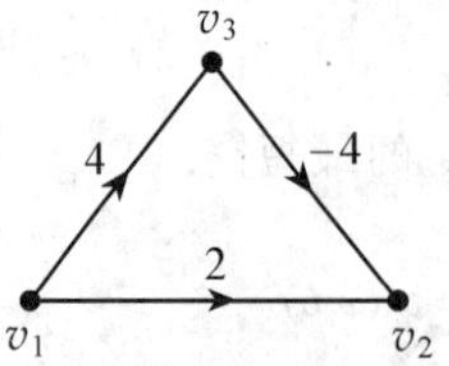

图 7.11

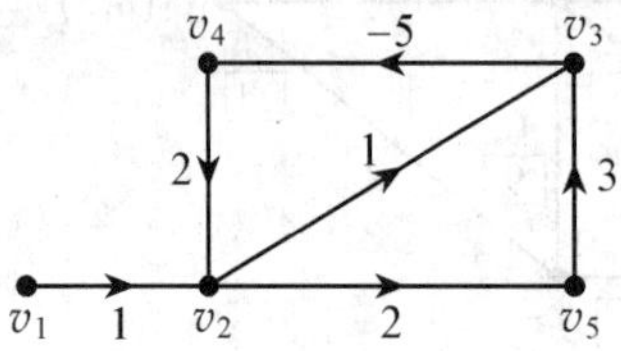

图 7.12

设给定有向图 $D=(V,E)$ 及 E 上的权函数 $w(e)$. 若 V 中的两点 v_i 和 v_j 之间无弧相连，则令 $w(v_i,v_j)=+\infty$. 这样便可认为，任何两点之间都有弧相连了.

为简单起见，以 w_j 表示从 v_1 到 v_j 的最短路的权. $w(v_i,v_j)$ 仍简记为 w_{ij}. 又设 V 的点数为 n. 易知 $w_1,w_2,\cdots,w_n$ 必须满足如下方程：

$$w_j=\min_{v_i\in V}\{w_i+w_{ij}\},\quad j=1,2,\cdots,n$$

(对一切 i，规定 $w_{ii}=0$). 这组方程的解可以用迭代法求得，步骤如下：

开始，令 $w_j^{(0)}=w_{1j}(j=1,2,\cdots,n)$. 一般地，设已有各个 $w_j^{(k-1)}$，则

$$w_j^{(k)}=\min_{v_i\in V}\{w_i^{(k-1)}+w_{ij}\},\quad j=1,2,\cdots,n.$$

当过程进行到某一步，发现对每个 j, $j=1,2,\cdots,n$，都有 $w_j^{(k)}=w_j^{(k-1)}$ 时，则计算停止. 此时 $w_j^{(k)}$ 就是从 v_1 到 v_j 的最短路的权.

可证明，上述算法最多经过 $n-1$ 次迭代必定收敛，即或者对于某个 $k\ (0\leqslant k\leqslant n-1)$，有 $w_j^{(k)}=w_j^{(k-1)}(j=1,2,\cdots,n)$；或者在已算出的$\{w_j^{(n-1)}\}$中至少有某个 j，使得 $w_j^{(n-1)}\neq w_j^{(n-2)}$. 在前一种情况下，我们已求出从 v_1 到 v_j 的最短路的权；在后一种情况下，说明图中 D 有负回路.

至于如何求得具体的最短路线，我们将通过例子说明.

例 7.3-3 求图 7.13 中从 v_1 到各点的最短路.

求解过程可以在表上进行(见表 7.1). 表的左边部分是初始数据；右边部分是各次迭代的计算结果；最右边的一列数字是从 v_1 到各个 v_j 的最短路的权.

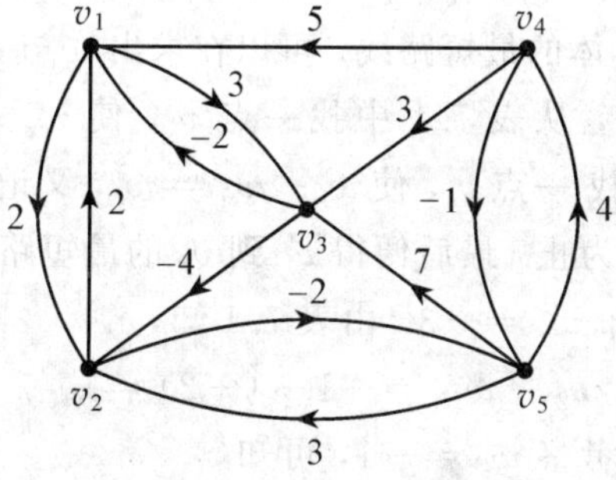

图 7.13

表 7.1

	w_{ij}					$w_j^{(0)}$	$w_j^{(1)}$	$w_j^{(2)}$	$w_j^{(3)}$	$w_j^{(4)}$
	v_1	v_2	v_3	v_4	v_5					
v_1	0	2	3			0	0	0	0	0
v_2	2	0			−2	2 (1,2)	−1 (3,2)	−1 (3,2)	−1 (3,2)	−1 (3,2)
v_3	−2	−4	0			3 (1,3)	3 (1,3)	3 (1,3)	3 (1,3)	3 (1,3)
v_4	5		3	0	−1			4 (5,4)	1 (5,4)	1 (5,4)
v_5		3	7	4	0		0 (2,5)	−3 (2,5)	−3 (2,5)	−3 (2,5)

表中未写数字的空格内是 $+\infty$.

我们仅举出表中 $w_j^{(1)}$ 列的计算过程如下:

$$
\begin{aligned}
w_1^{(1)} &= \min\{w_1^{(0)} + w_{11}, w_2^{(0)} + w_{21}, \cdots\} \\
&= \min\{0 + 0, 2 + 2, 3 - 2\} = 0, \\
w_2^{(1)} &= \min\{w_1^{(0)} + w_{12}, w_2^{(0)} + w_{22}, \cdots\} \\
&= \min\{0 + 2, 2 + 0, 3 - 4\} = -1, \\
w_3^{(1)} &= \min\{w_1^{(0)} + w_{13}, w_2^{(0)} + w_{23}, \cdots\} \\
&= \min\{0 + 3, 3 + 0\} = 3, \\
w_4^{(1)} &= +\infty, \\
w_5^{(1)} &= \min\{2 - 2\} = 0.
\end{aligned}
$$

由表 7.1 可知，从 v_1 到 v_1,v_2,v_3,v_4,v_5 各点最短路的权分别是 0，−1，3，1，−3. 为了获得具体的最短路线，可以在求出 w_j 后，采用反向追踪的办法寻求. 如已知 w_j 后，从表 7.1 中找一点 v_i，使 $w_i + w_{ij} = w_j$，记下弧 (v_i, v_j). 再对 w_i，又找一点 v_s，使 $w_s + w_{si} = w_i$，又记下弧 (v_s, v_i)，如此继续下去，直至达到 v_1 为止. 最后便得 v_1 到 v_j 的最短路为 $\{v_1, \cdots, v_s, v_i, v_j\}$.

如在上例中，已知 $w_5 = -3$. 由表 7.1 知，

$$w_2 + w_{25} = -1 + (-2) = w_5,$$

故记下弧 (v_2, v_5). 又考察 $w_2 = -1$，可知

$$w_3 + w_{32} = 3 + (-4) = w_2,$$

故又记下弧 (v_3, v_2). 而

$$w_3 = w_{11} + w_{13},$$

故再记下弧 (v_1, v_3). 于是从 v_1 到 v_5 的最短路为 $\{v_1, v_3, v_2, v_5\}$.

表 7.1 的 $w_j^{(k)}$ 列中，每个格子内的 (i,j) 表示弧 (v_i, v_j)，它们是为了寻找具体的最短路而写上去的. 比如上面说到的 v_1 到 v_5 的最短路可以这样求出：$w_5 = -3 = w_5^{(2)}$，在 $w_5^{(2)}$ 的格子内写有(2,5). 再到 $w_j^{(1)}$ 中找到(3,2)，又到 $w_j^{(0)}$ 列中找到(1,3)，这样很快就得到 $\{v_1, v_3, v_2, v_5\}$.

7.4 最大流问题(The Maximum Flow Problem)

7.4.1 问题形式和基本定理

已知如图 7.14 所示的一个交通图. 设有一批货物要从点 v_1 运送至点 v_6. 每条弧上单位时间内通过的货物流量不能超过该弧的最大通过能力(称为弧的容量). 图中每条弧旁边的数字即表示该弧的容量. 现问应如何选择路径，才能使得从 v_1 到 v_6 的总运量最大？

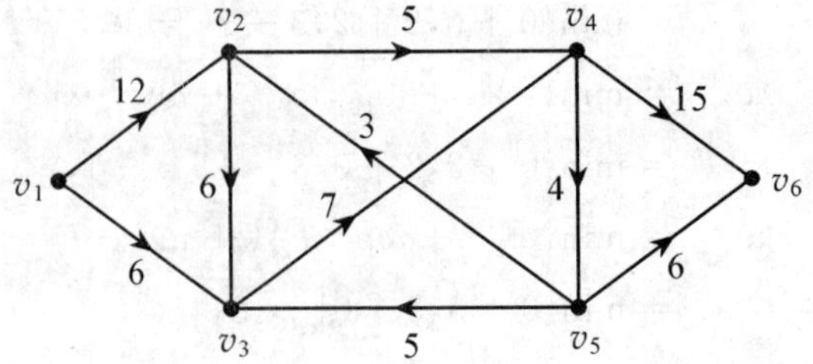

图 7.14

下面讨论一般情况. 首先介绍网络概念.

给定一个有向图 $D=(V,E)$. 设 v_i, v_j 是 D 中的两点. 如果在 D 中存在一条从 v_i 到 v_j 的路，则说从 v_i 可以到达 v_j. 如果在 D 中至少存在这样一点 v_s（称为**发点**或**源点**），从它可以到达 D 的每一点；又至少存在这样一点 v_t（称为**收点**或**汇点**），从 D 的每一点均可到达它，则称 D 为一个**网络**. 通常 D 的每一条弧 (v_i, v_j) 都对应一个数 $c_{ij}\geqslant 0$，c_{ij} 称为弧 (v_i, v_j) 的**容量**. 带有容量的网络，称为**容量网络**，简称为网络. 为简单计，我们用 (i,j) 表示弧 (v_i, v_j)，并认为一个网络只有一个发点和一个收点. 因可以通过增设一个虚拟的发点和一个虚拟的收点将具有多个发点和多个收点的问题化为只有一个发点、一个收点的情况，但这样，势必增加一些弧，其容量都为 ∞.

在研究网络流问题时，我们假设，在运输中途货物不会损失. 此即所谓流量守恒的假定.

网络最大流问题简称为最大流问题. 现在我们来建立这种问题的数学模型.

设在给定的网络 $D=(V,E)$ 中，v_s 是发点，v_t 是收点，其余各点称为中间点，c_{ij} 是弧 (i,j) 上的容量，f_{ij} 是指定给弧 (i,j) 的流量，或说通过弧 (i,j) 的运输量. 所有流 f_{ij} 的全体记为 $\{f_{ij}\}$，并称 $f=\{f_{ij}\}$ 为一个流. 设给出了一个流 $\{f_{ij}\}$，则从点 v_i 流出的量为 $\sum\limits_{(i,j)\in E} f_{ij}$，流入点 v_i 的量为 $\sum\limits_{(j,i)\in E} f_{ji}$.

根据流量守恒的假定，对任意一点 $v_i\neq v_s$，$v_i\neq v_t$，应有

$$\sum_{(i,j)\in E} f_{ij}-\sum_{(j,i)\in E} f_{ji}=0.$$

流量守恒不适用于发点和收点. 设 v 表示从发点流出的总量，则此量必须全部流入收点，因此，对发点、收点而言，应有

$$\sum_{(s,j)\in E} f_{sj}=\sum_{(j,t)\in E} f_{jt}=v.$$

另外，显然在每条弧 (i,j) 上，f_{ij} 应非负，且不能超过 c_{ij}.

于是，最大流问题的数学模型为

$$\max \quad v,$$

$$\text{s. t.} \quad \sum_{(i,j)\subset E} f_{ij}-\sum_{(j,i)\subset E} f_{ji}=\begin{cases} v, & \text{若 } i=s; \\ 0, & \text{若 } i\neq s,t; \\ -v, & \text{若 } i=t, \end{cases}$$

$$0\leqslant f_{ij}\leqslant c_{ij}, \quad \text{对所有弧}(i,j),$$

其中的 v 和各 f_{ij} 就是决策变量，我们需要确定它们的值.

称满足上述约束条件的一组数 $f=\{f_{ij}\}$ 为网络 D 的一个**可行流**，而称 v

为该可行流 f 的**值**(或**流量**). 取值最大的可行流称为**最大流**，所谓最大流问题就是要求网络的最大流.

有时将 v 写成 $v(f)$，说明它是可行流 f 的值.

我们只研究可行流，故今后说的流都是指可行流. 易知下述 $\{f_{ij}\}$ 是图 7.14 中网络 D 的一个可行流：

$$f_{12}=4,\ f_{13}=3,\ f_{23}=2,\ f_{24}=3,\ f_{34}=6,$$
$$f_{45}=3,\ f_{46}=6,\ f_{52}=1,\ f_{53}=1,\ f_{56}=1.$$

f_{ij} 的数值已在图 7.15 中标出，每条弧旁边圈内的数字是该弧的流量. 易知这个流的值为 7.

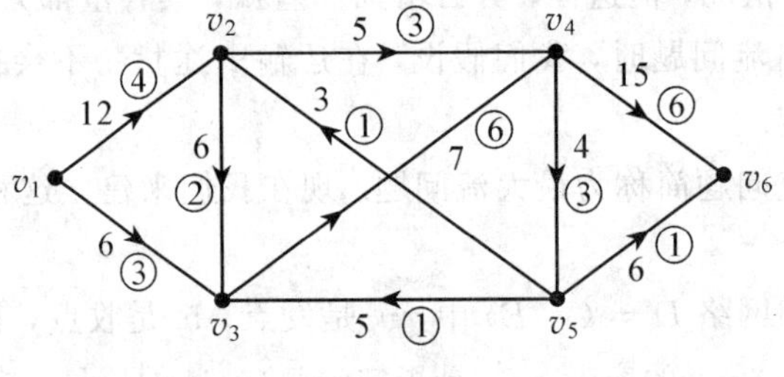

图 7.15

从上述数学模型可知，最大流问题也是一个线性规划问题. 但若用单纯形法求解就很麻烦. 下面介绍的方法叫 **Ford-Fulkerson 算法**. 此法是 Ford-Fulkerson 于 1956 年提出的.

该算法包含三步：

(1) 找出一个初始流(即第一个流)及其值；

(2) 判断所找流是否为最大流，若不是，则转(3)；

(3) 调整现有的流，使其值增大(但仍是可行流)，再转(2).

实现第一步的简单办法是令所有的 f_{ij} 及 v 都为 0. 当然，若能容易地找出一个取值较大的可行流作为初始流，那就更好了.

需要重点研究的是第二、第三两步，即对流的判断和调整. 为叙述方便，先介绍几个概念.

设 μ 是 D 中一条 $(v_s\text{-}v_i)$ 链. 我们规定 μ 的正方向是从 v_s 到 v_i. 在这个规定之下，μ 的弧被分成两部分：一部分与 μ 的正方向同向，称这些弧为**前向弧**，记为 μ^+；另一部分与 μ 的正方向反向，称这部分弧为**后向弧**，记为 μ^-.

设 $f=\{f_{ij}\}$ 是 D 中的一个可行流. 若存在一条 $(v_s\text{-}v_i)$ 链 μ，满足：

(1) 对一切$(i,j)\in\mu^+$,有$f_{ij}<c_{ij}$;

(2) 对一切$(i,j)\in\mu^-$,有$f_{ij}>0$.

则称μ是一条(关于f的)(v_s-v_i)**增广链**. 特别地，当$v_i=v_t$时，就称μ为一条(关于f的)**增广链**.

有了增广链的概念，对流进行判断和调整的定理就可叙述得很简单了.

定理7.1　可行流$f^*=\{f_{ij}^*\}$是最大流的充分必要条件是：D中不存在关于f^*的增广链.

证　必要性. 设f^*是最大流，其值为v^*，我们要证明D中不存在关于f^*的增广链. 现用反证法，假设D中存在一条关于f^*的增广链μ. 令

$$\theta_1=\min_{(i,j)\in\mu^+}\{c_{ij}-f_{ij}^*\},$$

$$\theta_2=\min_{(i,j)\in\mu^-}\{f_{ij}^*\},$$

$$\theta=\min\{\theta_1,\theta_2\}.$$

因为μ是增广链，故$\theta>0$. 称θ为**调整量**. 现在，按下面方法作出一个新的流f'：

$$f'_{ij}=\begin{cases}f_{ij}^*+\theta, & 若(i,j)\in\mu^+,\\ f_{ij}^*-\theta, & 若(i,j)\in\mu^-,\\ f_{ij}^*, & 若(i,j)\notin\mu.\end{cases}$$

易知$f'=\{f'_{ij}\}$仍是D中的一个可行流，但其值为$v^*+\theta>v^*$，这与f^*是最大流的假设相矛盾.

关于定理中条件的充分性证明，我们放在本节的最后一段. ■

定理7.1完满地解决了关于最大流的判断问题. 从应用上考虑，该定理的下述形式更为方便.

定理7.2　设$\{f_{ij}\}$是D中的一个可行流.

(1) 如果能找到一条增广链，则就可以将$\{f_{ij}\}$改进成一个取值更大的流.

(2) 如果不存在增广链，则$\{f_{ij}\}$已经是最大流.

7.4.2 最大流算法

现在通过一个例题来说明对流$\{f_{ij}\}$进行调整的方法. 在图7.15中已画出一个可行流，其f_{ij}的数值由图中画圈的数字所表示. 易见对此流而言，

$$\mu=\{v_1,(1,2),v_2,(2,3),v_3,(5,3),v_5,(5,6),v_6\}$$

是一条从 v_1 到 v_6 的增广链，且

$$\mu^+=\{(1,2),(2,3),(5,6)\},\quad \mu^-=(5,3).$$

故

$$\theta_1=\min\{12-4,6-2,6-1\}=4,$$
$$\theta_2=1,$$
$$\theta=\min\{4,1\}=1,$$

即调整量为 1. 调整后的流为

$$f_{12}=5,\ f_{13}=3,\ f_{23}=3,\ f_{24}=3,\ f_{34}=6,$$
$$f_{45}=3,\ f_{46}=6,\ f_{52}=1,\ f_{53}=0,\ f_{56}=2,$$

新流的值为 8.

所以，只要能找到增广链，就可以调整流$\{f_{ij}\}$，使其值增大. 但是，怎样找增广链呢?这里介绍一种方法，也是标号法. 为叙述方便起见，设发点为 v_1，收点为 v_n. 此方法的基本思想是：对网络中的点逐步进行标号，对于一个点 v_i 来说，若能肯定存在从 v_1 到 v_i 的增广链，就给 v_i 一个标号(标号意义见后文). 开始，给发点 v_1 以标号，然后逐步扩大已标号点的范围，一旦收点 v_n 获得标号，则就找到了从 v_1 到 v_n 的增广链. 如果到最后还无法使 v_n 得到标号，则一定不存在从 v_1 到 v_n 的增广链.

每个点的标号记为(α,β)，其中的α从$1,2,\cdots,n$中取值，而β只取"+"或"−". 如设 v_5 的标号是$(3,+)$，它说明 v_5 是从 v_3 得到标号的，或说在将要找到的增广链上，v_5 前面的一点是 v_3，弧是$(3,5)$. 若 v_5 标号为$(3,-)$，它说明 v_5 也是从 v_3 得到标号的，或说在增广链上，v_5 前面的一点也是 v_3，但弧是$(5,3)$.

对点 v_1，规定其标号为$(0,+)$，对其他点如何标号呢?现就一般情况进行讨论. 设 v_i 是一个已标号点，则应存在一条从 v_1 到 v_i 的增广链μ. 这时，若存在一条以 v_i 为起点的弧(i,s)，满足 $f_{is}<c_{is}$，则显然可以把μ再扩大成一条 v_1 到 v_s 的增广链. 于是，若 v_s 还没有标号，就给它标号为$(i,+)$. 同样，若存在一条以 v_i 为终点的弧(k,i)，满足 $f_{ki}>0$，又 v_k 还未标号，就给它标号为$(i,-)$.

标号算法的具体做法是：首先给 v_1 以标号$(0,+)$，于是 v_1 成为已标号而未检查的点，其余各点都是未标号点. 一般地，取一个已标号而未检查点 v_i，对它进行如下检查：

首先考察所有以 v_i 为起点的各弧(i,j). 若(i,j)满足 $f_{ij}<c_{ij}$，且 v_j 未标号，则给 v_j 以标号$(i,+)$，v_j 成为已标号而未检查点.

其次再考察所有以 v_i 为终点的弧(k,i). 若在(k,i)上, $f_{ki}>0$, 且 v_k 未标号, 则给 v_k 以标号$(i,-)$, v_k 成为已标号而未检查点.

做完这两件事后, v_i 就成为已检查的点. 重复上述过程, 就有: 或者在某个时候, v_n 获得标号; 或者对所有标号点都已检查过, 而标号过程无法继续进行, v_n 得不到标号. 在前一情况下, 一旦 v_n 得到标号, 则立即用"反向追迹"法寻找增广链; 出现后一情况时, 则算法结束, 这时的$\{f_{ij}\}$已是最大流了.

反向追迹法是这样的: 设 v_n 的标号是$(i,+)$, 则在增广链上 v_n 前面的点是 v_i, 弧是(i,n). 现再考察 v_i, 设 v_i 的标号为$(j,+)$, 则 v_i 前面的点是 v_j, 弧是(j,i). 若 v_i 的标号为$(j,-)$, 则 v_i 前面的点还是 v_j, 但弧为(i,j). 这样一直追回去, 直到 v_1 为止, 便可找出从 v_1 到 v_n 的增广链 μ. 在 μ 上调整$\{f_{ij}\}$, 便得新的流$\{f_{ij}\}$. 然后抹去所有标号, 又从头开始.

例 7.4-1　已知如图 7.16 所示的一个网络初始可行流, 图中画圈数字表示流量, 试用标号法求出该网络的最大流.

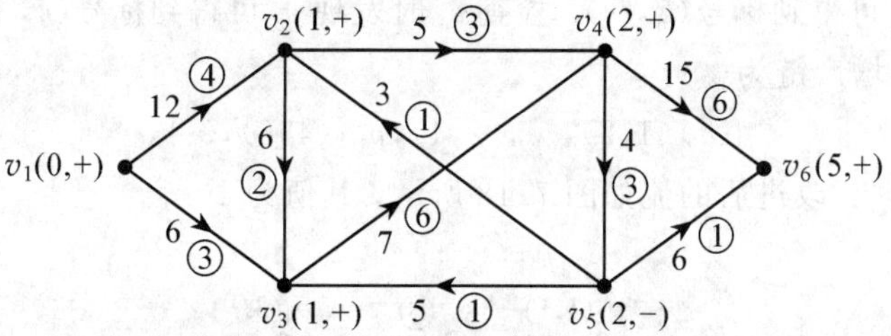

图 7.16

首先给 v_1 以标号$(0,+)$, 然后对 v_1 进行检查. 以 v_1 为起点的弧有$(1,2)$和$(1,3)$. 在这两条弧上都有 $f_{ij}<c_{ij}$, 故 v_2,v_3 都可得到标号$(1,+)$. 现在, v_2,v_3 都是已标号未检查点. 任取其一, 比如取 v_2 进行检查, 发现 v_4 可得到标号$(2,+)$, 而 v_5 可得到标号$(2,-)$. 这时 v_3,v_4,v_5 都是已标号未检查点. 任取其一, 比如取 v_5 进行检查, 发现 v_6 可得到标号$(5,+)$. 由于收点 v_6 已获得标号, 故应该立即用反向追迹法找增广链. 因 v_6 的标号是$(5,+)$, 故增广链的最后一段是

$$\{v_5,(5,6),v_6\}.$$

又因 v_5 的标号是$(2,-)$, 故往前的一段是$\{v_2,(5,2),v_5\}$, 而 v_2 的标号是$(1,+)$, 故再往前的一段是$\{1,(1,2),v_2\}$, 于是得增广链为

$$\{v_1,(1,2),v_2,(5,2),v_5,(5,6),v_6\},$$

其中$(1,2)$, $(5,6)$是前向弧, $(5,2)$是后向弧. 此时

$$\theta_1 = \min\{12-4, 6-1\} = 5,$$
$$\theta_2 = \min\{1\} = 1,$$
$$\theta = \min\{5, 1\} = 1.$$

改进后的新流如图 7.17 所示，其值为 8.

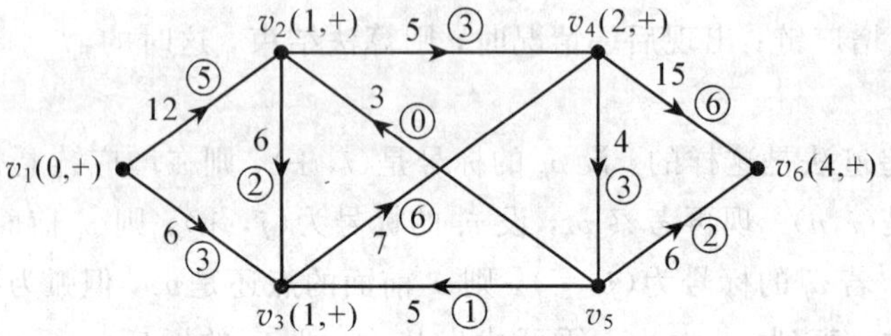

图 7.17

现在对图 7.17 中的流再用一次标号法. 首先给 v_1 以标号(0, +)，检查 v_1 时，发现 v_2 和 v_3 都可得到标号(1, +)，任取其一，例如取 v_2 进行检查. 此时，发现 v_4 可得到标号(2, +). 检查 v_4 时发现 v_6 可得到标号(4, +). 再用反向追迹法得增广链为

$$\{v_1, (1,2), v_2, (2,4), v_4, (4,6), v_6\},$$

此时的 $\theta = 2$. 改进后的流如图 7.18 所示，其值为 10.

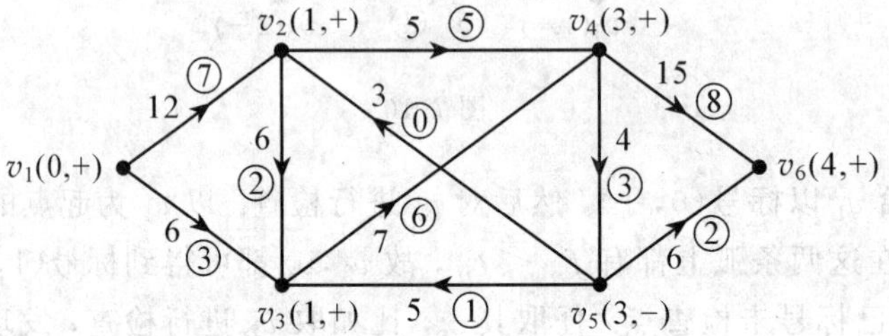

图 7.18

对图 7.18 中所示的流再用标号法. 给 v_1 标号后，检查 v_1 时，发现 v_2, v_3 都可得到标号(1, +). 检查 v_3 时，发现 v_4, v_5 可分别得到标号(3, +)，(3, −). 检查 v_4 时，发现 v_6 可得到标号(4, +)，于是得增广链

$$\{v_1, (1,3), v_3, (3,4), v_4, (4,6), v_6\},$$

此时 $\theta = 1$. 改进后的流如图 7.19 所示，其值为 11.

对图 7.19 中所示的流再用一次标号法，得增广链

$$\{v_1, (1,3), v_3, (5,3), v_5, (5,6), v_6\}, \quad \theta = 1.$$

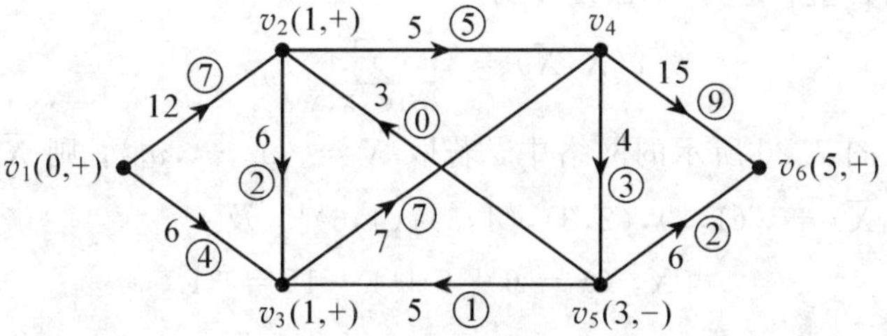

图 7.19

调整后的流如图 7.20 所示，其值为 12.

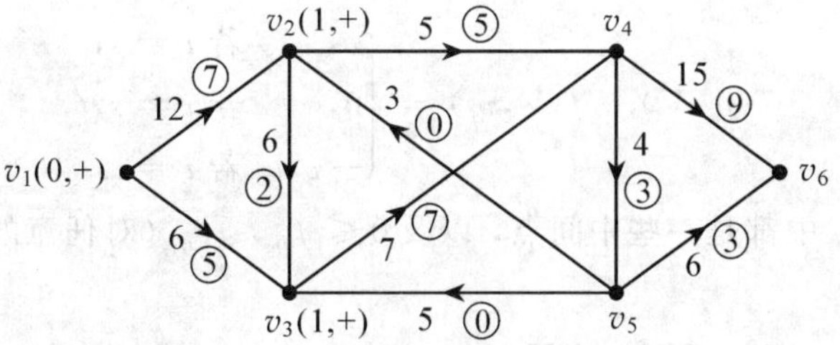

图 7.20

在图 7.20 中，给 v_1 标号后，检查 v_1 时，可使 v_2，v_3 都得到标号(1，+). 但在检查 v_2 和 v_3 时，再不能得到新的标号，即标号过程无法继续进行下去，v_6 得不到标号，故此时已求得最大流.

7.4.3　定理的证明

现在我们来完成定理 7.1 中所述条件的充分性的证明.

先引进一些符号和概念. 给定网络 $D=(V,E)$. 设 $S,T\subseteq V$. 我们以 (S,T) 表示 E 中起点属于 S 而终点属于 T 的弧的全体组成的弧集：

$$(S,T)=\{(i,j)\in E \mid i\in S,\ j\in T\}.$$

又设对每条弧 $(i,j)\in E$，有一实数 φ_{ij} 与之对应. 用 $\varphi(S,T)$ 表示弧集 (S,T) 中各条弧上的 φ_{ij} 之和：

$$\varphi(S,T)=\sum_{(i,j)\in(S,T)}\varphi_{ij}.$$

当 $X\subseteq V$ 时，我们记 $\overline{X}=V-X$（V 与 X 的差集）.

给定网络 $D=(V,E)$. 设 X 是 V 的一子集，满足 $v_s\in X$，$v_t\notin X$，则称 $(X,\overline{X})$ 为由 X 所决定的一个**截集**（简称截集）. 截集中所有弧的容量之和称

为该截集的**容量**，记为 $c(X,\overline{X})$，即

$$c(X,\overline{X}) = \sum_{(i,j)\in(X,\overline{X})} c_{ij}.$$

例如在图 7.20 所示的网络中，若取 $X = \{v_1, v_2, v_4\}$，则 $\overline{X} = \{v_3, v_5, v_6\}$，而 $(X,\overline{X}) = \{(1,3),(2,3),(4,5),(4,6)\}$，及

$$c(X,\overline{X}) = 6 + 6 + 4 + 15 = 31.$$

引理7.1 设 $f = \{f_{ij}\}$ 是网络 D 上的任意一个可行流，其值为 v，而 $(X,\overline{X})$ 是 D 中任意一个截集，则 $v \leqslant c(X,\overline{X})$.

证 根据上面引进的符号，可行流 f 满足的约束方程组可以写为

$$f(v_i,V) - f(V,v_i) = \begin{cases} v, & 若\ i = s, \\ 0, & 若\ i \neq s,t, \\ -v, & 若\ i = t. \end{cases}$$

注意到 $X - v_s$ 中都是一些中间点，以及 $0 \leqslant f_{ij} \leqslant c_{ij}$（对任意的 $(i,j) \in E$），我们有

$$\begin{aligned} v &= f(v_s,V) - f(V,v_s) \\ &= f(v_s,V) - f(V,v_s) + (f(X - v_s,V) - f(V,X - v_s)) \\ &= f(X,V) - f(V,X) \\ &= f(X,\overline{X}) + f(X,X) - f(X,X) - f(\overline{X},X) \\ &= f(X,\overline{X}) - f(\overline{X},X) \\ &\leqslant c(X,\overline{X}). \end{aligned}$$

因为截集的个数是有限的，故容量最小的截集（称为最小截集）一定存在. 由此引理知，若有一个可行流 f^*（其值为 v^*）和一个截集 $(X^*,\overline{X}^*)$，使得 $v^* = c(X^*,\overline{X}^*)$，则这个流就是最大流，这个截集就是最小截集.

现在我们来完成前面所述的充分性的证明，即要证明：如果 D 中不存在关于可行流 $f^* = \{f_{ij}^*\}$ 的增广链，则 f^* 是最大流.

证明中要用到一般的 $(v_s\text{-}v_i)$ 增广链的概念（见前面的定义）. 令 X^* 是 D 中存在 $(v_s\text{-}v_i)$ 增广链的 v_i 的全体组成的集合（如果联系标号算法，则 X^* 实际上就是所有已标号点组成的集合），则显然 $v_s \in X^*$，又根据假设 $v_t \notin X^*$，于是 $(X^*,\overline{X}^*)$ 是 D 中的一个截集.

由 X^* 的构成方法可知，对任一弧 $(i,j) \in (X^*,\overline{X}^*)$，一定有 $f_{ij}^* = c_{ij}$（否则必有 $v_j \in X^*$），而对任一弧 $(i,j) \in (\overline{X}^*,X^*)$，一定有 $f_{ij}^* = 0$（否则就有 $v_i \in X^*$）. 于是由引理 7.1 知

$$v(f^*) = f(X^*, \overline{X}^*) - f(\overline{X}^*, X^*) = c(X^*, \overline{X}^*).$$

所以 f^* 是最大流(同时$(X^*, \overline{X}^*)$是最小截集).

从上述证明中还可得到一个很重要的结论，即所谓“最大流 —— 最小截集”定理：在任何网络中，最大流的值 = 最小截集的容量. 这个定理也是由 Ford-Fulkerson 于 1956 年证明的.

为了说明标号算法的正确性，最后还需证明一点，即经过有限步运算一定可以找到最大流. 不过这个结论的成立是有条件的. 具体说来，我们有

定理7.3 设网络 D 的所有 c_{ij} 都是非负整数，则用 Ford- Fulkerson 方法一定可以在有限步运算中，把最大流找出来，并且最大流中所有 f_{ij} 的值都是整数.

证 设最小截集的容量为 c，显然 c 是一个非负整数. 现任取一个初始整可行流（例如取所有 $f_{ij} = 0$）进行计算. 标号结果或是找到了增广链，或是指明不存在增广链. 若为后者，则已找到最大流(如前所证). 若为前者，则需调整. 因为 θ 是一个正整数，故每改进一次，流的值至少增加 1. 这样，经过有限次改进后，流的值一定会达到 c，即达到最大流的值. 另外，由计算过程可知，最大流中的 f_{ij}^* 都取整数值.

不难证明，当所有 c_{ij} 都是有理数时，也可通过有限步运算找到最大流. 但当 c_{ij} 是无理数时，定理 7.3 中的所述结论就不成立了. 这就是 Ford-Fulkerson 方法的局限性. 另外，即使对于容量全是整数的流，有时也需要进行很多次迭代才能找出最大流.

为了克服上述缺点，Edmonds 和 Karp 在 1972 年提出了一种改进方法，此处不多谈了.

7.5 最小费用流问题(The Minimum Cost Flow Problem)

我们在上一节对网络流问题的研究中，只涉及了网络中各个流的流量，而没有涉及各个流的费用. 然而，在有些问题中，费用的因素是必须考虑的. 在完成一定的流量任务时，人们希望付出的费用越少越好.

假设网络 $D = (V, E)$ 中的每条弧(i,j) 不仅具有一定的容量 c_{ij}，而且有确定的单位运价 b_{ij}. 最小费用问题就是要找出一个可行流$\{f_{ij}\}$，它把给定数量为 v 的货物从发点运到收点，而使总的运费最小.

b_{ij} 可以代表时间、距离、费用等，我们称它为弧(i,j) 上单位流量的费

用. 最小费用流问题的数学模型是

$$\min \quad \sum_{(i,j)\in E} b_{ij} f_{ij},$$

$$\text{s.t.} \quad \sum_{(i,j)\in E} f_{ij} - \sum_{(j,i)\in E} f_{ji} = \begin{cases} v, & 若\ i = s, \\ 0, & 若\ i \neq s,t, \\ -v, & 若\ i = t, \end{cases}$$

$$0 \leqslant f_{ij} \leqslant c_{ij}, 对所有的弧(i,j).$$

显然这也是一个线性规划问题. 满足约束条件的 $f = \{f_{ij}\}$ 称为一个**可行流**. 使总费用

$$b(f) = \sum_{(i,j)\in E} b_{ij} f_{ij}$$

最小的可行流称为**最小费用流**.

若 $v = D$ 上最大流的流量 v^*, 则称上述问题为最小费用最大流问题, 意即要在 D 上各个最大流中, 把费用最小的一个找出来. 此处根据文[4] 中的叙述, 介绍一下求解过程的基本思路并着重讲述算法, 至于详细的理论证明, 读者可从相关的参考书目(例如文献[4]) 中找到.

当我们说到某个流 f 是最小费用流的时候, 其含义是指, 在所有流量都是 $v(f)$ 的可行流中, f 的费用最小. 这一点下面不再重复.

求解最小费用最大流问题的做法是: 先找出一个最小费用流 f. 若 $v(f) = v^*$, 则 f 已经是最小费用最大流; 若 $v(f) < v^*$, 则需对 f 进行调整, 使其流量增大, 而保证新的流仍是最小费用流. 一旦调整到了最大流, 则它自然就是最小费用最大流了.

我们总假设所有的 $b_{ij} \geqslant 0$, 于是 $f \equiv 0$ 便可取做初始的最小费用流.

现在的问题是如何将初始最小费用流 f 调整成取值更大的最小费用流 f'. 在解决最大流问题时, 我们已学会调整流的办法, 即若 f 不是最大流, 便找一条增广链 μ. 计算出调整量 θ 后, 就可在 μ 上将 f 调整成取值为 $v(f) + \theta$ 的新可行流 f'. 易知新流的费用为

$$b(f') = b(f) + \theta(\sum_{\mu^+} b_{ij} - \sum_{\mu^-} b_{ij}).$$

移项便有

$$b(f') - b(f) = \theta(\sum_{\mu^+} b_{ij} - \sum_{\mu^-} b_{ij}).$$

由此可以看出,

$$b(u;\ f) = (\sum_{\mu^+} b_{ij} - \sum_{\mu^-} b_{ij}).$$

它表示从 f 调整成 f' 时沿 μ 增加单位流量所需的**费用**, 我们简称它为 μ 的费用.

定理7.4 设 f 是最小费用流，而 μ 是关于 f 的所有增广链中费用 $b(\mu;f)$ 最小的一条，则在 μ 上对 f 进行调整后所得到的新流仍是最小费用流(调整办法同最大流算法中的一样).

这个定理的证明较为繁琐，在此从略.

剩下的问题就是如何寻找费用最小的增广链了. 设 μ 是关于 f 的一条增广链. 注意，μ 的费用

$$b(\mu;f)=\sum_{\mu^+}b_{ij}-\sum_{\mu^-}b_{ij}.$$

因此若把 μ^- 中的弧 (i,j) 反向，并且令它的权是 $-b_{ij}$，而 μ^+ 的弧方向不变，并且令它的权是 b_{ij}，那么，改变后的 μ 就是一条 $(v_s\text{-}v_t)$ 路，该路的权恰好是增广链 μ 的费用. 这样，就把求最小费用增广链的问题转化成了一个求从 v_s 到 v_t 的最短路问题.

为了实现这个转化，需要判明哪些弧可能在某条增广链 μ 的 μ^+ 中，哪些弧可能在 μ^- 中. 对于给定的可行流 f，我们可以作出如下的判断：

(1) 若 $f_{ij}=0$，则弧 (i,j) 只可能在 μ^+ 中；

(2) 若 $f_{ij}=c_{ij}$，则弧 (i,j) 只可能在 μ^- 中；

(3) 若 $0<f_{ij}<c_{ij}$，则弧 (i,j) 既可能在 μ^+ 中，也可能在 μ^- 中.

于是，对于一个每条弧上有费用 b_{ij} 和容量 c_{ij} 的网络 $D=(V,E)$，为了求出 D 的最小费用最大流，我们可以构造辅助网络

$$w(f)=(V,E').$$

它的点集与 D 的点集相同，弧集 E' 的构成及 E' 中每条弧上的权 w_{ij} 按下述规则确定：对于 E 中任意一条弧 (i,j)，

若 $f_{ij}=0$，则 $(i,j)\in E'$，并令 $w_{ij}=b_{ij}$；

若 $f_{ij}=c_{ij}$，则 $(j,i)\in E'$，并令 $w_{ji}=-b_{ij}$；

若 $0<f_{ij}<c_{ij}$，则 $(i,j),(j,i)\in E'$，并令 $w_{ij}=b_{ij}$，$w_{ji}=-b_{ij}$.

那么，在 D 中求关于 f 的最小费用增广链，就等价于在 $w(f)$ 中求从 v_s 到 v_t 的最短路.

整个问题求解的步骤如下(Busacker，Gowen，1961)：

开始，取 $f^{(0)}=0$. 一般地，若已有 $f^{(k-1)}$，则构造 $w(f^{(k-1)})$，在 $w(f^{(k-1)})$ 中求从 v_s 到 v_t 的最短路. 若不存在最短路，则 $f^{(k-1)}$ 已是最小费用最大流；若存在最短路，则在原网络 D 中得到一条相应的增广链 μ. 在 μ 上按最大流算法中的调整规则把 $f^{(k-1)}$ 调整为新的流 $f^{(k)}$. 再对 $f^{(k)}$ 重复上述过程.

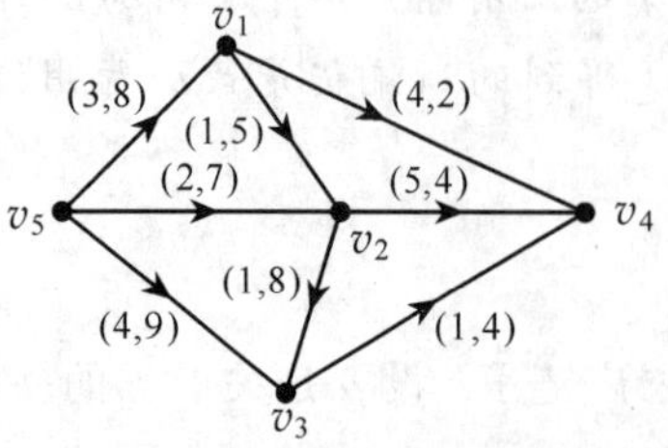

图 7.21

例 7.5-1 求由图 7.21 所示网络的最小费用最大流. 图中每条弧旁边的数是(b_{ij}, c_{ij}).

求解过程如图 7.22 所示，图中的粗弧表示最短路，右边一列的流图中，弧旁数字画了圈的表示在该弧上已有$f_{ij}=c_{ij}$. 因为在$w(f^{(4)})$中不存在从v_s到v_t的最短路，所以$f^{(4)}$是最小费

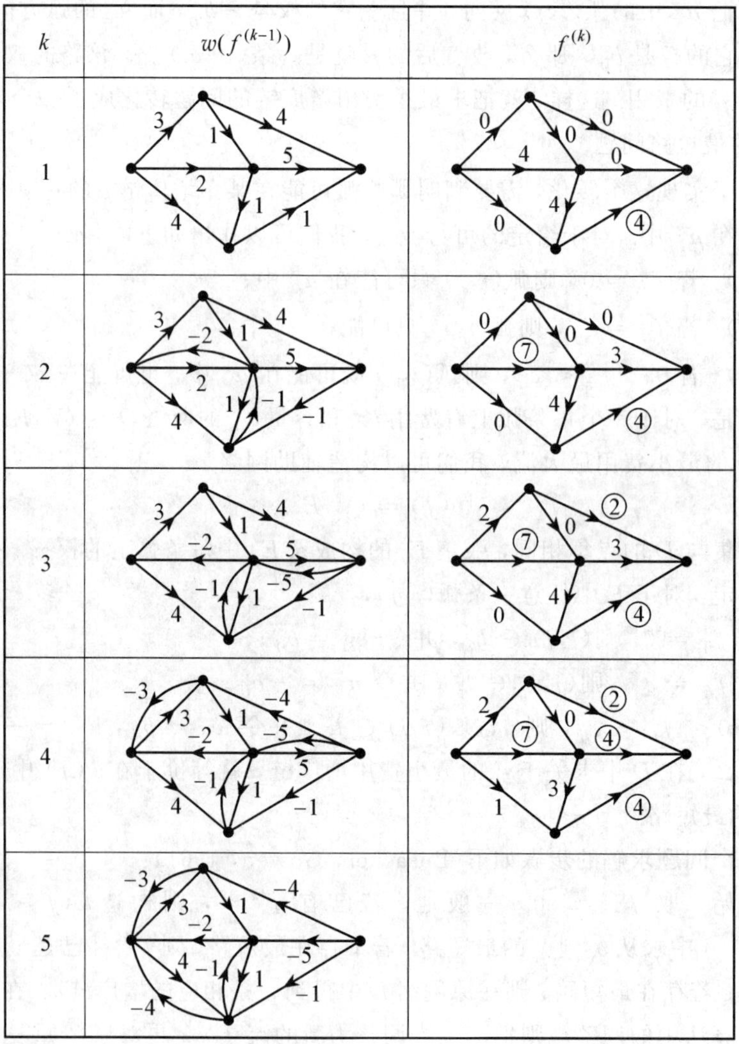

图 7.22

用最大流．当 $k=2$ 时，$w(f^{(k-1)})$ 中有两条最短路，我们选取了使 θ 值较大的一条．

需要注意的是，在求 $w(f^{(k-1)})$ 的最短路时，由于网络图中可能有权为负数的弧，因此不能用 Dijstra 算法，而必须用 Floyd 算法（见 7.3.4 段）．

习 题

1．求图 7.23 中从 v_1 到具有最大标号点的最短路．

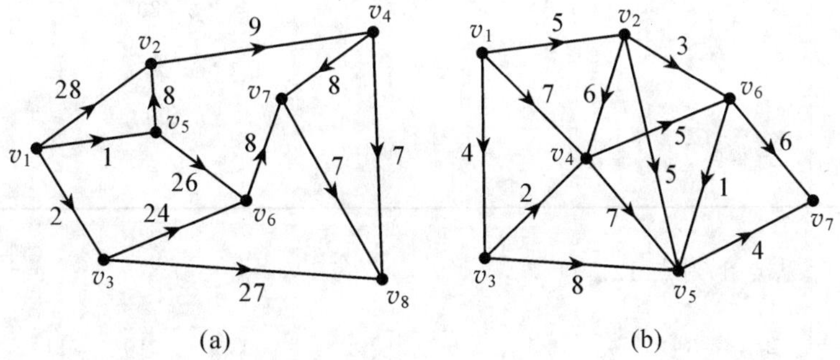

图 7.23

2．解下述最短链问题．矩阵中第 i 行与第 j 列相交处的元素表示点 i 与点 j 之间的距离 d_{ij}，并设对一切 i,j，有 $d_{ij}=d_{ji}$．

(a) 从点 1 到点 11．

	1	2	3	4	5	6	7	8	9	10	11
1	—	12	12	—	—	—	—	—	—	—	—
2	12	—	—	6	11	—	—	—	—	—	—
3	12	—	—	3	—	—	9	—	—	—	—
4	—	6	3	—	—	5	—	—	—	—	—
5	—	11	—	—	—	9	—	10	—	—	—
6	—	—	—	5	9	—	6	—	12	—	—
7	—	—	9	—	—	6	—	—	—	11	—
8	—	—	—	—	10	—	—	—	8	—	7
9	—	—	—	—	—	12	—	8	—	9	12
10	—	—	—	—	—	—	11	—	9	—	10
11	—	—	—	—	—	—	—	7	12	10	—

(b) 从点 1 到点 10.

	1	2	3	4	5	6	7	8	9	10
1	—	—	25	14	—	—	—	—	—	—
2		—	7	2	8	—	—	—	—	—
3			—	—	—	—	—	—	—	—
4				—	—	12	—	—	—	—
5					—	—	18	13	—	—
6						—	—	20	—	—
7							—	16	7	—
8								—	—	4
9									—	6

(c) 从点 1 到点 12.

	2	3	4	5	6	7	8	9	10	11	12
1	3	2	1	—	—	—	—	—	—	—	—
2		—	—	5	6	—	—	—	—	—	—
3			—	—	—	6	7	—	—	—	—
4				7	7	5	—	—	—	—	—
5					2	—	—	—	4	—	—
6						—	—	1	3	—	—
7							4	3	—	—	2
8								—	—	—	6
9									—	9	4
10										5	—
11											—

3. 对于上题中的各小题，求它们的最小支撑树.

4. 解下述最大流问题，其中点 1 是发点(源点)，具有最大标号的点是收点(汇点)，矩阵中第 i 行与第 j 列相交处的元素表示弧(i,j) 上的容量，并找出最小截集.

(a)

	1	2	3	4	5	6	7	8
1	—	7	—	—	12	—	—	—
2	—	—	6	4	—	—	—	—
3	—	—	—	3	—	—	—	3
4	—	—	—	—	—	—	—	8
5	—	—	—	—	—	9	5	—
6	—	2	—	—	—	—	3	4
7	—	—	—	—	—	—	—	5
8	—	—	—	—	—	—	—	—

(b)

	1	2	3	4	5	6	7	8
1	—	2	3	—	—	—	—	—
2	—	—	—	4	8	—	—	—
3	—	—	—	2	1	—	—	—
4	—	—	—	—	—	2	6	—
5	—	—	—	—	—	5	4	—
6	—	—	—	—	—	—	—	8
7	—	—	—	—	—	—	—	9
8	—	—	—	—	—	—	—	—

(c)

	1	2	3	4	5	6	7	8	9
1	—	4	1	—	—	—	—	—	—
2	—	—	—	3	—	—	—	—	—
3	—	3	—	2	5	—	—	—	—
4	—	—	2	—	—	—	—	2	—
5	—	—	5	—	—	4	—	—	—
6	—	—	—	—	4	—	—	—	1
7	—	—	—	—	—	—	—	1	3
8	—	—	—	2	—	—	1	—	1
9	—	—	—	—	—	1	3	3	—

5. 解下述最小费用最大流问题：容量网络如上题所示而每条弧上的费用如下：

(a)

	1	2	3	4	5	6	7	8
1	—	5	—	—	3	—	—	—
2	—	—	3	3	—	—	—	—
3	—	—	—	1	—	—	—	8
4	—	—	—	—	—	—	—	7
5	—	—	—	—	—	2	3	—
6	—	2	—	—	—	—	6	4
7	—	—	—	—	—	—	—	5
8	—	—	—	—	—	—	—	—

(b)

	1	2	3	4	5	6	7	8
1	—	1	1	—	—	—	—	—
2	—	—	—	2	3	—	—	—
3	—	—	—	4	1	—	—	—
4	—	—	—	—	—	2	4	—
5	—	—	—	—	—	4	1	—
6	—	—	—	—	—	—	—	1
7	—	—	—	—	—	—	—	1

(c)

	1	2	3	4	5	6	7	8	9
1	—	1	1	—	—	—	—	—	—
2	—	—	—	1	—	—	—	—	—
3	—	—	—	1	2	—	—	—	—
4	—	—	—	—	—	—	—	2	—
5	—	—	—	—	—	2	—	—	—
6	—	—	—	—	—	—	—	—	1
7	—	—	—	—	—	—	—	—	2
8	—	—	—	—	—	—	—	—	1
9	—	—	—	—	—	—	—	—	—

6. 今有 3 个仓库运送某种产品到 4 个市场上去，仓库的供应量分别是 20,20,100 件，市场的需求量分别是 20,20,60 和 20 件. 下表中给出了各仓库到各市场运送路线上的容量. 问根据现有路线容量，能否满足市场的需求.

		市场 1	市场 2	市场 3	市场 4	供应量
仓库	1	30	10	—	40	20
	2	—	—	10	50	20
	3	20	10	40	5	100
需求量		20	20	60	20	

7. 有6个村子，相互间的道路及距离如图7.24所示. 已知各村的小学生人数为：A 村 50 人，B 村 40 人，C 村 60 人，D 村 20 人，E 村 70 人，F 村 90 人. 现在6个村决定合建一所小学. 问小学应建在哪个村，才能使学生上学最方便(走的总路程最短)?

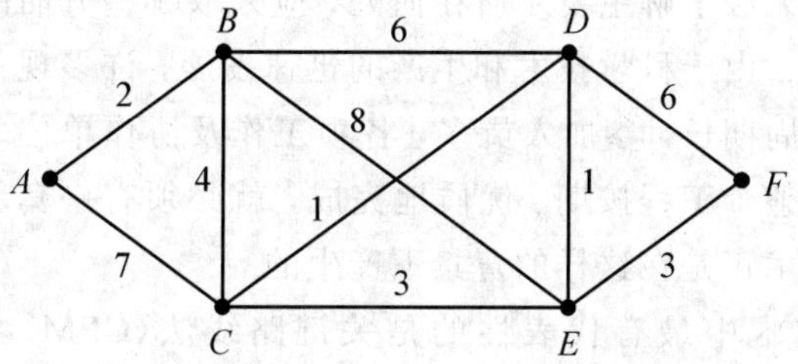

图 7.24

第八章　网络计划

网络作为一种模型，它还是进行计划工作的有效工具.

传统的计划管理常采用横道图的方法，此方法直观、易懂，便于检查，因此至今还在使用. 但是，横道图计划的主要缺点是从中不能反映出各项工作之间的相互联系和相互影响，看不出哪些是关键工作，哪些是非关键工作，从而执行者无法了解主要矛盾在何处，应采取哪些方面的措施才能确保工作按期完成等. 由于科学技术和生产的迅速发展，许多现代工程项目的建设规模大，研制周期长，参加人员多，各项工作及协作单位之间的关系错综复杂，要想保证整个工程按期、优质地完成，就必须有一套新的计划管理办法. 网络计划技术正是在这样的背景下产生的.

网络计划技术中最有代表性的是关键路线法（CPM，即 Critical Path Method）和计划协调技术（PERT，即 Program Evaluation and Review Technique）. 前者出现于1956年，并于1957年被美国杜邦公司作为内部计划和管理技术首先用于一个化工厂的建立和维修，取得了良好效果. 后者出现于1958年，首先用于美国“北极星”导弹的研制计划中，结果使该项任务提前两年完成. PERT 和 CPM 方法相似，只在它们发展的早期，对于每项活动的时间估计方面有所不同，在CMP中假定为确定型的，而在PERT中则假定为概率型的. 二者最主要的区别可能就在这里. 现在，二者实际上已合为一种，统称为 PERT-CPM，简称为 PERT，中文译名为计划协调技术，也称为网络计划技术或网络计划方法，在有些中文书上则称为统筹方法.

PERT 自诞生以来，在美国、前苏联、英国、法国、前联邦德国等国家已获得广泛应用. 我国从 1965 年开始，逐步推广了这项新技术，目前已广泛用于国民经济各个部门的计划和管理中. 实践证明，采用网络计划技术，对于缩短工期、提高工效、降低成本、合理使用资源等方面，都能取得良好的效果. 它特别适用于一次性的大型工程项目，如建筑工程项目、科学研究项目、新产品试制项目等，而且工程规模越大、越复杂，应用网络计划技术的效果越好.

网络计划技术的主要优点是：

(1) 能明确地表示各项活动之间的相互联系和相互影响;

(2) 能找出关键路线和关键活动,以便抓住关键,合理调配,保证任务按时或提前完成;

(3) 可以应用优化技术,从而尽量缩短工期,降低成本;

(4) 方法简便,易学易用,既可手算,又可电算.

用网络计划来管理工程的整个工作大体上可分为三个阶段:绘制网络图、安排日程表和控制工程的实施. 第一阶段的工作就是要把工程中各项活动的先后次序和相互关系,用一张网络图清晰地表示出来. 第二阶段的工作是根据网络图计算出每项活动的开始时间和结束时间,指明为使得工程能按期完成,哪些活动是关键活动,哪些活动是非关键活动,对于非关键活动还应计算出它们的机动时间,以便在调整计划时加以利用. 第三阶段的工作是对工程的控制. 本书只介绍前两个阶段的工作.

8.1　网络计划的绘制

8.1.1　绘制网络图的规则

网络计划技术的基础工作是绘制网络图,它分为双代号网络图和单代号网络图两种. 这里主要介绍前者,对后者也稍加说明.

我们知道,网络是具有一个发点和一个收点的赋权有向图,而有向图是由点和弧组成的. 为此,首先必须将计划中的有关要素与网络中的各元素建立起对应关系.

在双代号网络图中,这种对应关系规定如下:用网络中的一条弧来表示一项工程活动,弧的方向表示工程前进的方向;用弧的顶点表示某项(或某些)活动的开始或结束,并称这些顶点为**节点**或**事项**;用弧上的权表示执行活动所需要的时间(简称为活动时间). 具体做法是:用一个箭号表示一项活动,活动名称写在箭杆上,活动时间写在箭杆下(见图 8.1),箭尾、箭头节点分别表示活动的开始与活动的结束. 一个箭号自身的两个节点称为它的**相关节点**,且都要编上号码. 以后常用节点的编号称呼**活动**,如称图 8.1 中的活动为(i,j),其活动时间为 t_{ij}. 绘制网络图的一些规则如下:

(1) 两支箭的相关节点不能全同. 图 8.2 中的画法是错误的. 如果有两项活动是同时开始、同时结束的,则应引入虚活动(见下面的规则 4).

(2) 由于时间不可逆,故图中不允许有回路.

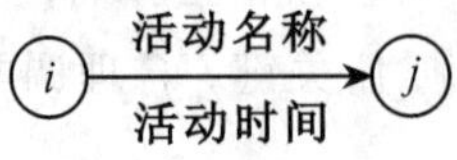

图 8.1

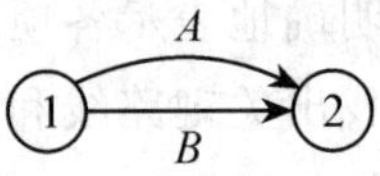

图 8.2

(3) 不能有缺口. 网络中的发点和收点在表示计划的网络图中分别称为始点和终点. 始点表示整个工程的开始，而终点表示整个工程的结束. 因此，一张网络图中只能有一个始点、一个终点. 始点编号最小(为1)，终点编号最大. 除始点、终点外，其他任何节点必须既有箭尾进，又有箭头出，否则就叫出现中断. 如果有几项活动同时开始或有几项活动同时结束，均必须利用虚活动，设置唯一的始点和唯一的终点.

(4) 有时需要引入虚活动. 它并非一种真实活动，因而不需要时间，仅表示相邻活动之间的衔接关系. 有了它，可以消除网络图中可能出现的逻辑混乱现象. 虚活动用虚线箭号表示. 其用法如下：

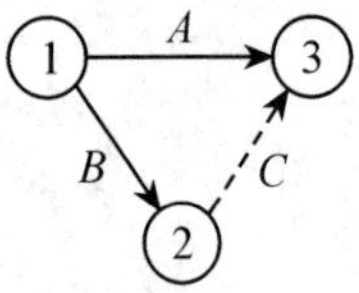

图 8.3

① 图 8.2 应改为图 8.3.

② 设有 4 项活动 A,B,C,D. 在调查情况时，分别了解到它们的相互关系如图 8.4 所示. 现在需要将这 4 项活动的相互关系画在一张网络图上. 若画成图 8.5 (a) 则不对，因 C 与 B 无关，应画为图 8.5 (b)，其中 E 为虚活动.

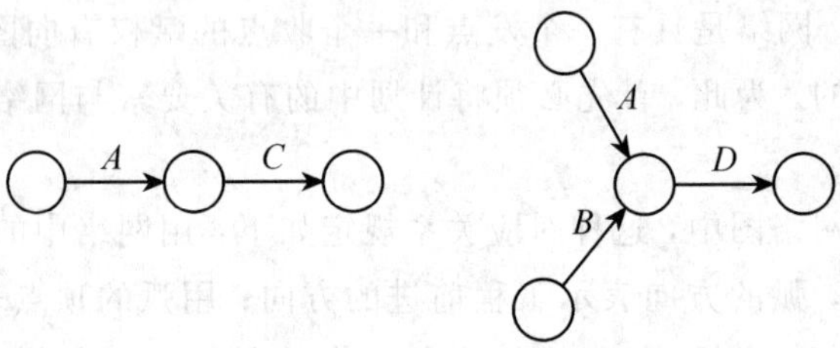

图 8.4

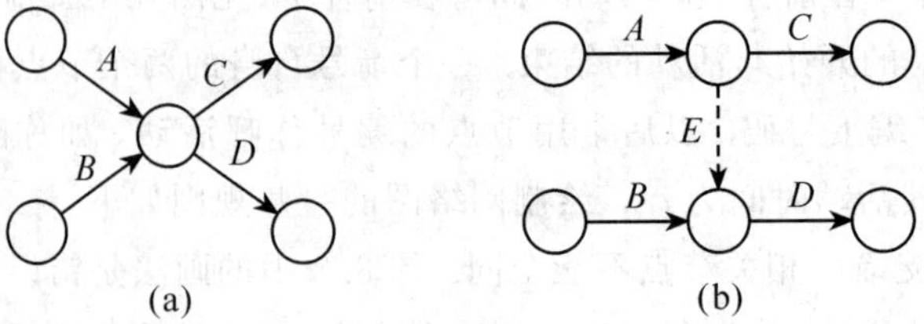

图 8.5

此外，为了便于利用电子计算机，对每项活动的节点编号都有一定的要求，具体办法见下一段的步骤 3.

8.1.2　绘制网络图的步骤

1. 分解任务，列出活动关系表

任何一项工程任务或生产任务，都是由许多具有相对独立性的工作(称它们为活动)所组成的. 绘制网络图时，首先要对任务进行分解. 这种分解工作要达到三点要求：

(1) 确定各项活动的名称. 分解可粗可细，这取决于工作的需要和方便.

(2) 确定各项活动的相互衔接关系. 设 A,B 是两项相邻的活动. 若只有活动 A 完成后，活动 B 才能开始，则称 A 为 B 的**紧前活动**，B 为 A 的**紧后活动**. 若在 A 开始进行时，活动 C 也可以同时进行，则称 A 和 C 互为**平行活动**. 若 A 在 B 的前面，B 又在 C 的前面，按通常意义理解，A 肯定是在 C 的前面，但我们并不说 A 是 C 的紧前活动. 所谓确定活动间的相互关系就是要确定每项活动的紧前活动、紧后活动和平行活动.

(3) 确定每项活动的活动时间 t_{ij}. 这些数据是根据统计资料或经验确定的. 对于涉及概率因素的网络计划，我们将在 8.4 节讨论.

任务分解的最终结果是要产生一张活动关系表，其形式见例 8.1-1 中的表 8.1.

2. 作网络图

根据活动关系表中所提供的各项活动的顺序关系，将所有活动按照时间的先后次序，从左到右地排列，画成一张网络图，始点在图的最左边，终点在图的最右边. 当活动的数量不太多，关系也不太复杂时，可根据活动关系表中指明的相互关系，经过一些逻辑分析画出网络图来. 当活动数量较多，关系也较复杂时，需要运用“分级排序”技术来画出网络图(例如见文献[5]).

3. 节点编号

编号从始点开始，从左到右，由小到大，始点编号最小，终点编号最大. 在活动 (i,j) 中要求 $i<j$，但不一定要连号，有时还故意跳号，以便必要时增加新节点. 为此，对于较为复杂的网络图，可采用“分级编号”的方法对节点编号. 如图 8.6，首先将没有箭线进入的节点(始点)定为零级，然后划去由零级节点引出的所有箭线. 接下来，将没有箭线进入的各节点定为一级，然后也划去由一级节点引出的所有箭线. 如此继续下去，直至所有节点均被定级为止. 各点都定级以后，便按零级、一级 …… 的顺序，由小到大，统一进

行编号. 同级节点可按任意次序编号. 图 8.6 中各个节点旁边写出了该节点的级号.

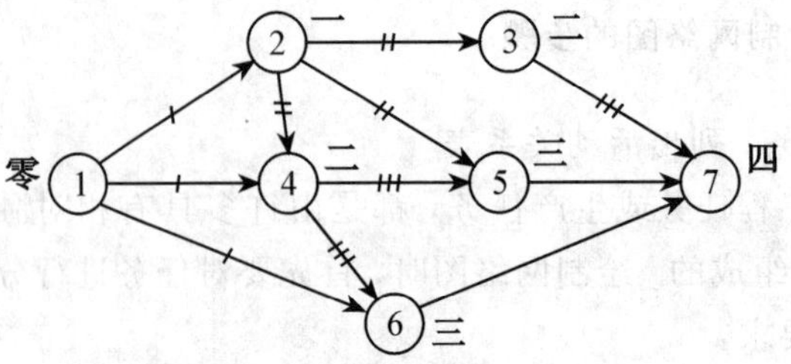

图 8.6

例 8.1-1 某厂决定生产一种新产品. 经过运筹人员和设计人员、生产人员、财会人员、采购人员等各方面的共同研究，得到了如表 8.1 所示的一张活动关系表(也称活动明细表). 现要求该厂的运筹人员根据表 8.1 绘制出一张反映此种新产品生产全过程的网络计划图. 在图 8.7 中画出了这个问题的网络图，并已给各个节点编好了号.

表 8.1

序号	活动名称	活动时间/天	活动代号	紧前活动
1	市场调研	8	A	—
2	产品设计	5	B	A
3	产品试制	4	C	B
4	筹措资金(Ⅰ)	6	D	—
5	筹措资金(Ⅱ)	4	E	B,D
6	车间人员培训	5	F	B
7	调整生产线	3	G	B
8	买材料	10	H	E
9	车间 1 做生产准备	3	I	C,F,G,H
10	车间 1 加工	5	J	I
11	车间 2 做生产准备	2	K	C,F,G,H
12	车间 2 加工	6	L	K
13	装配	3	M	J,M
14	调试	2	N	M

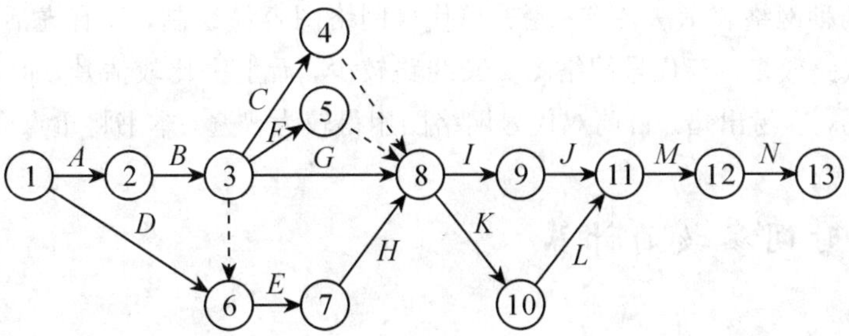

图 8.7

8.1.3 单代号网络图

以上讲的都是双代号网络图(又称为**箭线式网络图**). 近些年来已有人注重使用单代号网络图(又称为**节点式网络图**),它是用一个圆圈或方框代表一项活动,并将活动的名称、编号和所需时间填于圈内,箭号仅表示活动之间的先后顺序和衔接关系,如图 8.8 所示. 把完成一项工程所需进行的各种活动,根据先后顺序和相互依赖关系,用上述符号从左向右绘制而成的图形,叫**单代号网络(计划)图**.

图 8.8

单、双代号网络图可以相互转变,图 8.9 画出了这种转变的例子.

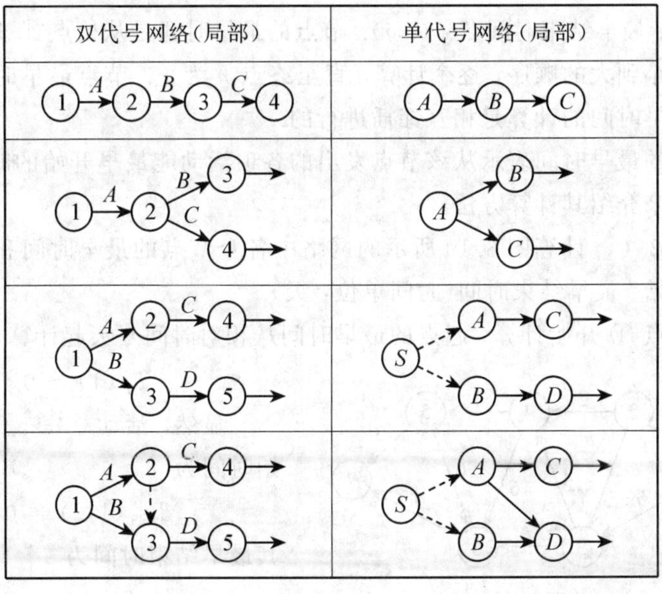

图 8.9

这两种网络表示法各有利弊. 单代号网络图容易绘制，没有虚活动，但常常交叉线路较多. 双代号网络图交叉线路较少，看上去比较清楚，但是常需引入虚活动，容易出错. 目前双代号网络图用得较为普遍，本书将重点介绍它.

8.2 时间参数的计算

画出网络图以后，下一步就是要计算各项活动的开始时间和结束时间. 通过时间参数的计算，便可把工程中的所有活动划分为关键的和非关键的. 所谓关键活动是指这样一种活动，若推迟其开始日期，必将使整个工程推迟完工. 非关键活动的特征是：它的最早开始时间可以适当推迟，而不致影响整个工程的按期完工. 各项活动的时间参数是通过各个节点的时间参数来表示的，所以计算时间参数的关键是学会计算节点的时间参数.

由上述可知，时间参数(也称网络参数)计算的主要内容是：各项活动的最早开始、最早结束、最迟开始、最迟结束时间(时刻)；节点的最早(开始)时间和最迟(结束)时间(时刻)；关键路线的时间计算；非关键路线上的时差(包括总时差和局部时差)等.

8.2.1 节点和活动的最早时间

这些最早时间包括节点 j 的最早开始时间 $T_E(j)$ 和活动的最早开始时间 $T_{ES}(i,j)$、最早结束时间 $T_{EF}(i,j)$. 节点的最早时间是从始点 ① 开始的，按照编号由小到大的顺序，逐个计算，直至终点 n 为止. 节点最早时间的计算和活动最早时间的计算是相互穿插进行的.

节点的最早时间表示从该节点发出的各项活动能最早开始的时间. 下面通过例题来介绍其计算方法.

例 8.2-1 计算图 8.10 所示的网络中各个节点的最早时间和各项活动的最早开始、最早结束时间(时间单位：天).

从起点 ① 开始计算，起点的最早时间从相对时间 0 天起计算，即令

$$T_E(1) = 0.$$

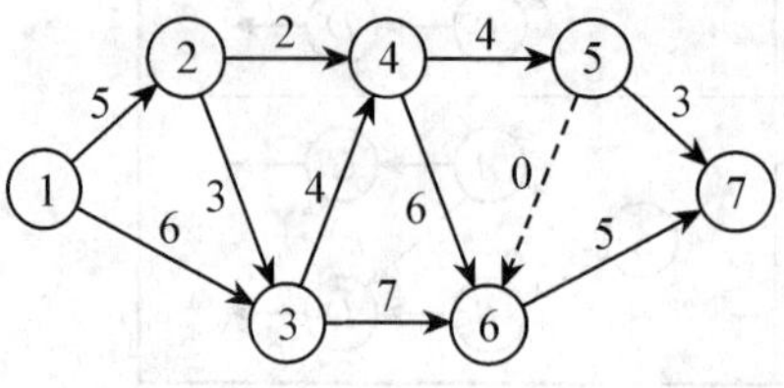

图 8.10

显然，活动 ① → ② 的最早开始时间为

$$T_{ES}(1,2) = 0,$$

其最早结束时间为

$$T_{EF}(1,2) = 0 + 5 = 5,$$

即它的最早开始时间加上自身的活动时间.

对节点 ② 而言，显然有 $T_E(2)=5$，即等于 $T_{EF}(1,2)$. 由此也就知道，活动(2,3) 和(2,4) 的最早开始时间都是 5.

进入节点 ③ 的有两项活动，即(1,3) 和(2,3). 它们的最早完成时间为

$$T_{EF}(1,3)=T_E(1)+t_{13}=0+6=6,$$
$$T_{EF}(2,3)=T_E(2)+t_{23}=5+3=8.$$

显然只有这两项活动都完成后，从节点 ③ 出发的各项活动才能开始，因此

$$T_E(3)=\max\{6,8\}=8.$$

在一般情况下，我们有

$$\begin{cases}T_E(1)=0,\\ T_E(j)=\max\limits_i\{T_E(i)+t_{ij}\}，\text{对所有的活动}(i,j),\end{cases}$$
$$j=2,3,\cdots,n.$$

根据这个公式，可以算出各个节点的最早时间. 这些时间已填在图 8.11 中. 图中每个节点处各数字的意义为：横线上的数字为编号，横线下左边的数字表示该节点的最早时间，右边的数字表示其最迟时间. 由节点 ⑦ 的数据知，整个工程的总工期为 23 天. 有了各个节点的最早时间，则各项活动的最早开始时间及最早结束时间就容易得到了，因为

$$T_{ES}(i,j)=T_E(i),\quad T_{EF}(i,j)=T_E(i)+t_{ij}.$$

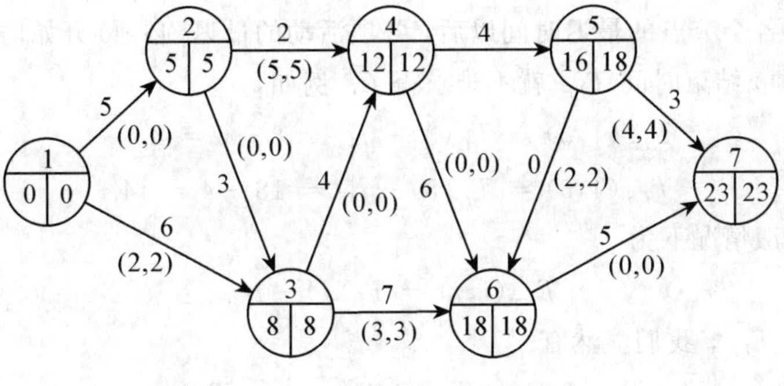

图 8.11

8.2.2　节点和活动的最迟时间

这些最迟时间包括节点的最迟时间 $T_L(i)$ 和活动的最迟开始时间 $T_{LS}(i,j)$、最迟结束时间 $T_{LF}(i,j)$.

节点的最迟时间，表示进入该节点的各项活动最迟都必须结束的时间.

和前一种情形相反，最迟时间从终点开始计算，逐个往前，直到始点为止. 为了尽量缩短工期，我们把终点的最早时间作为其最迟时间，即令

$$T_L(n) = T_E(n).$$

将此公式应用于本例，就有

$$T_L(7) = T_E(7) = 23.$$

此时，显然

$$T_L(6) = T_L(7) - t_{67} = 23 - 5 = 18.$$

从节点 ⑤ 引出的活动有两项，即(5,6)和(5,7). 就活动(5,7)来说，它要求前面的活动最迟必须结束的时间是

$$T_L(7) - t_{57} = 23 - 3 = 20,$$

而活动(5,6)要求的相应时间为

$$T_L(6) - t_{56} = 18 - 0 = 18.$$

为了保证这两项活动都能按时完工，应有

$$T_L(5) = \min\{18, 20\} = 18.$$

在一般情况下，便有下列公式：

$$\begin{cases} T_L(n) = T_E(n), \\ T_L(i) = \min\limits_{j}\{T_L(j) - t_{ij}\}, \text{对所有的活动}(i,j), \\ \qquad\qquad\qquad\qquad\qquad i = n-1, n-2, \cdots, 1. \end{cases}$$

图 8.11 中各个节点的最迟时间也已写在各个节点中.

有了各个节点的最迟时间以后，各项活动的最迟(必须)开始时间 T_{LS} 和最迟(必须)结束时间 T_{LF} 就不难求得了. 例如，

$$T_{LS}(1,3) = T_L(3) - t_{13} = 8 - 6 = 2,$$

$$T_{LS}(4,5) = T_L(5) - t_{45} = 18 - 4 = 14.$$

在一般情况下为

$$T_{LS}(i,j) = T_L(j) - t_{ij}.$$

至于 T_{LF}，我们显然有

$$T_{LF}(i,j) = T_{LS}(i,j) + t_{ij} = T_L(j).$$

8.2.3 时差和关键路线

网络图中从始点到终点的一条路称为一条**路线**. 由全部关键活动组成的路线叫**关键路线**. 确定关键路线最常用、最方便的一种方法是通过计算活动的时差来得到的.

活动的时差表示某项活动进行中有多少机动时间可以利用，故时差又叫

"机动时间". 时差分总时差和单时差(局部时差)两种，前者记为 $R(i,j)$ 或 $TF(i,j)$，后者记为 $r(i,j)$ 或 $FF(i,j)$.

我们知道，每项活动 (i,j) 有一个最早可以结束的时间，也有一个最迟必须结束的时间(以保证整个工程按期完工). 这两个时间的差额表示这个活动的结束时间的机动余地，即总时差 $R(i,j)$. 我们有

$$\begin{aligned} R(i,j) &= T_{LF}(i,j) - T_{EF}(i,j) \\ &= T_{LF}(i,j) - T_{ES}(i,j) - t_{ij} \\ &= T_L(j) - T_E(i) - t_{ij}. \end{aligned}$$

显然，

$$R(i,j) = T_{LS}(i,j) - T_{ES}(i,j),$$

于是总时差 $R(i,j)$ 也可解释为在不影响整个工程按期完工的前提下，活动 (i,j) 的最早开始时间可以推迟的时间. 例如，

$$R(1,3) = T_L(3) - T_E(1) - t_{13} = 8 - 0 - 6 = 2,$$
$$R(4,5) = T_L(5) - T_E(4) - t_{45} = 18 - 12 - 4 = 2.$$

总时差为0是关键路线上各项活动的特征，在网络图上从起点到终点，依次将总时差为0的各项活动连接起来的路线就是关键路线. 在上述例子中，关键路线是

①→②→③→④→⑥→⑦，

总工期为23天. 但需注意，并非把任意一些总时差为0的节点连接起来的路线就是关键路线，只有完成其全部活动所需总时间最长的路线才是关键路线. 总时差为正的活动是非关键活动，为了集中力量缩短关键活动的时间，可从非关键活动适当调出人力、物力，推迟非关键活动的结束时间，但推迟的时间不得大于该活动的总时差.

局部时差是指在不影响各后续活动最早开始时间的前提下，该活动的最早结束时间可以推迟的时间，用公式表示是

$$r(i,j) = T_E(j) - T_E(i) - t_{ij}.$$

例如，

$$r(1,3) = T_E(3) - T_E(1) - t_{13} = 8 - 0 - 6 = 2,$$
$$r(4,5) = T_E(5) - T_E(4) - t_{45} = 16 - 12 - 4 = 0.$$

例 8.2-2 试求图 8.10 所示的网络图中各项活动的总时差和单时差，并指出关键路线.

按照上述公式，求出各项活动的时差后，为了能从图上直接看到这些数据，同时为标出关键路线带来方便，可把各个时差写在每条弧旁，如图 8.11 所示. 图中每条弧旁括号内的数字即为 $(R(i,j), r(i,j))$. 从始点开始，将总

时差为 0 的各项活动依次连接起来，就得关键路线，如图中的粗线所示.

当所有参数都计算出来以后，要将它们汇总在一张表内，如表 8.2 所示，它包括了编制进度表所需要的全部信息. 表 8.2 是根据图 8.11 所示网络的计算结果制成的.

表 8.2

活动 (i,j)	活动时间 t_{ij}	最早时间		最迟时间		时差 R	单时差 r
		开始 ES	完成 EF	开始 LS	完成 LF		
(1,2)	5	0	5	0	5	0^*	0
(1,3)	6	0	6	2	8	2	2
(2,3)	3	5	8	5	8	0^*	0
(2,4)	2	5	7	10	12	5	5
(3,4)	4	8	12	8	12	0^*	0
(3,6)	7	8	15	11	18	3	3
(4,5)	4	12	16	14	18	2	0
(4,6)	6	12	18	12	18	0^*	0
(5,6)	0	16	16	18	18	2	2
(5,7)	3	16	19	20	23	4	4
(6,7)	5	18	23	18	23	0^*	0

8.3 网络计划的调整和优化

利用上节的方法得到的网络计划只是一个初始方案. 它能否满足计划制定者与执行者的各种预期要求，还需要反复的检查、修改. 如计算出来的完工周期比原来预期的要长，就得对初始计划作些调整. 又如从经济上考虑，能否得到一个费用较省的方案?另外，资源的限制也是编制进度表时必须考虑的重要因素. 总之，要综合地考虑时间、费用、资源等多种目标来对初始网络计划进行反复调整，才能得到较为理想的方案. 这些工作统称为网络计划的调整与优化.

8.3.1 工程进度的调整

经常遇到的问题是初始计划的时间过长，这时就要千方百计压缩关键路线的时间，主要的措施有：

(1) 改进组织管理. 在工艺流程允许的条件下，对关键活动尽量采用平行活动和交叉活动. 所需人力、物力和财力，尽量从时差为正的非关键活动中抽调.

平行活动：为了加快工程进度，在条件许可的情况下，可将一项活动分成几项同时进行，即可以采用平行活动的方式. 例如图 8.12 中的 B 被分成 B_1, B_2, B_3 三项同时进行，这三项就叫平行活动(其中引入了虚活动).

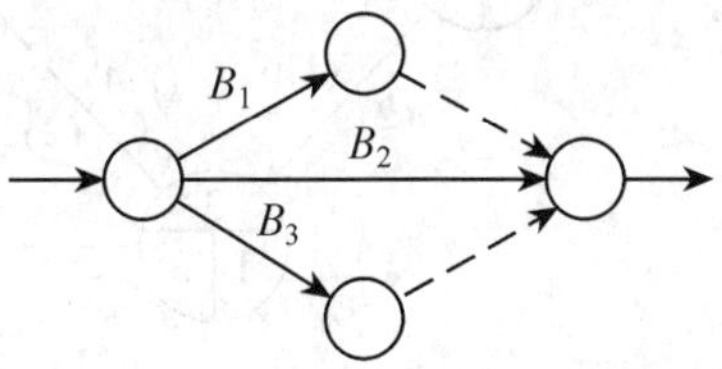

图 8.12

交叉活动：设有前后相邻的两项活动 A 和 B. 有时可以不必等前一活动 A 全部结束后，才开始下一活动 B，而是在 A 完成一部分就开始 B 的一部分，A 再完成一部分，又开始 B 的一部分，这里面有些活动在交叉进行，故称它们为**交叉活动**.

(2) 采用技术措施，增加投入. 要努力采用先进技术、先进装备和科学的管理方法，以提高工作效率，缩短时间. 对无法组织平行活动和交叉活动的关键活动，也要尽可能地投入更多的人力和物力，或改单班制为多班制，以加快工程进度.

8.3.2 均衡使用资源

网络计算的最后结果是编制一张进度表，此工作必须在现有资源允许的条件下进行. 一些可以同时进行的活动，由于资源不够就无法同时进行. 这时需利用时差，把非关键活动的进行时间适当调整，以减少对资源的压力. 现通过例题来说明合理安排资源的一般方法和原则.

由于资源均衡问题(即对工程在任一时刻所需资源最大额的最小化问题)在数学上的复杂性，目前尚没有一种办法能求出这种问题的最优解，实际上仍然采用的是试探法.

例 8.3-1 设某项工程的网络图如图 8.13 所示，图中每条弧旁有两个并排的数字，第一个是活动所需时间(单位：天)，第二个是该活动每天所需的劳力数. 每条弧旁括号内的数是该活动的总时差. 现由一个 13 人组成的工程队来承担此项任务. 试为该队制定一张均衡整个工程时期人力需要的进度表.

由网络图可知，整个工程共需 150 个工作日，总工期 13 天，平均每天需

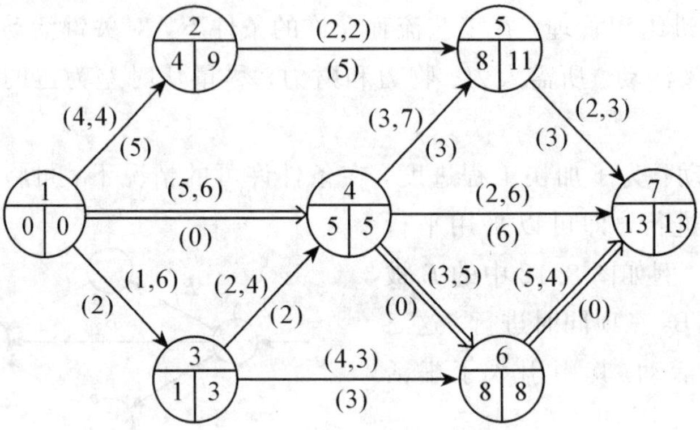

图 8.13

要投入劳力数为

$$\frac{150}{13} \approx 11.5 < 13\text{（该队现有人数）}.$$

所以，如能适当安排各项活动的进度，整个工程有可能在 13 天内完成. 如果平均每天所需劳力数大于 13，则无论怎样安排，整个工程也不可能在 13 天内完成.

如果将所有的非关键活动都尽早安排，也即把每项活动 (i,j) 都安排在 $T_E(i)+1$ 天开始执行，则得到一张如表 8.3 所示的进度表，其中"——"表示非关键活动的进度；"══"表示关键活动的进度；进度上面的数字表示该活动每天需要的劳力数；"……"表示活动总时差. 从表 8.3 可以看出，整个工程期间每天需要的劳力数很不均衡，其中有 5 天已超出目前劳力资源的限额，最多的一天用人达 20 人之多，而最后 3 天中每天只需 4 人.

现在我们以表 8.3（即所有活动都按最早开始时间安排）为起点进行调整. 某项活动 (i,j) 原有总时差 $R(i,j)$，假若将该活动调整一次后，它的最早结束时间推迟了 a 天，则余下的机动时间就只有 $R(i,j)-a$ 天了. 我们以 $R'(i,j)$ 来表示这个余下的机动时间，即

$$R'(i,j) = R(i,j) - a.$$

在不致引起混淆的情况下，也将 $R'(i,j)$ 简记为 R'.

调整时，首先找出第一个超过资源限额的日期. 在表 8.3 中，1 号(即工程开工的第一天）就是. 可以取 1 号这一天作为一个时段，也可以取 1 号、2 号、3 号等相继的若干天作为一个时段，这要根据进度表的具体情况和计划人员的实践经验来决定. 时段取得较窄，每次较易调整，但调整的次数较多.

表 8.3

活动	t_{ij}	$R(i,j)$	1	2	3	4	5	6	7	8	9	10	11	12	13
(1,2)	4	5	4	4	4	4									
(1,3)	1	2	6												
(1,4)	5	0	6	6	6	6	6								
(2,5)	2	5						2	2						
(3,4)	2	2		4	4										
(3,6)	4	3		3	3	3	3								
(4,5)	3	3						7	7	7					
(4,6)	3	0						5	5	5					
(4,7)	2	6						6	6						
(5,7)	2	3									3	3			
(6,7)	5	0									4	4	4	4	4
每天共需劳力数			16	17	17	13	11	20	18	12	7	7	4	4	4

取好时段以后，就可以开始对这个时段内的各项非关键活动进行调整.调整的原则是：

(1) 优先调整那些 R' 较大的活动(开始时，$R' = R$)；

(2) 在不超过现有资源限制的前提下，不宜将过多的活动都往后移，以减轻后续活动对资源的压力.

注意，对某项活动的开始时间和结束时间调整以后，它后面的活动的开始时间和结束时间都应作相应的改变.

现在我们来对表 8.3 进行调整. 将 1 号、2 号、3 号三天作为第一个时段.在这个时段中有非关键活动(1,2)，(1,3)，(3,4)，(3,6). 因为 $R'(1,2)$ 最大，故先调(1,2). 由表知，可将(1,2)的开始时间推迟 3 天，这样，其他非关键活动都可不动，而且都安排在最早时间开始. 这样调整后，1 号每天需劳力 12 人，2 号、3 号每天需劳力 13 人，都未超过现有劳力资源限额. 由于活动(1,2) 推迟到 7 号结束，故它的紧后活动(2,5) 的开工时间(实际开始进行活动的时间) 必须后移到 8 号，即(2,5) 安排在 8 号、9 号进行. 由此又需将(2,5) 后面的活动(5,7) 推迟安排在 10 号、11 号进行. 经过如此调整后，得到一张如表 8.4 所示的新表.

再经过几次调整，最后便可得表 8.5.

按照表 8.5 的安排，资源使用比较均衡，而且都没有超过限额. 如果在有些工程中，某种资源的限额过低，以至无论怎样调整非关键活动的安排，都无法保证不超出限额，此时就只好延长某些关键活动的活动时间.

表 8.4

活动	1	2	3	4	5	6	7	8	9	10	11	12	13
(1,2)				4	4	4	4						
(1,3)	6												
(1,4)	6	6	6	6	6								
(2,5)								2	2				
(3,4)		4	4										
(3,6)		3	3	3	3								
(4,5)						7	7	7					
(4,6)						5	5	5					
(4,7)						6	6						
(5,7)										3	3		
(6,7)									4	4	4	4	4
每天需劳力数	12	13	13	13	13	22	22	14	6	7	7	4	4

表 8.5

活动	1	2	3	4	5	6	7	8	9	10	11	12	13
(1,2)				4	4	4	4						
(1,3)	6												
(1,4)	6	6	6	6	6								
(2,5)								2	2				
(3,4)		4	4										
(3,6)		3	3	3	3								
(4,5)									7	7	7		
(4,6)						5	5	5					
(4,7)												6	6
(5,7)												3	3
(6,7)									4	4	4	4	4
每天需劳力数	12	13	13	13	13	9	9	7	13	11	11	13	13

8.3.3 工期-成本的优化

一项工程的成本包括直接成本和间接成本. 前者指工人的工资、材料费、燃料费等的总和，后者指管理人员的工资、办公费等的总和. 直接成本分摊到每一项活动；间接成本通常按活动时间比例分摊. 下面在调整网络计划过程中所谈的成本指的是直接成本，只是到了最后的分析阶段才将间接成本也考虑进去.

每项活动在正常条件下有一个活动所需时间(称为**正常时间**) t_1 和所需成本(称为**正常成本**) C_1. 通过增加直接成本，可以缩短活动时间. 但这种缩短有一个限度，超过它之后，无论成本怎样增加，工期也不会再缩短. 这个限度称为**突击时间** t_2，相应的成本称为**突击成本** C_2. 点(t_1, C_1)称为**正常点**，而点(t_2, C_2)称为突击点(见图 8.14). $t_1 - t_2$ 称为活动的**突击限额**. 我们假定，活动时间与活动成本之间是线性关系，称

$$e = \frac{C_2 - C_1}{t_1 - t_2}$$

为活动的**成本斜率**，它表示该活动缩短单位时间所需增加的费用.

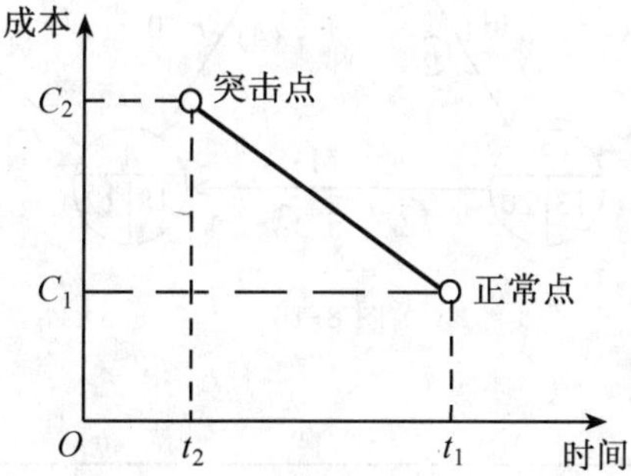

图 8.14

根据每项活动的正常时间，可以计算出相应的关键路线和总工期. 为了缩短工期，显然应压缩关键活动的时间. 为了实现最低成本，应首先压缩那些成本斜率较小的关键活动. 每压缩一次，就得到一个较短的工期和一个较大的成本. 这两个数据决定一个点，把各点连接起来，就得到一条成本与工期关系的曲线，如图 8.15 所示. 以上是就直接成本而言的.

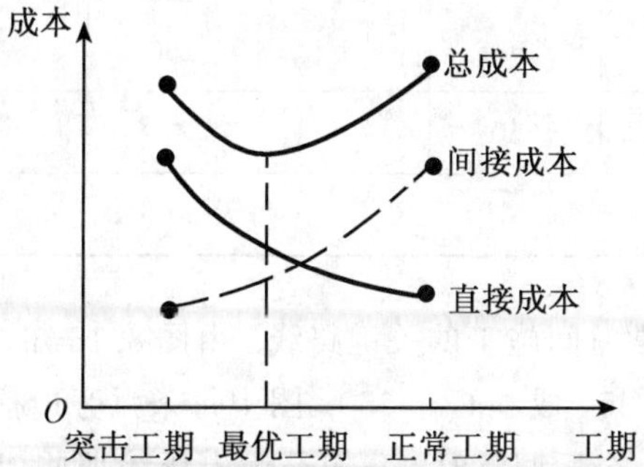

图 8.15

至于间接成本，正如前面所指出的，通常是按时间分摊，即工期越长，间接成本越多. 直接成本和间接成本之和就是工程的总成本. 和最低总成本相对应的工期就是最优工期.

例 8.3-2 设有网络图如图 8.16 所示. 每项活动的正常时间、正常成本、突击时间、突击成本和间接成本由表 8.6 给出. 试求出完成这一工程的最短工期、最优工期和最低总成本.

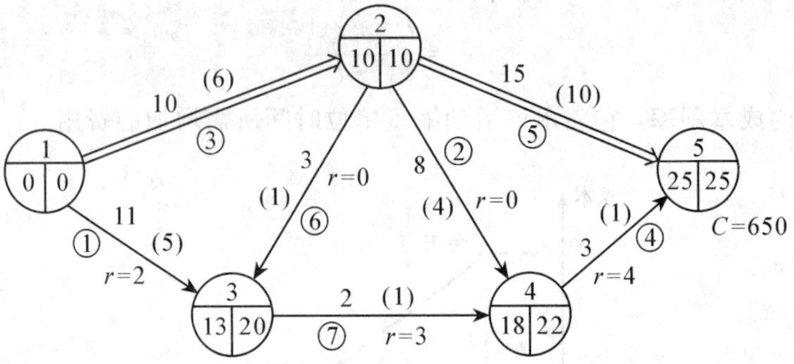

图 8.16

表 8.6

活动	正常		突击		成本斜率	斜率编号
	时间	成本	时间	成本		
(1,2)	10	60	6	180	30	③
(1,3)	11	100	5	220	20	①
(2,3)	3	120	1	280	80	⑥
(2,4)	8	100	4	200	25	②
(2,5)	15	150	10	450	60	⑤
(3,4)	2	70	1	160	90	⑦
(4,5)	3	50	1	150	50	④
合　计		650				
间接成本	每天 50					

首先计算按正常时间施工的关键路线. 由图 8.16 知，现在的关键路线是 (1,2,5)，工期 $T=25$，成本 $C=650$. 图中每条弧旁边括号内的数表示该活动的突击时间. 因为今后调整时，我们是优先压缩那些成本斜率 e 较小的关键活动，所以预先就把各项活动的 e 计算出来，并按由小到大的顺序加以编

号，即编号为 ① 的 e 最小. 各项活动的 e 及其编号都已列在表 8.6 中. 同时，为了从图上能直接看出应优先压缩哪项活动的时间，也将 e 的编号写在每条弧的旁边(画了圈的数). 标有各种参数的图 8.16 就是下一步进行时间调整的基础.

整个工期的压缩工作包括三步：第一步是确定压缩哪些活动；第二步是确定(总)工期的压缩量 ΔT；第三步是算出压缩后的工期和成本.

在关键路线(1,2,5)中，活动(1,2)的 e 最小，故应压缩(1,2). 该活动的突击限额(最多可以压缩的时间) ΔT_1 为

$$\Delta T_1 = 10 - 6 = 4.$$

但整个工期不一定可以压缩到这个限额，因为在压缩过程中可能有些非关键活动变成了关键活动，从而出现新的关键路线. 为了对这种情况进行分析，可以研究各项活动的单时差 r. 如果压缩一项关键活动时，某些非关键活动的单时差由一个正数变为零，那么就存在这项活动变成关键活动的可能性. 所以，在决定整个工程的压缩量 ΔT 时，不仅要考虑突击限额 ΔT_1，而且还要考虑单时差的限额 ΔT_2.

可以这样来确定 ΔT_2：当决定压缩某项关键活动后，先将它压缩一个时间单位，看看这时有哪些具有正的单时差的活动，其单时差也会缩短一个时间单位. 这些活动中的最小单时差(压缩前)就是所求的 ΔT_2.

现在回到图 8.16 所示的网络图，各个 r 已写在每条弧旁. 把活动(1,2)压缩一个时间单位将使活动(1,3)的 r 由 2 变为 1，活动(3,4),(4,5)的 r 不变，所以 $\Delta T_2 = r(1,3) = 2$. 显然

$$\Delta T = \min\{\Delta T_1, \Delta T_2\} = \min\{4,2\} = 2.$$

压缩后的网络图如图 8.17 所示，新的工期 $T = 23$，成本

$$C = 650 + 30 \times 2 = 710.$$

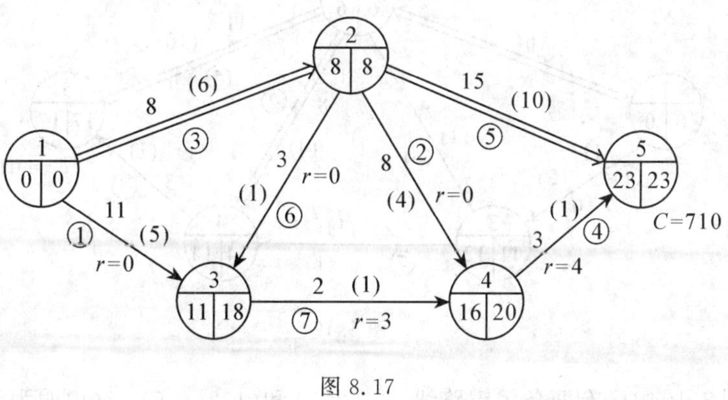

图 8.17

虽然活动(1,3)的单时差减少了，但此时，关键路线还没有变.

在图8.17的关键路线上仍然应该压缩活动(1,2)，它现在的突击限额 $\Delta T_1 = 8 - 6 = 2$. 压缩活动(1,2)时将使活动(3,4)的 r 减小，$r(4,5)$ 不变，所以 $\Delta T_2 = r(3,4) = 3$，从而

$$\Delta T = \min\{2,3\} = 2.$$

新的网络图如图8.18所示，$T = 21$，$C = 710 + 30 \times 2 = 770$. 关键路线仍然未变. 图中活动时间数的右上角处打有星号(*)者，表示该活动的时间已压缩到了顶点，即已达到它的突击时间，不能再压缩了，因此它的斜率编号也不必写出来了.

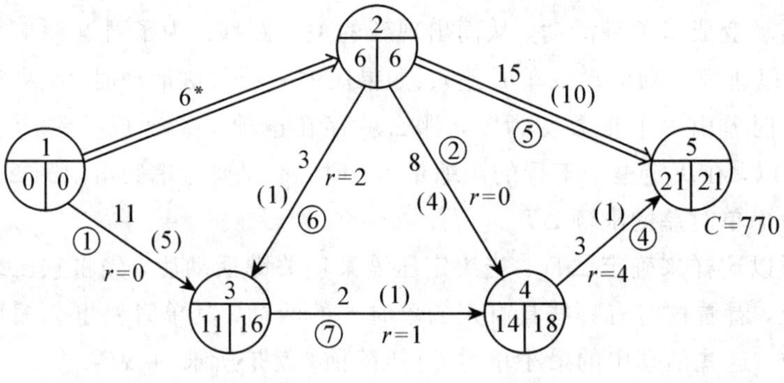

图 8.18

现在只能压缩活动(2,5). 此时，

$$\Delta T_1 = 15 - 10 = 5, \quad \Delta T_2 = r(4,5) = 4,$$

所以 $\Delta T = \min\{5,4\} = 4$. 压缩后的结果如图8.19所示.

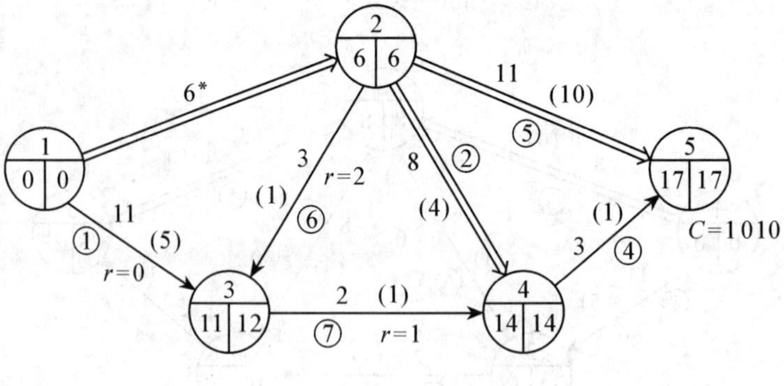

图 8.19

图8.19中已有两条关键路线：(1,2,5)和(1,2,4,5). 这说明为了压缩工

程的工期，必须同时缩短两条关键路线的时间. 在路线(1,2,5) 中，活动(2,5) 还可以被压缩一个时间单位. 在路线(1,2,4,5) 中，活动(2,4) 的斜率最小，它的突击限额 $= 8 - 4 = 4$. 所以，这两条路线的突击限额 $\Delta T_1 = \min\{1,4\} = 1$. 为了确定它们的 ΔT_2，在一般情况，需要分别考虑每一条关键路线所得到的单时差限额，然后再取二者的最小值. 但因现在 $\Delta T_1 = 1$，而图 8.19 中任何为正数的 r 都至少等于 1，故有 $\Delta T = 1$.

压缩后的结果如图 8.20 所示. 现有三条关键路线：(1,2,5),(1,2,4,5),(1,3,4,5). 由于关键路线(1,2,5) 上的所有活动都已压缩到它们的突击时间，所以再也不能压缩工期了.

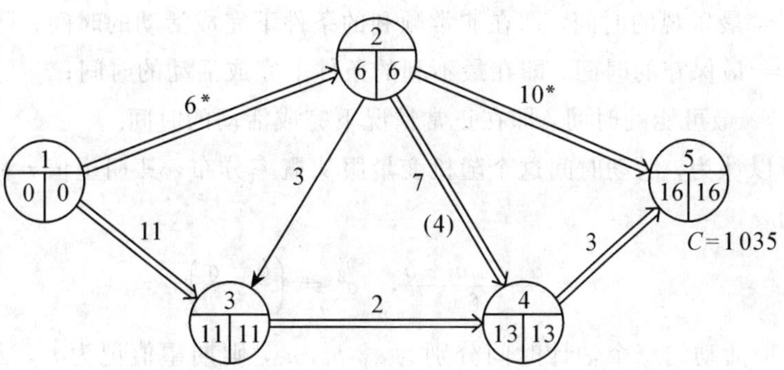

图 8.20

现将以上各次压缩的结果列成表 8.7. 由表可见，最短工期为 16，最优工期为 21，最低总成本为 1 820.

表 8.7

总工期	直接费用	间接成本	总成本
16	1 035	800	1 835
17	1 010	850	1 860
21*	770	1 050	1 820
23	710	1 150	1 860

* 指最优工期.

若只想求出最优工期(不需要求最短工期)，则当发现每压缩一天所增加的直接费用大于每天的间接费用时，便应停止压缩，即此时已求得最优工期. 在上例中，当准备进行第三次压缩时便发生了这种情况.

8.4 非肯定型网络计划

在前面两节中，我们假定每项活动所需的时间是一个预先知道的、确定的数，它们是根据一些工时定额资料和时间消耗统计资料，经过分析对比得到的. 这种网络计划叫**肯定型网络计划**. 但在有些工程任务中随机因素较多，也无现成的统计资料，这时的活动时间就是一个随机变量，相应的网络计划就称**非肯定型(或随机型)网络计划**.

对每项活动的时间事先估计出三个不同的值.

$a=$ 最乐观的时间，即在非常顺利的条件下完成活动的时间；

$b=$ 最保守的时间，即在最不利的条件下完成活动的时间；

$m=$ 最可能的时间，即在正常情况下完成活动的时间.

可以认为，活动时间这个随机变量服从概率分布，其期望值 $\bar{t}$ 和方差 σ^2 分别为

$$\bar{t}=\frac{a+4m+b}{6},\quad \sigma^2=\left(\frac{b-a}{6}\right)^2.$$

若第 i 项活动的三个估计时间分别为 a_i,b_i,m_i，则期望值记为 $\bar{t}_i$，方差记为 σ_i^2.

以 $\bar{t}_i$ 代替以前的活动时间，便可计算各个网络参数了.

假设各项活动时间是相互独立的随机变量. 当关键路线上的活动较多时，根据中心极限定理，就可认为总工期 T_E 是一个服从正态分布的随机变量，其期望值和方差分别为

$$E(T_E)=\sum_i \bar{t}_i=\sum_i \frac{a_i+4m_i+b_i}{6},$$

$$D(T_E)=\sum_i \sigma_i^2=\sum_i \left(\frac{b_i-a_i}{6}\right)^2.$$

例 8.4-1 假设某项工程的关键路线为(1,3,5,7,9)，共有 4 项关键活动. 各项活动的 a,m,b 值由表 8.8 给出(单位：天). 试求总工期 T_E 的期望值和方差，以及在 17 天内完工的概率.

首先算出各项活动的 $\bar{t}_i$ 和 σ_i^2，然后我们有

$$E(T_E)=2+4+5+4=15,$$

$$D(T_E)=\frac{1}{9}+\frac{16}{9}+1+\frac{1}{9}=3.$$

表 8.8

活动	a	m	b	$\bar{t}_i$	σ_i^2
(1,3)	1	2	3	2	$\frac{1}{9}$
(3,5)	2	3	10	4	$\frac{16}{9}$
(5,7)	2	5	8	5	1
(7,9)	3	4	5	4	$\frac{1}{9}$

于是 T_E 服从正态分布 $N(15, \sqrt{3})$，而 $\lambda = \dfrac{T_E - E(T_E)}{\sqrt{D(T_E)}}$ 服从标准正态分布 $N(0,1)$. 现在指定工期 $T_E = 17$，则

$$\lambda = \frac{17-15}{\sqrt{3}} = 1.15.$$

查正态分布表(见表 8.9，它是正态分布表的一部分)，知 $\Phi(\lambda) = 0.87$，即完工时间为 17 天的概率是 0.87.

如果上例中要求工程完工时间的概率不小于 0.9，查表 8.9 知，$\lambda = 1.3$，于是完工时间为

$$\begin{aligned} T_E &= E(T_E) + \lambda\sqrt{D(T_E)} \\ &= 15 + 1.3 \times 1.73 = 22.5\ (\text{天}). \end{aligned}$$

表 8.9

λ	$\Phi(\lambda)$	λ	$\Phi(\lambda)$
−1.0	0.158 7	1.0	0.841 3
−1.1	0.135 7	1.1	0.864 3
−1.2	0.115 1	1.2	0.884 9
−1.3	0.096 8	1.3	0.903 2
−1.4	0.080 7	1.4	0.919 3

习 题

1. 根据下述活动关系，编制一张网络图，其中每个大写字母都代表一项活动：

(1) 工程的第一批活动 A,B 和 C 可以同时开始；

(2) D,E 和 F 在 A 完成后立即开始；

(3) I 和 G 在 B 和 D 都完成后开始；

(4) H 在 C 和 G 都完成后开始；

(5) K 和 L 紧接在 I 之后；

(6) J 紧接在 E 和 H 两者之后；

(7) M 和 N 紧接在 F 之后，但必须在 E 和 H 都完成后才能开始；

(8) O 紧接在 M 和 I 之后；

(9) P 紧接在 J,L 和 O 之后；

(10) K,N 和 P 是工程的结尾工作.

2. 已知下述各种关系和数据：

活动	A	B	C	D	E	F	G	H	I	J
紧前活动	—	—	B	A,C	A,C	E	D	D	F,H	G
活动时间/天	10	5	3	4	5	6	5	6	6	4

试绘制网络图，求出各节点、各活动的时间参数，确定关键路线和总工期.

3. 已知某项工程的网络图如图 8.21 所示，试确定其关键路线.

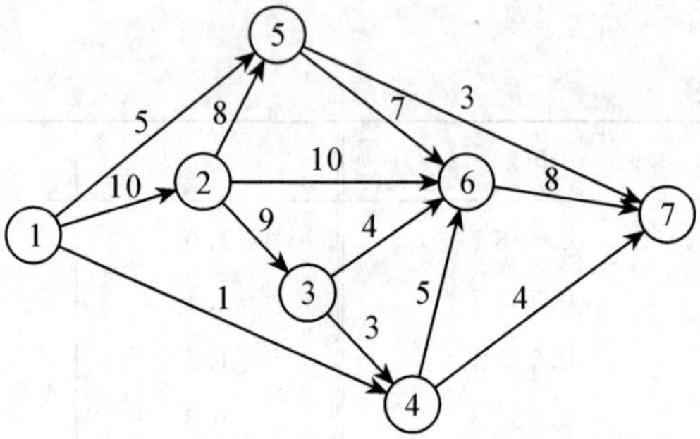

图 8.21

4. 计算上题中各项活动的总时差和单时差，并将各种时间参数的计算结果汇总成一张表.

5. 根据上题结果，编制对应的时间表，假定资源没有限制.

6. 某项工程的网络图如图 8.22 所示. 图中每条弧旁有两数：前者为活动时间(天)，后者是该活动每天所需人数. 现设这项工程交给某建筑队完成，该队有劳力 12 人．试问：该队根据现有资源情况完成此任务的最短工期是多少天?并为该队编制一张不超过劳力限额又较为均衡使用劳力的日程表．

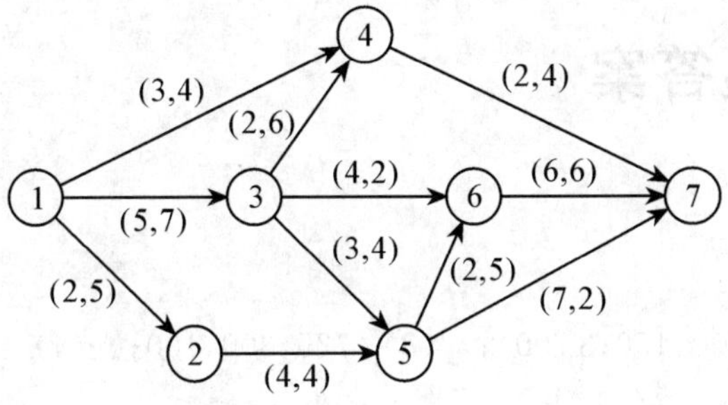

图 8.22

7. 设有如图 8.23 所示的网络图，且每一活动的有关时间和费用如下表所示：

活动	正常		突击	
	时间 / 天	费用 / 元	时间 / 天	费用 / 元
A	8	100	6	200
B	4	150	2	350
C	10	100	5	400
D	2	50	1	90
E	5	100	1	200
F	3	80	1	100

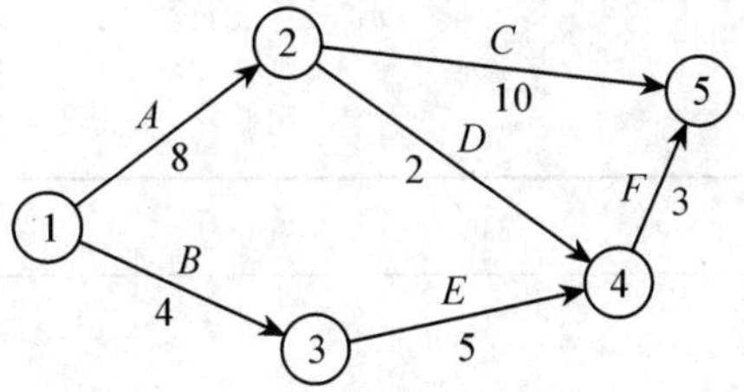

图 8.23

表中的费用指的是直接费用；又设每天的间接费用为 50 元．试求使总费用(直接费用与间接费用之和)最小的最优工期及相应的网络图．

部分习题答案

第一章

1. (2) (500,150;3 700); (3) 725,300,100; (4) 175,0,0.

4. (1) (4,1),$\left(\frac{21}{4},\frac{9}{4}\right)$; (2) (4,1).

5. (3,0).

6. $\{x_1,x_2,x_3\}$ 是基，基解为(3,1,2,0)；$\{x_1,x_3,x_4\}$ 也是基，基解为(3,0,2,−1).

7. (2),(3),(4),(5) 可行；(1),(2),(4) 是基解；(2),(4) 是基可行解.

8. (1) $a=0$, $b=-3$, $c=0$, $d=0$, $e=3$, $f=0$, $g=1$;

(2) 是最优解.

12. 表的右端列各数分别为 −13,23,15,18.

13. 令 $x'_1=x_1-1$, $x'_2=x_2-2$, $x'_3=x_3-3$ 以及 $z_1=-z$，则原问题可化为

$$
\begin{aligned}
\min\quad & z_1=-5x'_1-6x'_2-4x'_3,\\
\text{s.t.}\quad & -x'_1+2x'_2+2x'_3\leqslant 2,\\
& 4x'_1-4x'_2+x'_3\leqslant 17,\\
& x'_1+2x'_2+x'_3\leqslant 11,\\
& x'_1,x'_2,x'_3\geqslant 0.
\end{aligned}
$$

其最优表为

	x'_1	x'_2	x'_3	x'_4	x'_5	x'_6	右端
z_1					$-\frac{1}{3}$	$-\frac{11}{2}$	−75
x'_2		1		$-\frac{1}{8}$	$-\frac{1}{8}$	$\frac{3}{8}$	$\frac{7}{4}$
x'_3			1	$\frac{1}{2}$	$\frac{1}{6}$	$-\frac{1}{6}$	2
x'_1	1			$-\frac{1}{4}$	$\frac{1}{12}$	$\frac{5}{12}$	$\frac{11}{2}$

它有无穷多最优解，其中之一为

$$x_1=\frac{11}{2}+1,\ x_2=\frac{7}{2}+2,\ x_3=2+3;\quad z=75.$$

14. $\left(\frac{3}{2},0,2;15\right)$.　　**15.** $\left(-\frac{9}{4},\frac{11}{4},-\frac{9}{4};\frac{11}{2}\right)$.

16. $\left(0,0,\frac{3}{2},0,8,0\right)$.　　**18.** $\left(9,2,\frac{1}{2};41\frac{1}{2}\right)$.

19. $\left(0,\frac{15}{4},\frac{5}{4};-\frac{125}{4}\right)$.　　**20.** $(-5,0,-1)$.

21. (1) 无可行解；(2) 无界解；(3) (4,0,0;8)；(4) 退化解.

第二章

2. $\left(\frac{2}{5},\frac{16}{5}\right)$.

6. (1) $-\frac{7}{4}\leqslant p\leqslant 2$；

(2) (a) 原最优解不变，但 $z^*=12$；(b) $x_1^*=2$，$x_2^*=0$，$z^*=14$；

(3) $-1\leqslant q\leqslant\frac{7}{3}$；

(4) (a) 原最优解不变，但 $z^*=\frac{76}{5}$；(b) $x_1^*=0$，$x_2^*=3$，$z^*=18$.

7. (1) $-6\leqslant t_1\leqslant\frac{2}{3}$，$t_2\geqslant-\frac{2}{5}$，$-2\leqslant t_3\leqslant\frac{4}{3}$；

(2) (a) $x_1^*=\frac{6}{5}$，$x_2^*=\frac{8}{5}$；$z^*=\frac{48}{5}$；

(3) (a) $x_1^*=0$，$x_2^*=3$；$z^*=9$.

10. (1) 1.875；(2) 7.5；(3) 0.

第三章

1. $z=40$.　**2.** $z=35$.　**3.** $z=3\,900$.　**5.** $z=86$.

6. $z=595$.　**7.** $z=172$.　**8.** $z=1\,475$.　**9.** $z=14$ 元.

第四章

3. (1) 各部件的自制、外购数量分别为 3 750,1 250;5 000,0;3 750,1 250；$z=11\,875$ 元；

(2) A 和 B；仅 A；

(3) 25 小时.

第五章

1. (1) $x_1 = 12$, $x_2 = 10$, $d_1^+ = 14$;

(2) $x_1 = 70$, $x_2 = 20$, $d_1^+ = 10$, $d_3^- = 25$;

(3) $x_1 = 2$, $x_2 = 1$, $d_2^- = 1$, $d_3^- = 5$.

2. $x_1 = 45$, $x_2 = 46.5$, $d_2^+ = 5$, $d_3^+ = 6.5$.

3. $x_1 = 7$, $x_2 = 10$, $d_3^+ = 4$, $d_4^- = 54$, $d_5^- = 28$, $d_6^- = 90$.

第六章

1. 相应 LP 的解是$\left(\frac{5}{4},\frac{5}{8},0\right)$.

2. 把约束条件乘以 4 后得解(0,6).

3. 取整的解是(5,3,3)，是不可行解. 最优整数解是(5,2,2).

4. $\left(5,\frac{11}{4},3\right)$.

6. (3,3,0).

10. (0,1,1,0,0).

11. (1,1,1,1,0).

第七章

1. (a) 25; (b) 13.

2. (a) 最短路长为 40.

3. 最小支撑树的权为 75.

4. (a) 最大流量为 18.

5. (a) 最小费用为 325.

6. 不能.

7. D 村.

第八章

3. 关键路线为(1,2,3,4,6,7)，总工期 = 35.

6. 总工期为 16 天.

参考文献

[1] Taha H A. Operation Research. Collier Mecmillan，1976（中译本：吴立煦等译. 运筹学. 上海：上海人民出版社，1985).

[2] Anderso D R，Sweeney D J，Williams T A. Management Science. St. Paul，West Publishing，1985.

[3] Foulds L R. Optimization Techniques. Springer-Verlag，1981.

[4] 田丰，马仲蕃. 图与网络流理论. 北京：科学出版社，1987.

[5] 江景波. 计划管理新方法——网络计划的计算与实例. 上海：上海科学技术出版社，1983.

[6] 管梅谷，郑汉鼎. 线性规划. 济南：山东科学技术出版社，1983.

[7] 钱志坚. 线性规划与经济管理. 南京：江苏人民出版社，1981.

[8] Канторовцг Л Я. Математчгескче Методы Ортанчзучч Чпганчрованчя. Г. чзд-во Генчнгр. УН-ТА，1939（中译本：中国科学院力学研究所运筹室译. 生产组织与计划中的数学方法. 北京：科学出版社，1959).

[9] 魏国华等. 实用运筹学. 上海：复旦大学出版社，1987.

[10] Cooper L，Bhat U N，LeBlanc L J. Operations Research Models. W. B. Saunders Company（中译本：魏国华等译. 运筹学模型概论. 上海：上海科学技术出版社，1987).

[11] 《运筹学》教材编写组. 运筹学. 北京：清华大学出版社，1990.

[12] Hillier F S and Lieberman G J. Introduction to Operations Research，6th ed. McGraw-Hill Inc.，1995.

[13] Markland R E. Topics in Management Science. John Wiley & Sons，1983.

[14] 何坚勇. 运筹学基础. 北京：清华大学出版社，2000.